# 大兴安岭森林防火工作实践研究与借鉴

《大兴安岭森林防火工作实践研究与借鉴》编写组 组织编写

**图书在版编目（CIP）数据**

大兴安岭森林防火工作实践研究与借鉴 / 《大兴安岭森林防火工作实践研究与借鉴》编写组组织编写. -- 北京：中国林业出版社, 2024.5

ISBN 978-7-5219-2681-1

Ⅰ. ①大… Ⅱ. ①大… Ⅲ. ①大兴安岭—森林防火—研究 Ⅳ. ①S762.3

中国国家版本馆CIP数据核字(2024)第077862号

策划编辑：张衍辉
责任编辑：张衍辉
图书设计：孙　俊　颜　盈

出版发行：中国林业出版社
（100009，北京市西城区刘海胡同7号，电话010-83143521）
电子邮箱：cfphzbs@163.com
网址：www.forestry.gov.cn/lycb.html
印刷：河北京平诚乾印刷有限公司
版次：2024年5月第1版
印次：2024年5月第1次
开本：710毫米×1000毫米　1/16
印张：25.25
字数：330千字
定价：220.00元

# 《大兴安岭森林防火工作实践研究与借鉴》

## 编写组


**主　编**

**王海忠**

**副主编**

樊　华　许传德

**委　员**

于　辉　李会平　李　军　陈佰山　闫宏光
王　伟　周鸿升

**编写人员**（按姓氏笔画为序）

刘晓东　孙　龙　杜爱民　李　杰　李新华
陈　锋　胡同欣　胡　鸿　常　志　舒立福

# 习近平总书记<br>关于森林草原防火工作的<br>部分重要指示批示

**2021年3月** 全国"两会"期间，习近平总书记参加内蒙古代表团审议，在听取全国人大代表、内蒙古森工集团北岸林场职工周义哲发言建议后专门强调："林区防火道路非常重要，应引起高度重视，哪怕不能一次性修好，也要逐步推进建设。"

**2021年7月** 习近平总书记在西藏考察时指出，要加强森林防火设施建设。

**2021年8月** 习近平总书记考察河北承德塞罕坝林场时强调，防火责任重于泰山，坚持安全第一，切实把半个多世纪接续奋斗的重要成果抚育好、管理好、保障好。

**2021年8月** 习近平总书记主持召开中央全面深化改革委员会议时强调，要完善物资储备体制机制，增强防范抵御重大风险能力。

**2022年11月** 针对"一些地方森林火险等级达到极度危险"的严峻复杂形势，习近平总书记作出重要批示，强调要"作积极防范部署"。

**2023年9月** 习近平总书记在黑龙江省大兴安岭地区漠河林场自然林区考察时指出"要坚持造林与护林并重，做到未雨绸缪、防患于未然，决不能让几十年、几百年、上千年之功毁于一旦。"

# 前言

党的二十大报告指出，大自然是人类赖以生存发展的基本条件。尊重自然、顺应自然、保护自然，是全面建设社会主义现代化国家的内在要求。大兴安岭林区是我国集中连片、面积最大、以天然林为主的重点国有林区，纵贯黑龙江、内蒙古两省区，域内绿野广阔、林海苍茫、河流润泽、资源丰富，是祖国北方最重要的天然生态屏障，关系着东北、华北、西北乃至全国生态安全。

枝繁叶茂一百年，化为灰烬一瞬间。大兴安岭森林防火工作经历了半个多世纪的波澜起伏，特别是发生在1987年5月6日的特大森林火灾，成为中华人民共和国森林防火史上的重要转折点。那场大火持续燃烧达27个昼夜，过火面积133万公顷，火灾烧毁3个林业局（县城）、9个林场、4个半贮木场（烧毁木材85万立方米）、67座桥梁、9.2千米铁路、284千米输电线路、6.4万平方米房屋、325万千克粮食、2488台各种设备，共造成213人死亡、226人受伤，5.6万多灾民流离失所，直接经济损失5亿多元。惨痛的教训警示国人：森林防火责任重于泰山，须臾不可放松警惕!对于发生这场特大森林火灾的大兴安岭林区来说，森林防火工作更是具有极端的特殊性、重要性，责任重大、影响深远。

2022年，中共中央办公厅、国务院办公厅印发《关于全面加强新形势下森林草原防灭火工作的意见》（以下简称《意见》），对我国森林草原防灭火工作在思想认识、体制机制、基础设施、力量建设、科技支撑等方面，提出了更加明确的指导意见、工作目标和努力方向，是新形势下推进我国森林草原防灭火工作高质量发展的纲领性文件。各级林草部门要以学习贯彻习近平总书记关于加强森林草原防灭火工作的重要指示精神为指引，以深刻领会落实《意见》为抓手，坚持人民至上、生命至上，树牢底线思维、极限思维，积极防范、超前部署，全力推进森林草原防火治理模式向事前转型，不断提高森林草原火灾综合防控能力，以高水平安全服务高质量发展，以新安全格局保障新发展格局，坚决遏制重特大森林火灾和人员伤亡发生。

为深入学习贯彻党的二十大精神和习近平总书记关于做好森林草原防灭火工作的一系列重要指示精神，坚持安全第一、预防为主，强化底线思维、极限思维，全面深入推动森林草原防火各项责任措施落实落地，坚决防范遏制重特大火灾发生，全力保障人民生命财产安全和国家生态安全，国家林草局防火司委托专业从事森林防火领导工作十余年的王海忠同志，结合近年来深入调研成果，系统、全面地对大兴安岭林区防火工作进行了总结归纳，牵头形成了可借鉴、可复制、可推广的经验做法专著，希望各地森林防火部门能够按照党中央、国务院部署，认真研读、充分借鉴吸收，进一步压紧压实森林防火网格化责任措施，以最严标准抓好火源管控，加强监测预警和隐患排查，更好地提升全国森林火灾综合防控能力，最大限度避免火灾发生，切实维护社会大局稳定和生态资源的安全，为全面实现我国森林防火现代化做出新的、更大的贡献。

国家林业和草原局

2023年8月

# 目录

前　言

概述篇

第一章　概　述……2
　第一节　我国森林防火基本情况……3
　第二节　大兴安岭基本情况……10

预防篇

第二章　森林火灾预防……16
　第一节　宣传教育……16
　第二节　责任落实……22
　第三节　火源管理……26
　第四节　隐患排查……32
　第五节　督导检查……34
　第六节　防火隔离带建设……42
　第七节　计划烧除……46

队伍篇

第三章　消防队伍建设……56
　第一节　队伍设立……56
　第二节　队伍管理……64
　第三节　室外培训和演练……67

科技篇

第四章　信息化建设……74
　第一节　森林防火通信系统……75

第二节　森林防火感知系统……79

## 基础篇

第五章　装备和基础设施建设……92
第一节　防灭火装备情况……92
第二节　基础设施建设……125
第三节　物资储备……128
第四节　国家基本建设项目管理要求……129

## 航空篇

第六章　航空消防……136
第一节　航站设置……137
第二节　航站布局……141
第三节　主力机型……144
第四节　飞机灭火保障……160
第五节　索降灭火……165
第六节　吊桶灭火……168
第七节　机降灭火……171
第八节　飞机化学灭火……175
第九节　空中指挥……178
第十节　彩虹－4B无人机应用……186
第十一节　实践创新……190

## 预警篇

第七章　预警监测……196
第一节　火险预报……196
第二节　预警响应……204
第三节　火情监测……211

第四节　雷击火防控……221

扑救篇

第八章　指挥扑救……228
第一节　预案管理……228
第二节　体系建设……232
第三节　火情调度……233
第四节　力量布防和战术战法……236

国际篇

第九章　国际交流合作……282
第一节　边境防火情况……282
第二节　联防协定与对外援助……285
第三节　国际交流……291

调研篇

第十章　调研报告摘编……338

附　录　中共中央办公厅　国务院办公厅印发《关于全面加强新形势下森林草原防灭火工作的意见》……380
主编介绍……390
后　记……391

# 概述篇

民食果蓏蚌蛤，腥臊恶臭而伤害腹胃，民多疾病。有圣人作钻燧取火，以化腥臊，而民说之，使王天下，号之曰燧人氏。

——《韩非子 · 五蠹》

摩擦生火第一次使人支配了一种自然力，从而最终把人同动物界分开。

——恩格斯

# 第一章 概述

自从人类出现在地球上，就与火结下了不解之缘。人类200多万年进化史、几千年的文明发展史，也是一部驯火史，人类用火与发生火灾的历史十分久远。火，点亮了人类文明，正如恩格斯所说的：“摩擦生火第一次使人支配了一种自然力，从而最终把人同动物分开。”在20世纪30年代，我国古人类学家在北京周口店遗址发现用火遗迹后，60年代又在云南省元谋县的元谋人遗址、山西芮城县的西侯度遗址等处发现了人类用火的证据，说明200多万年以前人类已经掌握了利用天然火种的能力。距今1.7万年以前，北京周口店龙骨山的山顶洞人已经学会了人工取火。到了新石器时代，摩擦生火的方法得到了广泛应用，古籍中记载的燧人氏“钻木取火”就是对这一进步的反映。人类在同大自然的斗争中，逐步认识了火并丰富着用火的经验。从普罗米修斯盗天火的传说，到化学家拉瓦锡（A. L. lavoisier, 1743—1794）揭示火的本质；从燧人氏钻木取火到航天技术的空前发展，火与人类结下了不解之缘。火的发现和利用，使人类走向文明和进步，也使人们在认识和利用能源上，一次次取得重大突破。然而，福兮祸所伏，火在造福于人类的同时，也能瞬间把文明化为灰烬，使广袤的林海付之一炬，使百年树木毁于一旦，使绿色家园变成黑色焦土，给人类带来灾难与痛苦。人们在距今3亿年前的石炭纪地层中发现树蕨燃烧的碳化石，这是地球上最早林火的痕迹。

根据历史记载，我国自五帝以来，就开始设“火官”、立“火禁”、修“火宪”以防止森林火灾。

# 第一节　我国森林防火基本情况

## 一、基本情况

我国位于欧亚大陆东部，地域辽阔，地形复杂，气候多样，季风气候显著，森林类型与分布各异，是森林火灾十分严重的国家。新中国成立之后，我国森林防火工作大体经历了6个发展历程。

### （一）起步开展阶段（1949—1956年）

新中国成立初期，我国平均每年发生森林火灾2万多起，受害森林面积150多万公顷，森林火灾受害率（指火灾受害森林面积占森林总面积的比例）为13.8‰。1951年，松江和黑龙江两省在4—5月发生森林火灾，烧毁大面积森林，烧死47人，烧伤300多人，扑火耗用49万个工日，损失严重。两省主席为此受到记过处分。1952年3月4日，中共中央发出《关于防止森林火灾问题给各级党委的指示》，中央人民政府政务院同日发出《坚决防止森林火灾的指示》；林业部同意将主要承担剿匪任务的东北护林队改为中国人民护林警察，增加护林防火职能；开始在东北林区用飞机进行森林防火巡逻报警，这就是武警森林部队和航空护林事业发展的起始。一些护林防火技术措施开始在重点林区逐步推行，森林防火事业有所加强。但是，对大面积偏远林区火灾仍然缺乏控制能力。1955年和1956年森林火灾较为严重，年均森林火灾受害率高达24‰。1955年5月，内蒙古自治区小孤山、黑龙江省额木尔河与鹤岗发生3次特大森林火灾，受害森林面积占全国受害森林面积的35.4%。1956年4月，在大、小兴安岭偏远原始林区发生特大森林火灾，受害森林面积占当年黑龙江省和内蒙古自治区森林受害面积的80%，占全国森林受害面积的73.2%。

### （二）初步建设阶段（1957—1965年）

1957年1月，林业部成立了护林防火办公室，主管全国护林防火业务工作。地方各级护林防火组织逐步建立，林区县、区、乡无森林火灾竞赛活动在全国普遍开展起来，森林防火进入了“以群防群护为主，群众与专业护林相结合”的时期，森林火灾发生情况有所好转。这一时期的1961年、1962年、1963年森林火灾发生较为严重，森林火灾年均受害率为10‰。此外，在1965年4月下旬，由于局部地区出现大旱天气，内蒙古自治区兴安盟发生特大森林火灾。

### （三）削弱停顿阶段（1966—1976年）

这期间，森林防火事业陷于停顿，不少地方护林防火组织机构瘫痪，专职人员下放，一些林区基层防火站点和西南航空护林站被下放给地方领导，重点林区刚刚兴建的护林防火设施停建，有的设施年久失修失去作用；林区公、检、法部门被砸烂，行之有效的护林防火规章制度受到批判，乱砍滥伐林木和森林火灾十分严重。1975年，邓小平同志主持中央工作期间，国务院针对当时森林火灾的严重情况，于当年7月在哈尔滨市召开了全国护林防火工作现场会议，研究了制止森林火灾的具体措施。但由于极“左”思想的干扰破坏，会议精神未能贯彻落实。1976年9月黑龙江省绥棱林业局发生特大森林火灾，持续燃烧了近40天，受害森林面积达35万公顷，共出动1万多人参加扑火，迫使全局停产36天，消耗食粮38.5万千克，耗用扑火经费近百万元。1976年秋季，黑龙江省沾河顶子一场大火，持续40多天，先后出动3万多人次扑火，受害森林面积达66万多公顷。此外，还烧掉已收割的大豆225吨、小麦590吨，烧毁尚未收割的庄稼490多公顷。由于当地农场职工和农民群众上山扑火，收割时间推迟了半个月之久，给农业生产造成了严重影响。

### （四）恢复发展阶段（1977—1987年）

党的十一届三中全会以来，森林防火事业同其他事业一样，开始恢复生机。1979年2月23日，第五届全国人大常委会第六次会议原则通过《森林法（试行）》，从法律上规定了森林防火机构和相关要求。1981年2月9日，国务院发出《关于加强护林防火工作的通知》。同年3月8日，中共中央、国务院发布《关于保护森林发展林业若干问题的决定》。林业部多次召开会议，研究部署森林防火工作，进一步加强了森林防火组织、专业队伍和基础设施建设。1980—1985年，东北、内蒙古林区森林火灾次数下降，特别是一些重点地区基本上没有发生大的森林火灾。但是，1986年3月，云南省安宁县和玉溪市连续发生2起森林火灾，动用1.5万人扑火，受灾面积达2000多公顷，造成80人被烧死，近百人被烧伤，直接经济损失300多万元。为此，国务院3月31日发出了《关于云南省森林火灾严重情况的通报》，林业部派出工作组赴云南省协助灭火和处理火案。1987年我国黑龙江大兴安岭地区发生震惊世界的"5·6"大火，大火持续燃烧27个昼夜，过火面积133万公顷，烧毁3个林业局（县城）、9个林场、4个半贮木场（烧毁木材85万立方米）、67座桥梁、9.2千米铁路、284千米输电线路、6.4万平方米房屋、325万千克粮食、2488台各种设备，造成213人死亡、226人受伤，5.6万多灾民流离失所，直接经济损失5亿多元。大火之后，黑龙江省和林业部有关领导受到严厉处分。

### （五）历史转折阶段（1987—2012年）

以1987年"5·6"大火为转折，我国森林防火工作迎来了全面发展的春天。1987年7月18日，经国务院、中央军委批准，中央森林防火总指挥部成立，1988年更名为国家森林防火总指挥部，时任国务院副总理田纪云任总指挥。同年，国务院颁布实施我国第一部森林防火行政法规——《森林防火条例》。1993年，国务院机构改革，4月19日《关于国务院议事协调机构和临时机构设置的通知》称，“国务院的其他非常设机构一律撤销”。国家森林防火总指挥部由此撤销。2004年，国务院办公厅下发《关于进一步加强森林防火工作的通知》。2005年，全国统一的森林防火报警电话12119正式开通。2006年，恢复设立森林防火指挥部，国务院发布《国家处置重、特大森林火灾应急预案》。2007年，国家森防指推出中国森林防火吉祥物——防火虎“威威”。2008年，国务院颁布新修订的《森林防火条例》。2009年，森林防火历史上第一个由国务院审批的《全国森林防火中长期发展规划》开始实施。依托这些重要事件和节点，我国预防和处置森林火灾的组织体系进一步健全，各部门、各行业在森林防火工作中的职能作用进一步发挥，森林火灾应急管理工作步入规范化、法治化、科学化的新阶段，森林火灾次数和损失大幅下降。但这期间也发生了一些影响较大的森林火灾，如2002年，内蒙古北部原始林区发生的“7·28”雷击火，火场总面积达1.65万公顷，历时23天才被扑灭，成为新中国成立以来最为严重的夏季森林火灾；2006年5月下旬，内蒙古、黑龙江发生3起特大雷击火，火场总面积达44.2万公顷，受害森林面积21.5万公顷，扑火历时14天，共出动军警民近4万人，有38名武警森林部队战士在扑火中受伤；2009年，黑龙江沾河林业局发生的“4·27”雷击火，过火面积9万公顷，30户民房被烧毁，扑火历时15天，共出动军警民2万人，直接扑火经费近1.2亿元，扑火中1人死亡，4人轻伤。

### （六）迈进新时代、开创新局面阶段（2013年至今）

党的十八大以来，以习近平同志为核心的党中央高度重视森林防火工作，习近平总书记先后作出系列重要指示、批示，为扎实做好森林防火工作，切实维护森林生态安全指明了方向。特别是2018年按照中央关于机构改革的总体部署和要求，国家森林防火指挥部及其办公室由原国家林业局正式转到新组建的应急管理部，相关防火职能也一并划转，我国森林草原防火工作迈入了新时代新发展阶段。从机构变化上，国家成立了应急管理部，森林草原防灭火指挥部及其办公室均设立在应急管理部；国家林草局成立了森林草原防火司，组建了森林草原火灾预防监测中心，防火力量大大加强；从职能划分上，进一步明确了“防灭火一体化”理念，在国家森林草原防灭火指挥部牵头抓总下，林草、应急、公安三部门在防灭火职能方面有了明确划分，统筹了各方力量。发改、财政、宣传、旅游、交通、教育、工信、民政、部队、气象等20多个部门共同参与，承担森林防灭火职责，为森林防灭火工作提供了强有力支持和保证，森林草原火灾发生的数量、受害森林草原面积、人员伤亡等持续大幅度下降。十年来，我国不断完善森林草原火灾预防、扑救、保障体系，森林草原火灾综合防控能力和现代化水平全面增强，森林火灾和草原火灾受害率连年下降，分别稳定控制在0.9‰和3‰以下，但仍远低于世界平均水平。十年来，我国加强对森林草原防火工作的组织领导，逐步形成了各级党委政府负总责、各有关部门齐抓共管的森林草原防火工作格局，秉承“人民至上，生命至上”理念，以火灾“少发生、不发生”为目标，着力构建高效完善的火灾防控体系。十年来，国家层面累计在森林草原防火方面的投资超过240亿元，加快推进林区道路、林火隔阻、火情监测等基础设施建设，编制《全国重点区域林火阻隔系统（含防火道）工程建设规划（2021—2035年）》，近1000个森林草原防火项目落地实施。如今，全国重点区域火情瞭望覆盖率达到85.6%，通信覆盖率达到80.8%，航空护林覆盖范围扩大到21个省份。2016年12月，国务院批准实施《全国森林防火规划（2016—2025年）》。2020年10月，国务院办公厅印发《国家森林草原火灾应急预案的通知》。2023年，中共中央办公厅、国务院办公厅印发《关于全面加强新形势下森林草原防灭火工作的意见》。与此同时，各地发挥林长制考核“指挥棒”作用，层层压实各级地方政府森林草原防火责任，实行森林草原防火“一票否决”，制定颁布了相应的森林草原防火规划和实施办法，建立完善了各项规章制度，初步形成了一套较为完整的森林草原防火管理体系，我国森林草原火灾综合防控能力全面增强。

## 二、我国森林火灾发生的规律和特点

凡是失去人为控制，在林地自由蔓延和扩展，对森林、森林生态系统和人民生命财产安全带来一定危害和损失的火行为都称为森林火灾。森林火灾是目前世界上最为严重的自然灾害和突发公共事件之一。从分类看，根据《森林防火条例》规定，按照受害森林面积和伤亡人数，我国将森林火灾分为一般森林火灾、较大森林火灾、重大森林火灾和特别重大森林火灾四个等级。从危害看，森林火灾是当今世界发生面广、破坏性大、处置救助十分困难的自然灾害，其危害体现在五个方面：一是烧毁林木与林下植物资源，破坏森林植被和林分质量；二是危害野生动物安全，破坏生物多样性；三是造成水土流失，引发山洪暴发、泥石流等次生灾害；四是引起空气污染，加剧温室效应和全球气候变暖；五是威胁人民生命财产安全，影响经济运行、社会稳定和国家安全。

与水灾、旱灾、地震、台风等其他自然灾害相比，除雷击等天然火灾外，森林火灾具有自然和人为双重属性：一方面，干旱、高温、大风等不利天气因素，为森林火灾的发生创造了条件。另一方面，人为用火行为则是导致森林火灾多发的直接原因。从多年实践看，受气候、地理以及森林资源分布、人为活动等多种因素影响，我国森林火灾的发生具有下列规律特点。

——从发生时间看，东北、内蒙古林区春季森林防火期从3月中旬到6月中旬，紧要期为4—5月；秋防从9月中旬到11月中旬，紧要期为10月；近年来，这一地区发生夏季雷击火的频率越来越高。南方、华北和西北大部分地区防火期为11月中旬到次年5月底，紧要期为2—4月。新疆林区防火期为4—10月，紧要期为7—9月。

——从发生地域看，发生火灾最多的是浙江、福建、江西、湖南、广东、广西、四川、云南等南方省区，火灾次数占全国的80%以上。火灾蔓延面积最大的是黑龙江和内蒙古，受害森林面积占全国的70%以上。

——从火灾原因看，我国95%以上的森林火灾均由农事用火、烧荒炼山、祭祀用火、民俗用火、野外吸烟、电线短路、旅游踏青用火等人为因素引发。在东北、内蒙古的大兴安岭地区，雷击（主要是干雷暴）也是引发火灾的重要原因。此外，俄罗斯、蒙古、朝鲜、缅甸、越南、哈萨克斯坦等14个国家与我国接壤，不时有境外火烧入。

——从火灾损失看，南方、华北、西北等大部分地区山高坡陡、地形复杂、小气候多变，容易导致人员伤亡。东北、内蒙古林区地势平缓，森林草甸相连，城镇、村屯、林场与森林草甸交错，火灾蔓延快，受害森林面积大，容易造成火烧连营。

另外，由于近年来气候异常和森林植被的增加，以及随着社会经济的发展，我国森林防火工作正发生三大转变：一是由于极端天气事件发生频繁，使以往的防火期开始模糊，时间延长或拖后，甚至没有明显的界限，从而导致森林防火由季节性防火向全年性防火转变；二是随着造林绿化、退耕还林、封山抚育等林业重点工程加快实施，我国森林覆盖率大幅提高，从而导致森林火灾由森林集中的重点林区发生向所有植被较好地区多发转变；三是由于近年来雷击等自然火灾发生频繁、损失惨重，从而导致森林防火由单一防范人为火向防范人为火和自然火并重转变。这些变化，给我国森林防火工作带来新的挑战和压力。

# 第二节　大兴安岭基本情况

## 一、地理概况

大兴安岭，北起于黑龙江上游右岸，南止于内蒙古自治区赤峰市附近的西拉木伦谷地。自北向南，北纬53°56′～43°03′跨越11个纬度。整个地区处于我国黑龙江省西北部、内蒙古自治区东北部，是中国版图上最北的山脉，山脉为东北—西南走向，全长1200多千米，宽200～300千米，海拔1100～1400米，隔着黑龙江，在俄罗斯境内与它呼应的山脉为外兴安岭。在我国境内与其相邻的东侧山脉为小兴安岭。大兴安岭通过一个较大的支脉——伊勒呼里山，与小兴安岭相联结，构成一个“人”字。历史上，这一带的山岭曾被统称为兴安岭，所以大兴安岭又称西兴安岭，小兴安岭又称东兴安岭。

按行政区划来看，大兴安岭纵贯我国东北直达华北，是黑龙江大兴安岭地区，内蒙古自治区呼伦贝尔市、兴安盟的主体，通辽市、锡林郭勒盟、赤峰市的重要组成部分。大兴安岭山脉在内蒙古自治区境内的分布，占整个大兴安岭的3/4左右。所以说从山脉的角度讲，大兴安岭的绝大部分是在内蒙古自治区境内。大兴安岭地区拥有重点国有林区总面积约1900万公顷（内蒙古大兴安岭1067.75万公顷、黑龙江大兴安岭835万公顷），相当于2个韩国的国土面积。整个大兴安岭林区面积广阔，山体连绵密布，地势高低起伏不平，部分山岭高大陡峭，东南部草塘宽阔、植被茂密，对于防火管护和扑救处置十分不便。同时，大兴安岭地区所辖边境线绵长，北部与俄罗斯接壤，西接蒙古国，极易受到俄罗斯过境火和蒙古国过界火的侵袭。

内蒙古大兴安岭林区南北长约696千米，东西宽约384千米，地跨呼伦贝尔市、兴安盟9个旗市，纵长横短，北宽南窄，呈不规则长方形。与俄罗斯、蒙古国接壤的边境线长440千米。大兴安岭山脉纵贯内蒙古大兴岭林区，东陡西缓，构成山地丘陵地形，最高海拔1745.2米，最低海拔268米。林区境内有大、小河流7146条，分为两大水系，以大兴安岭山脉为界，岭东的甘河、诺敏河、绰尔河等流入嫩江，称嫩江水系；岭西的海拉尔河、根河、激流河等流入额尔古纳河，称额尔古纳水系。山峦逶迤，河流湍急，林海茫茫，构成了内蒙古大兴安岭林区雄伟壮丽的自然风光。

黑龙江大兴安岭林区南北长389.6千米，东西宽396.6千米，东连绵延千里的小兴安岭，西依呼伦贝尔大草原，南达肥沃、富庶的松嫩平原，北与俄罗斯隔江相望。黑龙江大兴安岭林地面积730万公顷，森林覆盖率达74.1%，受大陆性季风气候的影响，在伊勒呼里山北侧一带山高、雪深、气候寒冷。大兴安岭边境线长达791.5千米，有19个村屯与俄方相对应。境内的漠河、呼玛两个国家一类口岸，经济辐射面积可达到俄罗斯赤塔、阿穆尔州、滨海边疆区、雅库特共和国、哈巴罗夫斯克边疆地区等5个州、边疆区和自治共和国的2000多平方千米。

## 二、森林资源概况

根据2021年全国林草生态综合监测评价结果：内蒙古森工集团森林面积822.85万公顷，森林覆盖率85.59%。森林蓄积量99392.27万立方米，单位面积蓄积量121.08立方米/公顷。天然林面积779.77万公顷、蓄积量96510.66万立方米；人工林面积43.08万公顷、蓄积量2881.61万立方米。草地面积13.23万公顷，湿地面积129.25万公顷。大兴安岭林业集团森林面积689.58万公顷，森林覆盖率85.91%。森林蓄积量63358.22万立方米，单位面积蓄积量91.88立方米/公顷。天然林面积671.68万公顷、蓄积量62015.88万立方米；人工林面积17.90万公顷、蓄积量1342.34万立方米。草地面积1.26万公顷，湿地面积146.21万公顷。

## 三、气候特征

大兴安岭林区地处欧亚大陆中高纬度地带，属寒温带大陆性季风气候区，春季多风而干旱，夏季短暂而温热多雨，秋季降温急骤常有霜冻，冬季漫长而寒冷多雪，昼夜温差较大（表1-1）。受大兴安岭山地的阻隔，岭东和岭西的气候有显著差异。岭东气候温和雨量较大，属于半湿润气候；大兴安岭山地寒冷湿润，属森林气候；岭西属于半湿润森林草原气候。林区冬季在极地大陆气团控制下，气候严寒、干燥；夏季受副热带高压的海洋气团影响，降水集中，气候温热、湿润。受贝加尔湖和蒙古气旋暖区影响，每年春季高温、干燥，地面迅速升温，蒸发量为降水量的6倍，林内可燃物载量严重超过发生重特大火灾的警戒线，植被干燥易燃，高火险时段持续时间长。同时，大兴安岭林区常处在强暖脊控制下，大风天气日数较多，全年5级以上大风天达30天左右，综合气象条件对森林火灾防控工作极为不利。

表1-1　大兴安岭林区月平均气温与平均降水情况

| 月份 | 平均最高气温（℃） | 平均最低气温（℃） | 平均降雨量（毫米） | 历史最低气温（℃） | 年降水量（毫米） | 无霜期（天） |
| --- | --- | --- | --- | --- | --- | --- |
| 1—12月 | 5.4～7.5 | －11.4～－6.3 | 404.6～498.2 | －45.4～－53 | 225.5～552.9 | 76～126 |

## 四、大兴安岭森林防火基本情况

大兴安岭是我国面积最大的集中连片林区，全域为国家森林防火一类火险区，更是全国三大“雷击火”高发区之一，森林防火任务极其繁重艰巨。目前，大兴安岭区域主要由直属国家林草局管理的大兴安岭林业集团和直属内蒙古自治区管理的内蒙古森工集团负责资源管护等工作。

大兴安岭林区森林防火工作受季节因素影响，具有十分突出的特点：一是受蒙古高压气流和西伯利亚寒流影响，大兴安岭地区春季旱情较为严重，十年九旱，每年春季林内大量植被干枯，极为易燃，且5级风以上的大风日数显著增多，一旦发生火灾，火借风势、风助火威，在极短的时间内即可形成较大火场，人力根本难以抵抗。二是每年6—7月，春夏之交，冷锋过境，强对流天气增多，干雷暴频发，林区北部易发生雷电森林火灾，尤其是北部原始林区防扑火基础设施薄弱，没有道路通行，发生森林火灾后扑火人员无法及时赶赴火场，经常形成地下火、地表火、树冠火同时发生，难以扑救。另外，受植被类型影响，大兴安岭林区内林草、林牧相连，农林交错，社情相对复杂，野外火源管理难度较大，加之与俄罗斯、蒙古国等国接壤，经常受到境外火的侵袭，防范外火烧入也是一项重要任务，因此，大兴安岭林区的森林防火工作在整个林区生态保护建设中具有极端重要性。

经过多年的努力，大兴安岭林区各级森林防火部门制定实施了较为完善的宣传动员、火源管理、督导检查、防控预案等规章制度，严格按照重点部位、重点时段、重点环节、重点岗位、重点人群“五个管住”要求，压紧压实主体责任、领导责任、防救责任，层层签订责任状，实行层级化、网格化管理，实现责任全覆盖；持续加大对农牧业点、自然村屯、边远站点等重点区域管控力度，全面排查野外风险点，防火期内护林员全部上岗到位，在主要沟岔、路口、重点部位严防死守，开展“三清”，筑牢用火审批、入山检查、日常巡护、联防联控防线；结合实际制定详细督查任务清单，各级督查组开展全方位、多层次、不间断的明察暗访和专项督查，力求死角必查、隐患必除、失责必究；积极构建快捷高效的指挥体系，综合考虑反应速度、作战半径和力量互补，划分战区“联指”“联动”“联用”，确保快速反应；瞭望塔与远程视频监控系统优势互补，结合飞机巡护、卫星监测、地面巡查，建立“天空地”一体化监控网络，确保火情早发现、早报告、早处置；深入研究林区雷电火灾发生规律，根据不同火险时段科学调配人员力量，通过购买服务等方式进行南兵北调、北兵南调、靠前驻防；在重点区域设立前指基地，派出移动航站，集中专业队伍、大型机械设备及各类物资，发挥快速应急、指挥协调、综合保障作用。组建航空特勤突击队，集训待命，执行空中载人巡护、索降开设机降点和突发火情快速处置等任务；与属地政府、毗邻省区、森林消防、铁路、供电、公安、通信、气象等单位建立联防机制，森林公安严管火源、查明火因、侦破火案，森林消防靠前值勤、闻令而动、协同作战，积极构建起社会化防控体系，森林防扑火能力逐年提升，成为全国森林火灾综合防控水平最高的地区之一。

# 预防篇

凡事豫则立，不豫则废。言前定则不跲，事前定则不困，行前定则不疚，道前定则不穷。

——《礼记·中庸》

# 第二章 森林火灾预防

森林火灾是一种突发性强、破坏性大、危险性高、处置困难的自然灾害，国内外发生的一系列重大森林火灾的惨痛教训都充分说明，要想减少森林火灾的发生，必须要在预防方面下功夫，因为大的森林火势一旦形成，任何补救措施都将事倍功半。我国森林火灾隐患长年存在，且绝大部分森林火灾都是由人为因素引发，防火工作必须立足于防范。

森林火灾预防是指通过明确各级人民政府、有关部门、社会各类主体的森林防火责任，测定森林火险区划等级、编制森林防火规划和森林火灾应急预案，加强森林防火基础设施、航空护林场站、扑火队伍建设，检查和消除火灾隐患、严格野外火源管理和广泛宣传等一系列制度措施，严防森林火灾的发生。

## 第一节 宣传教育

### 一、概述

广泛深入开展森林防火宣传教育，是做好森林防火工作的重要措施，也是森林防火工作的首要任务。宣传教育工作要做到经常、细致、普遍，使森林防火工作家喻户晓，人尽皆知，其目的就是通过宣传，使公众特别是进入林区的公众，了解森林火灾的危害，掌握基本的森林防火常识，知晓违反森林防火有关法律法规的后果，以提高公众林区内行为的自我防火约束性和参与防火的自觉性。

《森林防火条例》第十条指出：“各级人民政府、有关部门应当组织经常性的森林防火宣传活动，普及森林防火知识，做好森林火灾预防工作。”

## 二、大兴安岭林区的主要做法

大兴安岭林区将防火宣传教育作为森林防火工作的第一道工序，摸索多年，形成了制度化、规范化的宣传措施，取得了很好的宣传效果。每年防火期前，各级森林防火部门都要结合本地区工作实际，制订专项《森林防火宣传工作方案》，确定本年度森林防火宣传主题，明确宣传重点，开展多渠道、多样式、全方位的森林防火宣传教育工作，筑牢防范森林火灾的思想防线，让“森林防火，人人有责”的理念深入人心，

开展上街宣传游行

营造良好的舆论氛围，形成全民同防共治的良好局面。工作中，主要突出“四个重点”，即牢牢把控森林防火宣传的重点内容、重点人群、重点部位、重点时段，并丰富宣传手段、完善宣传教育基础设施等工作。

### （一）明确“四个重点”，做到精准发力

明确重点内容：重点宣传森林防火相关法律、法规、条例、制度，林区野外火源管理制度规定和违规用火的法律责任；宣传森林火灾的危害性和森林防火的重要性以及森林、林木、林地经营单位和个人、社会群众在森林防火工作中应履行的义务和承担的责任，突出火源管理和违规用火处罚规定的宣传，引导进山入林人员文明用火、依法依规用火、安全用火，坚决杜绝违规用火行为；1987年“5·6”特大森林火灾的惨痛教训，森林防火先进事迹和森林火灾典型案例；森林火灾预防和扑救及安全避险常识等。

明确重点人群：地方政府有关部门、林业企业及有关部门按照“谁的人谁负责、谁主管谁负责、谁受益谁负责”的原则，在加强城镇职工群众宣传教育的同时，将旅游人员、外来务工人员、农林牧渔作业人员、野外作业人员、林缘地带住户和非完全民事行为能力人的监护人等作为宣传教育重点人员，提高其森林防火意识。黑龙江大兴安岭林区内登记在册的种养殖人员4700余人，林缘地带住户24000余人，非完全民事行为能力人63000余人，野外作业人员6000余人，做到了底数清、人员实、情况准。

明确重点部位：把旅游区、机场、火车站、客运站、加油站、旅店宾馆、窗口单位、外来企业、野外作业单位、野外养殖户、林农交错区域、林下资源承包经营区等人流量大、流动性强的区域，作为森林防火宣传教育重点部位，加大森林防火宣传教育力度。黑龙江大兴安岭共梳理掌握林区内火车站37个（目前启用33个），民航机场2个，客运站10

个，加油站39个，旅店宾馆318个，野外作业点900余个，种养殖户1300余个，景区景点65个，林下资源承包经营区204个，重点风险隐患部位280个。

明确重点时段：把“3·15”入户宣传时段、全国中小学生安全教育日、“清明节”、防火虎威威诞生日（4月4日）、“五一”国际劳动节、“5·6”反思日、“5·12”防灾减灾日、中秋节和国庆节等森林防火特殊时段以及大风、高温、干旱等高危火险天气重要时段作为森林防火宣传教育重要节点，增加宣传教育频次。

**（二）丰富宣传手段，突出宣传实效**

印制、发放宣传品。及时发布《森林防火命令》或《森林防火布告》；在印制发放森林防火宣传单、宣传手册等常规宣传制品的基础上，创新“明白卡”、防火队员在重点路段手举防火牌巡护、利用抖

防火虎威威语音播报

音、快手平台、虎威威醒目卡通雕像等宣传渠道开展宣传，在人员集中的公共场所张贴宣传标语、设置宣传站点，开展广大群众喜闻乐见的森林防火宣传教育活动。

签订宣传教育责任状。抽调经验丰富的防火干部深入林间农户、林内作业点、偏远村屯、林农交错部位，逐户逐人签订宣传教育责任状；旅游局与旅游公司、旅游公司与导游间，属地森林防火管理部门与作业单位、作业单位与作业人员间，都要层层签订《森林防火宣传教育责任状》，严格落实宣传教育责任人；对非完全民事行为能力人的监护人以及重点区域内的重点对象采取签订《森林防火保证书》的形式落实宣传教育责任。

开展主题宣传活动。将1987年“5·6”特大森林火灾及澳大利亚、美国，以及南美洲等特大森林火灾的反面典型案例作为反思宣传教育主线，广泛收集素材，通过媒体播报、警报鸣笛等方式，开展内容丰富、形式多样的宣传活动。将1987年“5·6”特大森林火灾反思教育作为重点任务，集中优势资源、结合地方特色，大力推进森林防火宣传教育“七进”（进机关、进企业、进社区、进村屯、进学校、进景区、进站场）。通过开展讲座、电视宣传、知识竞赛等形式，普及森林防火法律知识，推进依法治火，加强《中华人民共和国森林法》《森林防火条例》和其他森林防火规章制度的宣传，让法治意识、依法防火等理念深入民心。组织好防火系统典型人物学习和推广工作，注重发现和深入挖掘森林防火战线具有代表性和示范作用的典型事例和模范人物，做好先进事迹和典型经验的宣传。客观反映森林防火人员长期驻守艰苦环境、看护森林资源的真实生活，反映基层森林防火人员坚守岗位、尽职尽责的感人事迹，反映扑火人员不畏艰难、英勇善战的精神，讲好森林防火故事，提升森林防火关注度和社会认知度，向社会传播正能量，以榜样的力量推动森林防火工作的开展。加强社会公益性森林防火宣传，依托新闻载体，积极倡导和推广祭献鲜花、种植长青树、网上祭奠等新型文明祭扫方式，逐步改变烧纸、焚香、燃烛、放炮等传统祭奠习惯，让“无烟祭扫”“文明祭祖”意识深入人心。“清明节”期间加大宣传力度，避免因祭扫引发森林火灾。鼓励个体、私营企业参与森林防火宣传，利用广告宣传单、LED显示屏、出租车显示屏、公交车体广告位等方式进行宣传活动，增加森林防火宣传内容。

加强宣传设施建设。在重点部位按照《林火预防标准化建设有关规定》布设宣传旗，各主要公路干线，建设森林防火固定宣传牌；在主要公路口，特别是与外省区毗邻的出入口，增设醒目的大型宣传牌，营造安全发展的宣传氛围；在重要路口、乡镇、旅游区、村屯等地设置森林火警电话“12119”和森林防火吉祥物“防火虎威威”等宣传标识；结合实际，在人流量大的地点增加具有鲜明特色的森林防火宣传设施。协调通信运营部门建立电子围栏，在森林防火期内，向本地手机用户以及进入本地区的外地手机用户发送森林防火提示和森林火险警示信息。

## 三、经验总结

加强领导，提高思想认识。制订《森林防火宣传教育工作方案》，明确具体措施，落实责任要求。成立检查组，采取不定期抽查的方式，对森林防火宣传教育工作开展情况进行检查，在检查过程中发现宣传教育责任、任务不明确，措施落实不到位的，追究相关人员的责任，由此引发人为火要倒查追究责任。

认真筹划，创新宣传形式。紧密结合重点工作，贴近实际、贴近群众，科学合理地研究制定具体工作措施，以受众为本，突出高素质、创新性，活化宣传内容和方式，采用通俗易懂的宣传内容，以轻快直白的方式，把手中的笔和镜头更多地对准基层，不断创作出思想性、艺术性俱佳的精品，增强宣传教育的吸引力和感染力。

部门联动，提升宣传实效，相关责任部门切实承担起森林防火宣传责任，落实好各项工作。宣传部门负责做好宣传指导工作；工会、团委、妇联充分发挥作用，积极组织开展森林防火专项教育活动；旅游管理部门同旅行单位和旅游组织者签订森林防火宣传教育责任状，加大对外来旅游人员防火宣传教育工作；交通运管部门通过在汽车站、运营车辆上张贴防火布告、防火标语以及向旅客发放防火宣传单等形式加强宣传；铁路部门负责通过列车广播、车站电子显示屏等载体，对广大旅客进行大密度、高频率的防火宣传；航空客运部门负责在机场开展对外来人员宣传教育工作；教育部门开展“森林防火知识进课堂”“小手拉大手”森林防火知识竞赛和征文等主题宣传活动；电力、农林、自然资源、规划设计等有野外作业任务的部门，负责本部门入山作业人员的宣传教育工作；地区森林消防支队和专业森林消防队伍积极配合驻地森林防火部门组织开展多种形式的森林防火宣传教育活动。加大森林防火宣传标识、条幅、标语、彩旗等布设密度，规范使用森林防火宣传标语口号，印制发放森林防火宣传单、宣传卡等。

## 第二节　责任落实

### 一、概述

森林防火工作是一项社会公益事业，既需要各级人民政府承担领导责任，也需要森林、林木和林地的经营单位和个人在其经营范围内承担森林火灾的预防和扑救责任。

《森林防火条例》第六条指出：“森林、林木、林地的经营单位和个人，在其经营范围内承担森林防火责任。”

## 二、大兴安岭林区的主要做法

坚持“谁主管、谁负责，谁所有、谁负责，谁受益、谁负责”的原则，认真落实各级政府、各部门、各级企事业单位、林权所有者、经营者、乡村基层组织和农户的防火职责。以乡镇、林场为主体，实行林场包工段、乡镇包村屯、村屯包组、组包户、户包人的包保责任制，按照“党政同责，一岗双责，齐抓共管，失职追责”的要求，构建由政府和林业主管部门统一领导、相关部门协同配合、社会积极参与的责任管理体系。具体工作中，以逐级落实森林防火责任为重点，严格执行“三清单一承诺”（“三清单”即责任清单、任务清单、督查清单：各级包保领导对所包片区域内“三清单”任务推进落实情况负总责，责任清单、任务清单、督查清单由各级包保领导签字后分别报上一级森防指备案；“一承诺”即《森林草原防火责任和任务承诺书》，由各级包保领导向各级指挥长对包保区域内落实森林草原防火责任和工作任务作出承诺，经同级指挥长、包保领导签字后报上级森防指备案）和“两书一函”制度（“两书”即整改通知书、约谈通知书。对森林防火督查检查中发现的问题，由各级森防指向责任单位下达整改通知书，对上级森林防火工作部署落实不力的，责任区内人为火灾多发频发、发生重大以上森林火灾的，对瞒报火灾信息、火灾案查处不力的，对毁灭、伪造或拒不配合调取相关证据和材料的，以及其他需要约谈的情形，由各级森防指向相关单位和人员下发约谈通知书。“一函”即森林防火火险隐患问题提示提醒函。对森林防火工作各种漏洞短板，由各级指挥部及时向森林防火隐患单位发出提示提醒，督促隐患单位及时整改、尽快落实），不断完善森林防火责任机制。

### （一）坚持“林地协同，联防联控，防扑一体”体制机制

森林防火机构改革（即森林防火指挥部及其办公室由原林业部门调整到应急管理部门，相关防火职能也一并划转）后，林业部门与地方应急管理部门坚持分工不分家，本着森林防火工作“只能加强、不能削弱”的原则强化体制机制建设，与地方人民政府联合成立森林防火指挥部，活化行政首长负责制的实际应用，实行“双政委、双指挥”模式，地委书记、林业集团党委书记共任总政委，行署专员、林业集团总经理同任总指挥。选用经验丰富、能力突出的防火干部任专职指挥，统筹协调调配全区防灭火力量。林、地双方分管防火工作的副职干部任副指挥，双方相关职能部门均为指挥部成员单位。各林业局与各县、市、区参照此模式成立森林防灭火指挥部，最大限度整合优势资源，全面落实森林防火责任。

### （二）打造“三级包保”责任链条

自上而下实行“三级包保”责任制度，集团包保林业局、林业局包保林场、林场包保林班（作业点、景区、林下资源经营区等），形成职责清晰、严密高效的森林防火责任体系。防火期内，集团党政主要领导和分管领导经常深入一线指导工作开展、督查责任落实，及时发现问题、解决问题；各级包片领导、蹲点领导深入各责任单位，将各项防火措施全面落实落细；各林场加大包保责任制执行力度，进一步落实林场包林班、林班包作业组、作业组包人的森林防火责任，打造了上下联动、环环相扣的责任链条，并将责任追究“关口前移”，由事后追责转变为事前问责，将风险隐患消除在萌芽状态。防火、纪检、资源、公安等部门成立联合督查组，并在集团直属扑火队伍中抽调精干力量成立稽查（督查）分队，深入一线查隐患、堵漏洞，立行立改，跟踪问效。同

时，细致总结梳理各类突出问题，分阶段召开会议进行总结和通报，各单位主动认领，举一反三，确保责任、任务、措施落实到位。

### （三）连通防控一线“神经末梢”

森林防火的关键在于一线责任是否夯实。大兴安岭林区充分利用“三级包保”模式和“三清单一承诺”制度，逐级签订责任状和承诺书，确保将森林防火责任落实到林间、地块、人头。对各森林防火相关部门岗位和职工，特别是防火站点和专业森林消防队伍，分别制定工作流程，实行岗位责任制，完善工作制度，明确任务和职责；对居民防火责任的落实，主要采取入户宣传的方式，每年防火期前安排工作人员入门入户与常住人员签订森林防火责任状，宣传森林防火常识和法律法规，告知注意事项，特别是对非完全民事行为能力人的监护人和吸烟人员建档立册，分类管理，严格落实防火责任；对采集、种养殖、野外作业等人员管控责任的落实，通过加强入山通行和作业审批的方式，提升责任落实效能。

## 三、经验总结

严格落实“党政同责、一岗双责、齐抓共管、失职追责”和“三个必须”要求，层层压实责任、层层传导压力，划定责任区，签订责任状，明确领导责任、直接责任、主体责任、监管责任、火源管理责任、组织扑救责任，签订森林防火责任状，做到每一处关键点、每一项工作都有责任领导、责任部门、责任人，形成责任链条和网格化责任体系。

# 第三节　火源管理

## 一、概述

火源管理是为减少防火区内的火源而采取的各种措施的综合，根据世界各国火灾资料统计，人为火占总火灾次数的90%以上，如俄罗斯占93%，美国占91.3%，而我国历年平均则高达95%以上。所以，控制人为火源又是森林防火工作中火源管理的重中之重。森林防火区野外用火管理能力的高低，直接决定着森林防火工作的成效，决定着重大、特大森林火灾发生与否，甚至影响到林区社会的稳定和人民生命财产安全。从人为火源管控的角度看，大兴安岭林区是全国火源管理制度最严格的地区。

《森林防火条例》第二十五条指出：“森林防火期内，禁止在森林防火区野外用火。因防治病虫鼠害、冻害等特殊情况确需野外用火的，应当经县级人民政府批准，并按照要求采取防火措施，严防失火；需要进入森林防火区进行实弹演习、爆破等活动的，应当经省、自治区、直辖市人民政府林业主管部门批准，并采取必要的防火措施；中国人民解放军和中国人民武装警察部队因处置突发事件和执行其他紧急任务需要进入森林防火区的，应当经其上级主管部门批准，并采取必要的防火措施。”

## 二、大兴安岭林区的主要做法

大兴安岭林区积极贯彻“预防为主、积极消灭、生命至上、安全第一”的森林防火工作总方针，着眼“细枝末节”，坚持“疏堵结合”，加强依法治火，着力强化制度建设，先后出台了“三先三后”“义务宣管员”“十有”“一盒火”“跟班作业”“三包三保”“四个一律”等多项火源管理制度规定，着力管控好“七点三线”（野外农牧业点、野外施工作业点、工矿区、自然村屯、边远林场、管护外站、瞭望塔和铁路、公路、供电线路），严格落实“人有防火证，烟囱有防火帽，车辆有防火罩，屋外有防火隔离带”。具体做法如下。

### （一）“三先三后”制度

“三先三后”制度即“先接受防火告知，后办理入山证；先接受火种检查，后入山；先接受防火知识培训，后上岗”制度。

### （二）“义务宣管员”制度

“义务宣管员”制度即凡是经森林防火部门审批，合法入山从事野外作业的人员都有森林防火义务，都确定为义务宣管人员，佩带义务宣管员袖标，承担生产作业区域内的森林防火宣传教育、火源管理和火情报告等任务。通过这一做法，使进入林内开展野外作业的被管理对象变为森林防火主动预防人员，减少野外生产作业人为火险隐患。

### （三）野外作业点“十有”规定

野外作业点“十有”规定即有作业点责任人；有个人担保书；有指定范围的野外生产作业合同书；有指定的宣传教育、火源管理人员；室内、室外有防火标语；有火源管理制度；有防火警示旗帜；有宣传教育和检查登记；有防火隔离带；有扑火工具。

### （四）“一盒火”制度

“一盒火”制度即每个野外作业点，要指派专人保管和使用“一个（一个火柴盒或打火机）”火源，从客观上缩小火源使用范围，降低火险隐患。

### （五）“跟班作业”制度

大兴安岭林区转型发展过程中，各种林内大型工程项目的开工建设，野外火源管理的难度也逐渐加大。对此，采取跟班作业措施，对作业单位安排1～2名林场职工和森林防火专业人员实行24小时跟班作业，严格落实野外作业相关制度和规定，对生产生活用火进行现场监控，确保万无一失。同时，各防火责任区对野外作业人员实行火险因子数字化动态管理，对入山人数、作业区域、作业项目、防火责任人、跟班作业人员、义务宣管员等情况进行实时动态跟踪管理，全方位监督生产作业情况，随机派出检查组进行明察暗访，从而实现宣、管、查三到位，既达到了管住人的目的，又保证了作业的顺利进行。

### （六）“三包三保”制度

“三包”是指党政主要领导“包面”，分管领导“包片”，一线领导和驻村干部“包点位”的包保机制；“三保”就是保证责任区内宣传教育全覆盖，保证巡护检查和火源管理全到位，保证防火责任全落实。

### （七）“四个一律”制度

“四个一律”制度即防火期内，对野外吸烟弄火和在场不予制止的，公职人员一律依法依规处分，非公职人员一律依法进行行政处罚；对未经批准擅自野外生产生活用火的单位和个人，一律依法严惩；对引发森林火灾的单位和个人，一律依法从重处罚，严肃追究相关领导责任。

### （八）疏堵结合，严控火源入山

严格管控入山人员和车辆是控制火源入山的重要方面，大兴安岭林区充分发挥检查站、管护站、巡护队“三道防线”的作用，对进入生产作业区域的人员和车辆严格检查，无入山生产作业许可证的人员和没有安装防火罩的车辆一律堵截劝返；同时组织预警巡护小分队，携带扑火工具，对偏远山区加强预警巡护，对违规入山的一律清出。对非生产作业区的支岔线一律封死，并派人员实行24小时看守。为保证生产与防火两不误、两促进，改变了以往高火险期禁止一切人员入山的做法，为入山从事山林产品采摘、营造林和种植、养殖的人员办理入山生产作业许可证，实行定点、定车、定人（三定）的管理办法，变堵为疏，有效解决了生产与防火之间的矛盾。

### （九）排查隐患，加大“三清”力度

“三清”（即清山林、清沟系、清河套，春防前进行“跟雪三清”）是大兴安岭林区清出违规入山人员，消除林内火险隐患的最有效手段之一。森林防火期，由地、县（市、区、林业局）两级的公安、资源、防火等部门组成联合“三清”工作组，深入林内进行拉网式清理，彻底清出捕鱼、狩猎以及违规入山人员。利用无人机和直升机进行巡护监控，对重点区域开展不间断的清查。同时，对冬季作业加工和春秋季

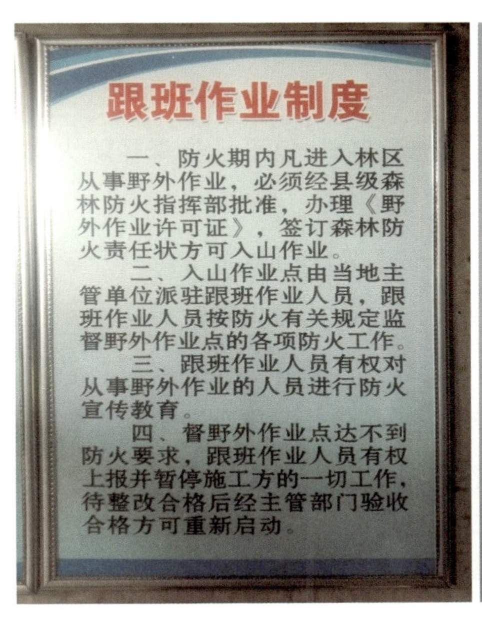


跟班作业制度

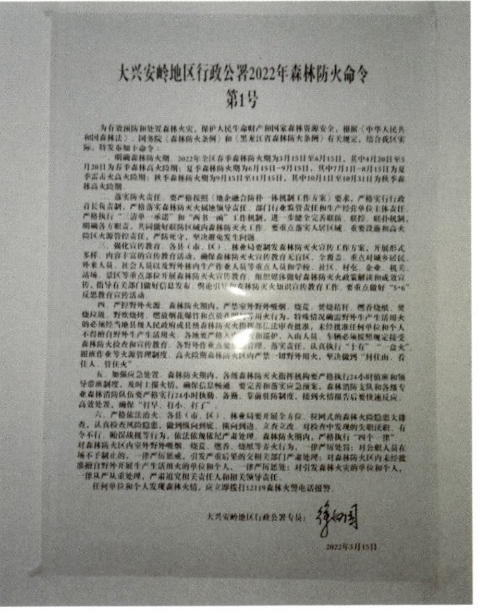

大兴安岭地区行政公署2022年森林防火命令

第1号

森林防火命令（含“四个一律”）

营林生产的余火进行彻底清理，对近年来森林火灾形成的火烧迹地派驻专业森林消防队伍严加防控，做到了山头有人盯、林内有巡逻、地块有人守，不留死角、不留盲区，最大程度地消除了火险隐患。

### （十）科学分配任务，细化责任落实机制

根据道路交通和资源分布情况将所辖林区划分为多个战区，集团所有领导分片包保战区内的各项防火任务，在火源管理上实行“三包”（处级领导包林场、乡镇；各林场场长、乡镇长和有野外作业任务的单位负责人包村屯、野外作业点；工段长、作业组长和村长包作业人员和农户，一级对一级负责）。同时，按施业区面积，以林场、管护区、乡镇、村屯为单位，划分火源管理责任区，对每个沟系、每座瞭望塔、每个检查站都落实具体责任人。

### （十一）整合现有资源，强化联防协作机制

一是军、警、民携手共防。充分发挥森林消防支队（原武警森林部队）和地区直属专业森林消防队伍特有优势，专门组织驻地大队成立防火稽查（督查）小分队，深入到森林防火责任区进行检查，重点督查驻地村屯生活用火和野外生产用火。公安部门分片包干，与森林防火部门共同参与“三清”工作。

二是政、企、商协作共防。工商、交通等部门与个体工商户、出租车司机签订森林防火责任状，业主协助发放森林防火宣传单、利用LED显示屏宣传森林防火知识，出租车张贴标语、播放森林防火宣传音频文件。教育部门与各中小学校教师签订宣传教育责任状，国土资源、旅游等部门加强对矿产开发、旅游人员的管理，作为行业管理部门承担防火连带责任。

三是城、乡、村互助共防。各社区组织机关干部、女职工与环卫工人等分片包干，承担森林防火巡护员和宣传员职责，各村屯和农户实行

“十户联保”制度（每10户为一组，互相帮助、互相监督，共同承担森林防火责任），确保联保责任到户、到人。

四是林、农联防共治。大兴安岭地区东、南部集中了90%以上的农户，以往林农矛盾十分突出，农民森林防火观念淡薄，农事用火引发的森林火灾时有发生。针对大兴安岭地区长期存在的林农矛盾，在严禁烧荒的同时，帮助农户处理农田剩余物，把农民发展为森林防火义务宣管员，并组织有条件的村屯建立农民扑火队，开展扑火技能和安全避险培训，以林护农，依农管火，切实化解了林农矛盾，形成了林农联防共治的良好局面。例如，内蒙古的大杨树、毕拉河林业局，黑龙江的十八站林业局、韩家园林业局与毗邻的农业县实行林农联防，定期会商，落实管控措施，实行联合“早查”制度（根据农业生产出工早的实际，组织人员对起早野外入山作业农民进行检查，确保机具无安全隐患，人员不携带火种入山），严防农业生产引发森林火灾。

五是从过去“包片干部+居民”的两层管理机制，转变为“包片干部+联保组长+居民”三维管理机制；对入山从事森林资源调查、探矿、筑

直属专业队

路、重点工程建设的野外作业队伍，必须经集团森林防火指挥部、资源林政部门审核批准方可入山，按规定办理入山证、野外用火证、车辆通行证，划定区域，落实防火责任人，与野外作业单位签订防火责任状；令其开设好野外作业点周边防火隔离带，准备必要的防扑火工器具，生产生活用火燃烧剩余物必须采取防火桶存放或采取深挖、掩埋、浇水等措施进行妥善处置，并向野外作业点派驻防火督查员，定期跟踪检查，确保森林防火安全。

## 第四节　隐患排查

“隐患险于明火、防范胜于救灾。”提前消除火险隐患，是森林火灾预防的关键环节。大兴安岭林区坚持“防未、防危、防违”“打早、打小、打了”全链条管理，对林区森林火灾隐患进行全面排查整治，构建“集团建总账、各单位列分账，账账明晰、责任到人”的管理体系；严肃查处违规用火行为，切实从源头上防范化解森林火灾重大风险，真正把问题解决在萌芽之时、成灾之前。大兴安岭林区的主要做法如下。

### 一、明确隐患排查整治责任

健全火灾隐患排查机制，建立了以政府为主导、集团负责，明确任务、细化分工的工作模式，通过地方政府下发相关文件，协调各部门落实隐患排查工作责任，并同各级部门的负责人协商，细化火灾隐患排查整治工作的工作细节和方案内容。政府和集团相关部门通过定期或不定期的监督检查，监督落实隐患检查工作的具体内容，通过通报、通知等方式，对隐患排查整改落实不到位的部门给予警告诫勉，从严落实整治

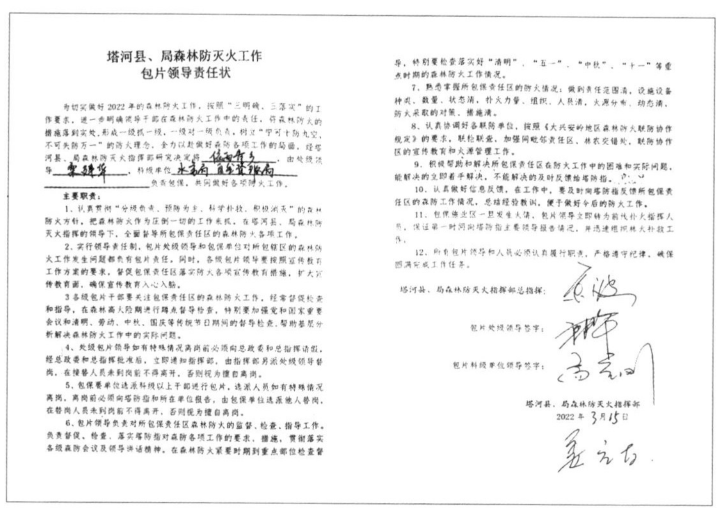

塔河县、局森林防灭火工作
包片领导责任状

为切实做好2022年的森林防火工作，按照“三明确、三落实”的工作要求，进一步明确领导干部在森林防火工作中的责任，将森林防火的措施落到实处，形成一级抓一级，一级对一级负责，树立“宁可十防九空，不可失防万一”的防火理念，全力以赴做好森防各项工作的局面，经塔河县、局森林防灭火指挥部研究决定将____，由处级领导____，科级单位____负责包保，共同做好各项防火工作。

主要职责：

1、认真贯彻“分级负责、预防为主、科学扑救、积极消灭”的森林防火方针，把森林防火作为压倒一切的工作来抓，在塔河县、局森林防灭火指挥的领导下，全面督导所包保责任区的森林防火各项工作。

2、实行领导责任制，包片处级领导和包保单位对所包辖区的森林防火工作发生问题都负有包片责任。同时，各级包片领导要按照宣传教育工作方案的要求，督促包保责任区落实防火各项宣传教育措施，扩大宣传教育面，确保宣传教育入心入脑。

3各级包片干部要关注包保责任区的森林防火工作，经常督促检查和指导，在森林高火险期进行蹲点督导检查，特别要加强党和国家重要会议和清明、劳动、中秋、国庆等传统节日期间的督导检查，帮助基层分析解决森林防火工作中的实际问题。

4、处级包片领导如有特殊情况离岗前必须向总政委和总指挥请假，经总政委和总指挥批准后，立即通知指挥部，由指挥部另派处级领导替岗，在接替人员来到岗前不得离开，否则视为擅自离岗。

5、包保要单位选派科级以上干部进行包片，选派人员如有特殊情况离岗，离岗前必须向塔防指和所在单位报告，由包保单位选派他人替岗，在替岗人员未到岗前不得离开，否则视为擅自离岗。

6、包片领导负责对所包保责任区森林防火的监督、检查、指导工作。负责督促、检查、落实塔防指对森防各项工作的要求、措施，贯彻落实各级森防会议及领导讲话精神。在森林防火紧要时期到重点部位检查督导，特别要检查落实好“清明”、“五一”、“中秋”、“十一”等重点时期的森林防火工作情况。

7、熟悉掌握所包保责任区的防火情况：做到责任范围清，设施设备种类、数量、状态清，扑火力量、组织、人员清，火源分布、动态清，防火采取的对策、措施清。

8、认真协调好各联防单位，按照《大兴安岭地区森林防火联防协作规定》的要求，联检联查，加强同毗邻责任区、林农交错处、联防协作区的宣传教育和火源管理工作。

9、积极帮助和解决所包保责任区在防火工作中的困难和实际问题，能解决的立即着手解决，不能解决的及时反馈给塔防指。

10、认真做好信息反馈，在工作中，要及时向塔防指反馈所包保责任区的森防工作情况，总结经验教训，便于做好今后的防火工作。

11、包保施业区一旦发生火情，包片领导立即转为前线扑火指挥人员，保证第一时间向塔防指主要领导报告情况，并迅速组织林火扑救工作。

12、所有包片领导和人员必须认真履行职责，严格遵守纪律，确保圆满完成工作任务。

塔河县、局森林防灭火指挥部总指挥：

包片处级领导签字：

包片科级单位领导签字：

塔河县、局森林防灭火指挥部
2022年3月15日

签订包片责任书

责任，保证火灾隐患排查工作的顺利开展。

## 二、强化联合监督执法力度

联合林地相关部门开展隐患排查整治工作，提高所辖地区防火工作管理能力，建立完善联合监督机制，加强信息沟通协调，组织开展联合检查，对排查出火灾隐患的单位以联合执法的形式给予严厉整治。

## 三、提高隐患自查自改能力

基层一线林业防火部门是森林火灾隐患排查工作的主战场，通过开展业务培训尤其是对防火安全负责人的培训，指派专人跟踪指导，督导检查，树立典型，全面推广经验、做法的方式，推动各单位落实隐患排查整治制度，建立完善的隐患检查档案，开展定期的隐患整治巡检，有力提升一线部门的火灾隐患自查自改能力。

## 四、发挥全民监督整改作用

积极营造火灾隐患排查整治的浓厚氛围。利用电视台、广播电台、报刊等新闻媒介开辟专栏，定期通过新闻媒体广泛发布火灾隐患排查整治的时间、内容、措施，营造浓厚的围剿火灾隐患的氛围，通过舆论监督引导督促各单位自觉把隐患排查整治工作落到实处。

各级防火部门与成员单位协同配合，形成协调顺畅、配合紧密、调度有序的工作机制。根据森林火险区划等级、森林资源分布状况和火灾发生实际情况，对不同区域采取针对性措施，紧盯重要时段、重要部位、重要设施，科学开展专项行动，加大隐患排查整治力度，坚决依法查处违规用火行为，及时堵塞漏洞，成效非常显著。

## 第五节　督导检查

### 一、概述

督导检查，是指通过各种方式（实地明察暗访、翻阅资料、询问答复等）推动某项工作或任务完成的一种手段，它的出发点和落脚点在于抓工作的落实。森林火灾的特点和多年扑救实战经验表明，只有在灾前防范上下功夫、采取措施把火灾隐患解决在火灾发生之前，森林防火才能事半功倍。而火灾隐患是一个范围很广的概念，从字面上理解即为引发火灾的隐患。违反林业法律、法规，可能导致森林火灾发生的各类不安全因素，均为森林火灾隐患。如防火组织机构是否健全，防火责任是否落实，防火制度是否制定，防火基础设施是否建设配套，应急预案是否制定，是否进行演练，防火设备是否配足配齐，火源管控措施是否落实，宣传教育、防火投入是否到位，等等。

《森林防火条例》第二十四条指出：“县级以上人民政府森林防火

指挥机构，应当组织有关部门对森林防火区内有关单位的森林防火组织建设、森林防火责任制落实、森林防火设施建设等情况进行检查。对检查中发现的森林火灾隐患，县级以上地方人民政府林业主管部门应当及时向有关单位下达森林火灾隐患整改通知书，责令限期整改，消除隐患。被检查单位应当积极配合，不得阻挠、妨碍检查活动。”

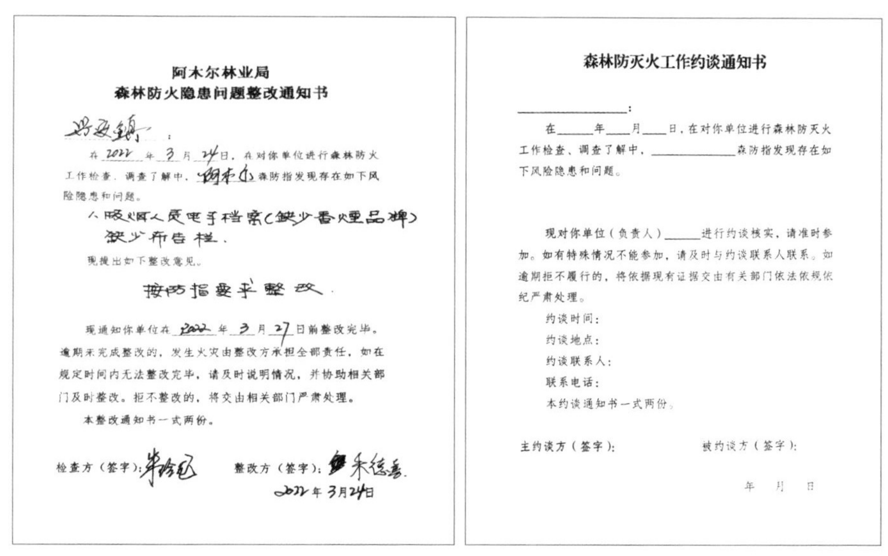

阿木尔林业局
森林防火隐患问题整改通知书

[illegible]：

在 2022 年 3 月 24 日，在对你单位进行森林防火工作检查，调查了解中，阿木尔森防指发现存在如下风险隐患和问题。

1. 吸烟人员电子档案（缺少香烟品牌）缺少布告栏.

现提出如下整改意见。

按防指要求整改.

现通知你单位在 2022 年 3 月 27 日前整改完毕。逾期未完成整改的，发生火灾由整改方承担全部责任，如在规定时间内无法整改完毕，请及时说明情况，并协助相关部门及时整改。拒不整改的，将交由相关部门严肃处理。

本整改通知书一式两份。

检查方（签字）：[illegible]　　整改方（签字）：[illegible]

2022 年 3 月 24 日

森林防灭火工作约谈通知书

______：

在______年____月____日，在对你单位进行森林防灭火工作检查、调查了解中，______森防指发现存在如下风险隐患和问题。

现对你单位（负责人）______进行约谈核实，请准时参加。如有特殊情况不能参加，请及时与约谈联系人联系。如逾期拒不履行的，将依据现有证据交由有关部门依法依规依纪严肃处理。

约谈时间：

约谈地点：

约谈联系人：

联系电话：

本约谈通知书一式两份。

主约谈方（签字）：　　被约谈方（签字）：

年　月　日

整改通知书　　约谈通知书

## 二、大兴安岭林区的主要做法

大兴安岭林区在森林防火督查工作上，敢于较真碰硬，深入基层一线开展督查工作，查隐患、堵漏洞，防患于未然，取得了良好的成效。集团公司领导经常深入到大兴安岭林区位置最偏、路况最差、条件最苦、力量最弱、最易出现盲区死角的远山外站、高山瞭望塔、野外农牧业点和施工作业点，采取听（检查中听取汇报）、看（森林防火工作文字材料）、查（抽查相关单位的落实情况）、考（对各单位的防火专业人员和检查站及森林管护人员进行防火知识考核）、谈［找防火专业人员（如扑火队员、检查员、巡护员等）座谈］等方式，围绕预防、扑

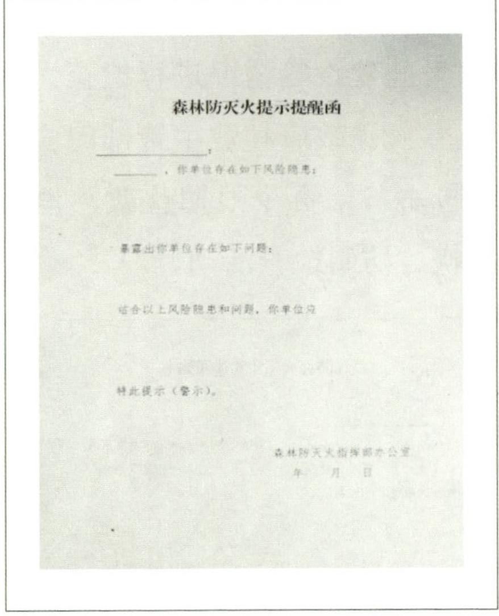
森林防灭火提示提醒函

________：

________，你单位存在如下风险隐患：

暴露出你单位存在如下问题：

结合以上风险隐患和问题，你单位应

特此提示（警示）。

森林防灭火指挥部办公室

年　月　日

森林防灭火提示提醒函

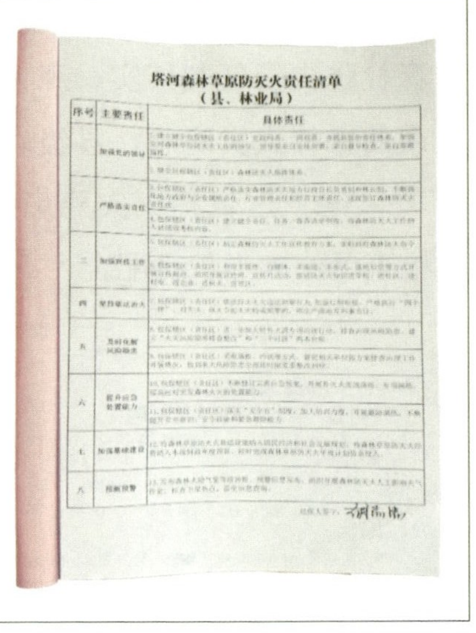
塔河森林草原防灭火责任清单
（县、林业局）

| 序号 | 主要责任 | 具体责任 |
|---|---|---|
| [illegible] | 加强党的领导 | [illegible] |
| [illegible] | 严格落实责任 | [illegible] |
| 三 | 加强督导检查 | [illegible] |
| 四 | 坚持群防群治 | [illegible] |
| 五 | 及时化解风险隐患 | [illegible] |
| 六 | 提升应急处置能力 | [illegible] |
| 七 | 加强基础建设 | [illegible] |
| 八 | 强化保障 | [illegible] |

包保人签字：

森林草原防火责任清单

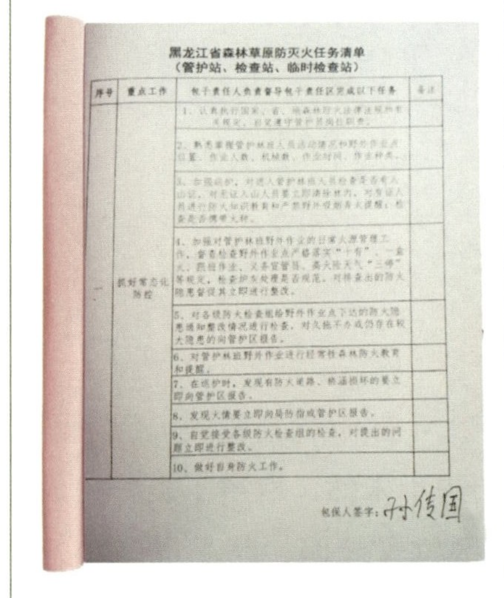
黑龙江省森林草原防灭火任务清单
（管护站、检查站、临时检查站）

| 序号 | 重点工作 | 包干责任人负责督导包干责任区完成以下任务 | 备注 |
|---|---|---|---|
| 一 | 抓好常态化防控 | 1. 认真执行国家、省、地森林防火法律法规和有关规定，自觉遵守管护员岗位职责。 | |
| | | 2. 熟悉掌握管护林班人员活动情况和野外作业点位置、作业人数、机械数、作业时间、作业种类。 | |
| | | 3. 在巡护中，对进入管护林班人员检查是否有入山证，对违法入山人员要立即清除出入，对合法入山人员进行防火知识教育和严禁野外用火的提醒，检查是否携带火种。 | |
| | | 4. 加强对管护林班野外作业的日常火源管理工作，督查检查野外作业点严格落实“十有”、“一禁火、四检查、五查管督、高火险天气“三停”等规定，检查防火处理是否规范，对检查出的防火隐患督促其立即进行整改。 | |
| | | 5. 对各级防火检查组检查野外作业点下达的防火隐患通知整改情况进行检查，对久拖不办或仍存在较大隐患的向管护区报告。 | |
| | | 6. 对管护林班野外作业进行经常性森林防火教育和提醒。 | |
| | | 7. 在巡护时，发现有防火隐患、熄灭隐患的要立即向管护区报告。 | |
| | | 8. 发现火情要立即向局防指或管护区报告。 | |
| | | 9. 自觉接受各级防火检查组的检查，对提出的问题立即进行整改。 | |
| | | 10. 做好自身防火工作。 | |

包保人签字：孙传国

森林草原防火任务清单

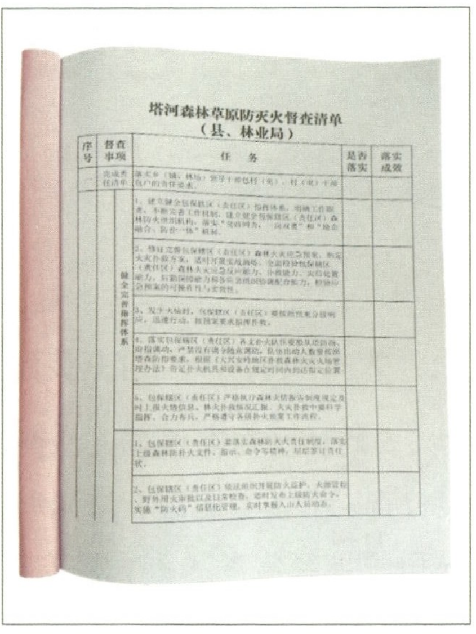
塔河森林草原防灭火督查清单
（县、林业局）

| 序号 | 督查事项 | 任务 | 是否落实 | 落实成效 |
|---|---|---|---|---|
| [illegible] | 完成责任清单 | 落实乡（镇、林场）领导干部包村（屯）、村（屯）干部包户的责任要求。 | | |
| | 健全完善指挥体系 | 1. [illegible] | | |
| | | 2. [illegible] | | |
| | | 3. [illegible] | | |
| | | 4. [illegible] | | |
| | | 5. [illegible] | | |
| | | 1. [illegible] | | |
| | | 2. [illegible] | | |

森林草原防火督查清单

救、保障“三大体系”，重点对工作部署、责任落实、宣教培训、督导检查、火源管理、阻隔网络、内业规范、预警响应、瞭望监测、应急预案、专业队伍、调度值班、安全管理、设施设备、项目资金等15个方面相关工作落实情况进行突击查访、揭短亮丑，落实“两书一函”制度，通过责任单位自查、蹲点包片清查、部门联合督查、专项治理稽查相结合的方式开展明察暗访，切实将隐患全部消除在萌芽状态，确保全面落实森林防火责任制。

具体督查以下方面内容：

推进落实上级会议精神、工作部署方面：是否逐级传达贯彻落实上级批示指示和会议精神；是否认真落实国家、省、地森林防火工作部署；是否存在落实上打折扣，搞变通，工作布置不力，缺乏针对性、操作性等问题。

责任落实和制度执行方面：是否签订森林防火责任状；防火责任区是否明确、责任是否落实；是否做到每一项工作都有责任领导、责任部门、责任人，每一个林场、每一个检查站、每一座瞭望塔、每一支驻防队伍、每一支巡护队伍、每一台设备都落实到人头。是否认真建立、落

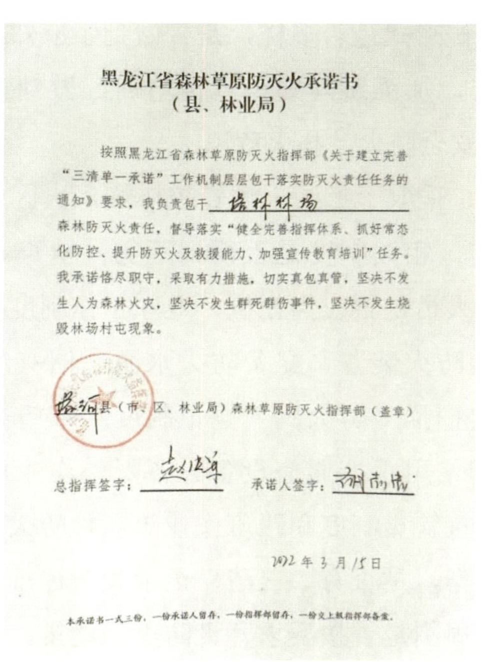

黑龙江省森林草原防灭火承诺书
（县、林业局）

按照黑龙江省森林草原防灭火指挥部《关于建立完善“三清单一承诺”工作机制层层包干落实防灭火责任任务的通知》要求，我负责包干＿＿＿＿森林防灭火责任，督导落实“健全完善指挥体系、抓好常态化防控、提升防灭火及救援能力、加强宣传教育培训”任务。我承诺恪尽职守，采取有力措施，切实真包真管，坚决不发生人为森林火灾，坚决不发生群死群伤事件，坚决不发生烧毁林场村屯现象。

＿＿县（市、区、林业局）森林草原防灭火指挥部（盖章）

总指挥签字：＿＿＿＿　承诺人签字：＿＿＿＿

2022 年 3 月 15 日

本承诺书一式三份，一份承诺人留存，一份指挥部留存，一份交上级指挥部备案。

防灭火承诺书

实“两书一函”工作制度；是否严格落实党政主要领导第一责任，分管领导主要责任和包片领导包保责任；是否落实属地管理责任，经营单位主体责任，部门、单位和工作人员的具体责任，以及相关人员的监护、监管责任；是否严格执行森林防火各项制度规定。

*宣传教育方面*：森林防火宣传教育面是否达到100%；是否及时设立、维护、更新森林防火宣传设施设备；是否创新形式，丰富内容，充分利用报刊、电视、广播、网络等媒介开展森林防火宣传教育工作；是否对重点部位和重点人群，持续深入开展精准宣教活动；是否对林内作业人员、外来人员、采山人员、吸烟人员、林农交错地带住户和边远村屯居民开展了“一对一、点对点、面对面”宣传教育活动；是否抓好外来人员的精准宣教工作，是否在宾馆、景区等外来人员集中区域分发防火宣传资料，是否在景区设立简单明确的宣传标语；是否落实不完全民事行为能力人的具体监护人，并签订责任状。宣传教育是否到位，宣传氛围是否浓厚，宣传形式是否多样，是否做到了应知皆知；是否开展了安全扑火常识教育，加强避险知识宣传培训，做到宣传到户、发动到人，切实增强全民安全防火、扑火意识。

*火源管控方面*：采取了哪些火源管控措施，火因是否分析到位并采取了相应防控措施，相关制度是否得到落实；检查站、管护站、巡护队、瞭望塔等工作人员是否在岗在位，遵守工作制度，履职尽责；相应防火站点是否安装防火装置、配备防火水源、储灰池；有移动网络的入山站点是否落实扫描“防火码”登记制度；瞭望人员是否按要求上塔瞭望，是否违规使用手持通信设备。各野外作业点是否落实“一盒火”“十有”义务宣管员制度和跟班作业等森林防火制度；是否开展大规模的“三清”工作，是否有“三清”记录和对违规人员处理记录；人居区域和重要设施周围是否按要求开设防火隔离带，并定期维护清理。对敏感地区重点部位是否实行了重点把守、重点看管，对重点人群是否

落实了监护人的监护责任；组织开展的督查工作是否严格，督查内容是否齐全，督查结果跟踪落实是否到位。

隐患排查方面：是否成立森林防火督导检查组和隐患排查组；是否深入乡、镇、林场、村屯、作业点排查火险隐患；是否及时下达整改通知书，限时整改，跟踪问效；是否存在排查不到位等问题。是否加大野外农牧业点、野外施工作业点、工矿区、自然村屯、边远林场、管护外站、瞭望塔和铁路、公路、供电线路等“七点三线”火源管控力度；是否按照国家、省、地要求持续开展野外火源和输电线路专项治理活动；是否与铁路、供电、通信等系统建立联防机制，联合开展隐患排查，对铁路两侧、输配电线路廊道可燃物进行清理，对老化线路进行维修。

培训工作方面：是否制订培训方案和培训计划，培训记录是否齐全，是否定期开展业务知识、扑火技能、安全避险等培训。

战略性防火阻隔带点烧方面：是否制订点烧各项方案，是否严格执行报备制度，遵守点烧规程。是否在沟塘草甸、林缘选取战略位置开展计划烧除，清理可燃物；是否对城镇、村屯、林场、野外作业点、检查站、瞭望塔及油库、加油站等凡是有人员居住、生活的场所周边按规程开设防火隔离带，防止“家火上山、山火进城”。

内业建设方面：县（市、区）、林业局和乡、镇、林场的内业资料是否齐全，管理是否规范。

地企融合联防联控方面：森林防火工作是否坚持“政府主导、企业主体、部门负责”的原则；县（市、区）、林业局森林防火第一责任人，在森防工作中是否对地企融合联防联控高度重视，防控意识是否融合一致；是否存在惯性思维，麻痹思想；是否存在互相推诿扯皮，不担当不作为现象。

地企联防联控是否做到统一组织，统一研究，一体化推进、规划防扑一体制度建设；是否统一制订森林防火联防联控工作方案，共同承担区域内的森林防火工作；是否重点落实交界区域内的主体责任；重点区域、重点部位划分是否科学有序；是否做到重点管理、重点布防；是否根据各自优势形成互补，一体化研究防控措施；是否由上至下，层层落实联防联控主体责任。

是否建立地企联防联控协调沟通合作机制，定期通报区域内联防联控情况，共同排查防火隐患，共同解决问题。

值班值守方面：是否严格执行24小时值班和领导带班制度，是否严格执行卫星监测热点2小时反馈和“零报告”制度；是否存在空岗、漏岗现象，“12119”森林火警电话是否畅通。是否熟知四级调度指挥流程，火情调度是否通畅，信息报送是否及时。

预案制定与演练方面：是否根据工作实际，修订、完善各类扑火预案，预案是否科学、有效、可操作、好使管用；是否制订演练计划，适时开展演练工作；指挥体系是否符合实战要求，是否与上级预案做到无缝衔接。县（市、区）、林业局是否制定《森林火灾应急处置预案》；乡、镇、林场是否制定《森林火灾应急处置办法》；社区是否制定《紧急避险疏散预案》。

林火处置方面：是否严格执行火情报告制度，落实24小时值班值守制度，关注卫星热点信息，卫星热点核查超过2小时反馈的，严肃追究相关责任人；公安森保部门是否接到火情报告后第一时间赶赴火场查明火因，侦破火案；发生人为火，纪检监察部门是否依规依纪依法严肃追究相关责任人责任；森林火灾原始记录是否工整、真实、规范，火因报告（公安鉴定）、火场影音资料是否齐全。

通信值班方面：是否按时进行通信会晤；是否及时更新火险因子数据。

通信设施设备管理方面：是否妥善保管通信设备，是否有通信设备丢失和人为损坏现象；是否及时维护通信设备；是否按要求配备通信指挥车、 打印输出设备、地理信息系统、发电设备等；是否备份状态良好的应急中继设备。

火场通信保障方面：通信车是否携带火场通信设备并配备通信人员。

设施设备管理方面：道路是否畅通，短期不能修复路段是否制订进兵方案；是否按要求备好舟船并靠前备用；是否按照要求开展偏远、道路不畅区域临时机降点开设工作。

预警响应方面：预警监测体系是否完善，应急响应机制是否健全，基层防火部门和人员是否掌握火险情况，能否因险设防、因险而动；是否安排专人每天及时接收并多种途径发布森林火险预警信号；是否按照预警级别启动相应的响应措施，做好相关记录；乡、镇、林场是否悬挂预警旗；检查站、管护站、交通要道口等地是否悬挂小型预警旗；悬挂的预警旗、警示牌是否与森林火险等级一致。

人工影响天气作业方面：增雨车辆是否挪作他用；是否及时检查维修、更新增雨车辆，保证作业使用。

森林火险监测管理方面：是否定期维护森林火险预警监测站和森林火险因子采集站，监测和采集设备是否有人为损坏或丢失现象。

网络运行管理方面：内、外网是否进行物理隔离，并做好信息保密工作。

队伍建设方面：是否规范专业队伍管理，健全组织机构，完善各项岗位责任制，建立专业森林消防队员电子信息档案；专业森林消防队伍是否足编足额，集中食宿待命；重点火险区是否实行靠前布防，按照火险等级进入相应的战备状态，各种扑火车辆、机具完好率是否达到100%。专业、半专业扑火队伍人员数量、以水灭火和机械化扑火队伍人员数量、向导队伍人员数量、装备配置、以水灭火装备、个人安全防护装备、车辆机具、靠前驻防等情况；紧要期扑火队伍是否集中食宿并靠前驻防，扑火物资准备是否充分，扑火装备是否良好，通信网络是否畅通；是否存在设施设备存而不用的现象，是否对大型机械、各类专用车辆、无人机、指挥仪等进行磨合使用及演练；扑火救灾后是否及时进行分析总结和战例评析。

计划物资管理方面：是否按照相关规定有序开展森林防火项目规划和建设；森林防火物资准备是否充足，账册和出入库手续是否齐全。

道路交通管理方面：是否对本区域道路交通情况进行全面踏查，对水毁道路桥涵进行维修，对影响通行的冰包等障碍予以清除，一时难以维修的是否制定应急通行措施，是否对支岔线路通道进行清理，对断头路开设会车线、回车线及安全避险区。

## 第六节　防火隔离带建设

防火隔离带是指为了防止林火的蔓延，将道路、河流、防火林带、防火线等相互联结，形成对林火的阻隔，通过上述措施可将大片的林区分成若干小片，一旦发生林火，可将火场局限在一定范围内。

《森林防火条例》第十八条规定："在林区依法开办工矿企业、设立旅游区或者新建开发区的，其森林防火设施应当与该建设项目同步规划、同步设计、同步施工、同步验收；在林区成片造林的，应当同时配套建设森林防火设施。"

第十九条规定："铁路的经营单位应当负责本单位所属林地的防火工作，并配合县级以上地方人民政府做好铁路沿线森林火灾危险地段的防火工作。电力、电信线路和石油天然气管道的森林防火责任单位，应当在森林火灾危险地段开设防火隔离带，并组织人员进行巡护。"

第三十八条第一款规定："因扑救森林火灾的需要，县级以上人民政府森林防火指挥机构可以决定采取开设防火隔离带、清除障碍物、应急取水、局部交通管制等应急措施。”

## 一、概述

防火隔离带可分为自然、人工和复合三种类型。

森林防火隔离带建设原则是充分利用林区自然条件。可利用河流、沟塘、铁路、公路、集采道路、林区城镇和村屯周围的裸露地面、林地与农田和草场毗邻地段。也应考虑难燃林分、火险程度和主风方向的影响程度。阻隔位置不宜设在山麓到山脊方向的垂直地段。当前在实践中，主要采取以下三种形式建设。

一是工程隔离带。利用林缘周边的林辅用地机翻50米宽生土带，在防火期形成隔离带。在非防火期，可在生土带上种植药材或经济作物，进入防火期时收割清理，保持生土带阻火功能。在大草塘沟区域，机翻堆砌生土带拦蓄减缓草塘水湿地的地表径流，形成季节性蓄水隔离带阻隔草塘火蔓延。

二是生物隔离带。以林区道路、山脊线为依托，在道路和山脊线两

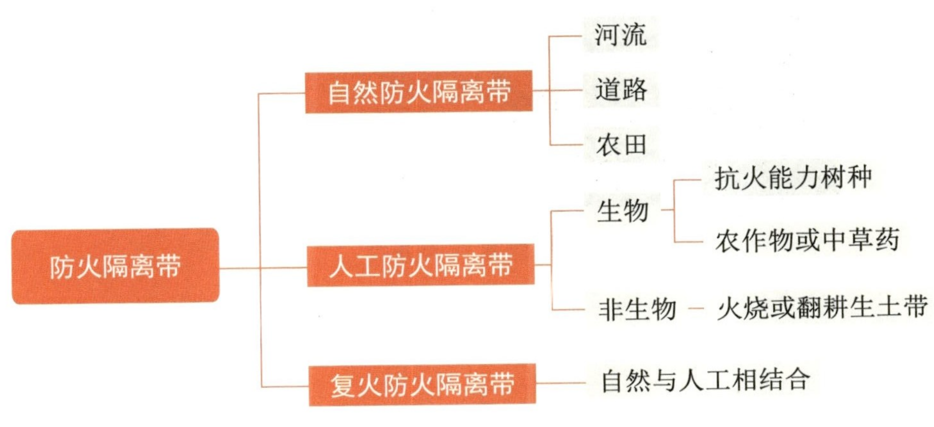


防火隔离带的分类

侧林带结构不符合防火要求的林地内，采取修枝、割灌除草、间伐、卫生伐、补植等综合森林抚育措施和粉碎、清除地表可燃物等防火措施，提高林带的疏透度（清膛林）和郁闭度，降低林带内地表可燃物载量。林区道路两侧的防火林带，每侧宽度为25～100米，形成50～200米宽的林火阻隔网络。在防火林带维护期，可以采取生物自然维护措施，在郁闭度合适的地段林带下种植林药、林菜、林菌、难燃植被（林花）等压制灌草繁殖，将林带结构改建成具备一定防火和阻火能力的改培型生物防火林带。

三是防火应急通道。在建设改培型生物防火林带的同时，利用林间作业道路，通过夯实路基、整理边沟、填盖砂石路面、铺设简易桥涵等措施，形成4～5米宽的防火应急通道。

防火隔离带的开设

## 二、大兴安岭林区的主要做法

### （一）概述

黑龙江大兴安岭林区现有森林防火隔离带648千米，主要分布在城镇、林场、村屯等人居区域和重要设施周围。开设方式采用伐除、机耕、割草、化学灭草（灭灌）等方法。林缘（林内）20～30米，林区道路两侧各8～10米，城镇周边和村屯居民点及重要设施周围50～200米。凡山口、沟谷风口地段防火隔离带，根据现地条件适当加宽。

### （二）森林防火隔离带的开设程序

1．凡需开设森林防火隔离带的，开设前要严格按照标准进行设计，并制订出森林防火隔离带建设方案，经当地县级防火办、资源部门初步联审通过后报地区防火、资源部门联合审批。任何单位和个人未经批准不得擅自开设森林防火隔离带。

2．城镇周边和村屯居民点森林防火隔离带由当地人民政府或林业主管部门负责组织开设；重要设施周边森林防火隔离带由受保护设施所有单位负责组织开设；林缘（林内）和铁路公路两侧森林防火隔离带由林业主管部门负责组织开设。

3．森林火灾扑救过程中需要开设防火隔离带用于阻止林火蔓延和紧急避险的，由扑火前指研究制订开设方案（包括：具体开设方式、位

防火隔离带宣传

置、长度、宽度）和组织实施。火灾扑灭后，报地防指备案，并由当地森林防火和资源部门补办相关手续。

### （三）森林防火隔离带的维护管理

1．森林防火隔离带的管理权和维护责任归开设单位所有，林地内开设的森林防火隔离带，其性质仍属林地，权属、用途未经占用林地相关程序批准一律不得改变。任何单位和部门不得向防火隔离带林地发放土地经营承包合同或其他权属证书。

2．每季防火期前森林防火隔离带管理单位要根据实际情况，采用伐除、机耕、割草、化学灭草（灭灌）等方法清理防火隔离带内的可燃物，不得在森林防火隔离带内搭建建筑物或堆放可燃物。

3．隔离带开设完成后要保持四至边界状态，未经批准不得扩大开设范围，或以开设森林防火隔离带名义从事破坏林地、毁林开荒等违法行为。

## 第七节　计划烧除

计划烧除又称规定火烧，是指在规定的区域内，利用一定强度的火来减少森林可燃物的载量，以满足降低潜在林火强度和其他森林经营的要求。计划烧除是减少森林可燃物载量、降低森林火灾强度、提高扑救效率、减少火灾损失的重要手段，也是可燃物管理的重要内容，是森林火灾预防的重要任务。大兴安岭林区开展计划烧除是减轻春防压力的重要手段之一。

### 一、概况

我国开展计划烧除工作已有50多年的历史，其技术始终在不断完善和成熟。经过多年的研究和总结，1995年，林业部颁布了《东北、内蒙古林区营林用火技术规程》行业标准，2004年，黑龙江省也颁布了《林区野外安全用火技术规程》地方标准，大兴安岭也制定了计划烧除管理办法。这些法定的文件为计划烧除工作的开展提供了法律和技术保障。另外，各级森林防火部门和基层单位有一批经验丰富的用火人员，有多年的用火经验和教训，有武装齐备的专业扑火队伍，因此，开展计划烧除工作是可行的。只要严格执行用火的技术规程，充分做好准备工作，科学管理，谨慎操作，计划烧除必将发挥它应有的重要作用。

从理论上讲，点烧防火线的益处主要体现在以下几个方面：一是有效清除可烧物，降低森林火险等级；二是防治病虫害，控制竞争性植被；三是建设战略性防火阻隔带，减少和预防重特大森林火灾的发生；四是提高地力，促进林木生长。大兴安岭林区点烧防火线主要目的是构建战略阻隔带。黑龙江大兴安岭林区主要有黑龙江和嫩江两大水系，这

计划烧除

两大水系支流众多，河网密布，形成了许多地势开阔的大沟塘，生长着茂密的草本植物，特别是东南部地区，这些沟塘成为林火急速蔓延的通道。为了减少沟塘的可燃物，从20世纪70年代起，大兴安岭林区防火部门在岭南较大的沟塘、铁路、公路两侧或一侧点燃防火线，烧除沟塘内的可燃物，加宽铁路、公路的隔离带，降低火险等级，为阻隔林火蔓延和依托防火线快速扑灭林火起到一定的作用。如1992年4月28日加格达奇林业局达金林场发生林火，火头在6～7级西南风作用下，急速向南瓮河原始林区推进，当东、西两线火头快速烧到白音河、达金河沟塘时，火势马上减弱，有的地段火线自然熄灭，原因是1991年秋加格达奇林业局在这两条河的沟塘点烧100～150米宽近20千米长的防火线，有效地阻止了火势发展。火场扑火队伍抓住时机，集中力量扑打北线，最终扑灭了这场危险性极大的火灾。1995年4月，内蒙古阿里河、大杨树山火相继烧入加格达奇林业局施业区，在7级左右大风的作用下，火头直逼大兴安岭万亩种子园和加格达奇城区，由于事前防火部门在临近内蒙古、黑龙江交界的塔列吐河沟塘点烧了200米宽，16千米长的防火隔离带，使火没有烧入万亩种子园，避免了重大损失。大量事实证明，科学点烧战略防火线，对林地进行合理分割，结合道路、农田、河流形成若干闭合的系统，可有效地减少和避免重特大森林火灾的发生。

## 二、大兴安岭林区的主要做法

### （一）点烧时间

大兴安岭林区点烧防火线的安全时段一般在10月下旬至11月上旬的“雪后阳雪期”或“无雪隆冬期”。这个时期，天气逐渐转冷，冬雪初降，白天温度在零上5℃左右，夜间最低温度在零下15℃以下，树木已停止生长，进入休眠状态，含水量较大，不易燃烧，而沟塘的杂草已失水干枯，达到易燃程度，这时点烧，火烧到林边，火强度会减弱，蔓延速度变慢，对树木的伤害不大，也容易控制。特别值得注意的是，如秋季降水偏少，林地表土含水率低于60%时，不能进行点烧，以免形成地下火越冬，对来年春防形成隐患。总而言之，防火线点烧工作必须在各方面条件合适前提下进行，否则绝对不能点烧。秋季防火线点烧时间一般是上午10时，下午4时前扑灭，清理完毕。

### （二）工作步骤

一是制定详细的计划烧除规划、计划。计划烧除是一项技术性很强的工作，它要求操作人员要有林火行为、扑火技术、火对环境的影响等方面的知识，因此对于每个烧除地段都要求有经验丰富的人编写计划烧除设计说明书。在烧除季节前要完成编制设计，当达到适宜的气候条件时，立即进行烧除。用火设计应包括：烧除的理由和预期目标，烧除区域的地形和描述，要求的气象条件，点烧时间、地点、组织机构（指挥员、点火和扑救清理队伍等）、点烧程序、点火方法，控制及扑救措施（车辆、扑火工具、个人安全防护措施等）。计划烧除面积、林地状况和易燃物载量调查、选择控制线、局部试烧等。还要事先做好天气趋势预报，特别是降水、温度、风力的预报。

二是严格按照《林区野外安全用火技术规程》进行操作。这个规程对用火的具体操作规定得很详细和具体，要逐条落实。要使每个用火人员都熟悉和掌握这个规程，并在实践中不断探索和总结本地区的用火条件，逐步形成当地的用火技术规程。此外，还要对点火工具的使用做出严格规定。具体操作过程中还要特别注意加强现场指挥，由经验丰富的领导带队，做好点烧前的一切准备，把握安全期，随时注意天气变化，严格看守和清理火场及验收和善后处理，对不按操作要求造成跑火的人员进行责任追究。

三是有气象部门的参加和配合，做好天气形势分析和趋势预报。国内外的实践证明，计划烧除失控跑火的客观原因是前期的不利气候条件和天气的突然变化。因此，开展计划烧除之前，必须对前期气候情况了如指掌，并由气象部门对未来的天气趋势做出预测，特别是恶劣天气过程的预报尤为重要，还要做好每天的天气预报。

四是对计划烧除的结果要进行认真评价。计划烧除评价是为了确定计划烧除是否达到预定目标的有效手段，并为将来的计划烧除积累资料。评价应在烧除后立即进行。内容应包括：是否进行了烧除前的准备，是否按烧除计划进行是否达到预期的目的，气候条件、可燃物状况和火行为是否在计划限度之内，对环境影响如何，是否发生事故或者存在发生事故的前兆，火是否控制在烧除区域之内，是否跑火，烧除技术是否正确，烧除费用与效益等。

五是要严格执行点烧计划报备制度，每日18时前，将次日点烧计划（包括计划烧除沟系名称、计划烧除地段长度、面积、起点、终点坐标，以及兵力设备情况、安全措施、现场负责人等），经各地林业主管

计划烧除

部门批准后，报上一级林业主管部门以及县级环保部门备案，决不允许出现擅自点烧现象。未按计划实施或未及时报备而点烧的，一律视为私自、擅自点烧，将严肃问责。

六是严格开展点烧作业。要具体安排、协调、组织，包片领导要深入包片区域，现场督导点烧工作。点烧作业必须由专业森林消防队伍组织实施，严格遵守“六烧六不烧”规定，安排足够兵力沿火线跟进，点烧一段、清理一段，防止火线失控。对于较长沟塘和面积较大草甸，必须采取分段、分片点烧的方法控制点烧，务必做到“当日点、当日灭、当日清”，坚决防止跑火或形成地下火。当日点烧任务完成后，必须彻底清理，落实好清理看守责任，达到“三无”，决不允许出现复燃跑火或过夜火现象。同时，要安排巡护人员对点烧区域进行巡查，严防复燃。

### （三）点烧技术方式

防火线点烧方法一般分为三种，即带状点烧法、中心点烧法和顺风点烧法，大多数点烧都是由这三种方法结合使用，选择哪种方法取决于当时气象条件和火烧区可燃物情况。不论采取哪种方法，都要按方案将火烧区分割成若干小单元，沿边线建立控制线，以控制线为依托进行跟踪控制点烧。

1．带状点烧法。在气候条件比较危险或地形陡峭时使用，此方法火朝着一个固定的方向发展。点火时先在下风处控制线边缘点逆风火，然后在上风处顺风向多点点烧，形成带状火，再让带状火与逆风火相遇。这样能控制点烧速度，达到控制点烧的目的。

2．中心点烧法。此方法适用于平坦或坡度较缓的开阔地段。点烧时先在火区中心点火，当强大的上升气流形成后，点烧区域四周的冷空气向中心汇集，然后在控制线边缘两侧或多处点火，后点燃的边线火在空气向中心点流动的作用下，向火区内发展。这种方法有两种不同的点法，一是先在上风处点燃，然后再点中心。如果点燃区面积较大，先点烧中心，然后再点边线。

3．顺风点烧法。利用自然条件或人工建立控制线，将火烧区的沟塘分为1～2千米的区段，在上风处横沟塘拉出火线，为了加快点烧进度，可间隔100～200米拉出多条火线，借风力使火烧到控制线自行熄灭。这种方法要在控制线上留有巡护人员，防止火过控制线。如果风速较大，控制线阻火的可靠性无保证，就需要紧靠控制线先烧一道火线，待其逆风烧出5米左右宽时，将其扑灭，起到拓宽控制线的作用，再在上风处点火。

---

习近平总书记高度重视森林草原防火工作，在四川凉山两个“3·30”火灾事故发生后对森林草原防灭火工作连发“四问”。总书记多次强调指出“森林草原防火责任重于泰山，应作积极防范部署”，指出要“强化火源管控，严密防范措施”。多年的工作实践证明，防火工作抓与不抓不一样，一般性抓与下狠功夫抓不一样，只要我们始终坚持把工作的立足点放在“防”字上，就一定能够掌握防火工作的主动权，最大限度地降低火灾发生概率。

从掌握的实际情况看，还有部分地方对森林草原火灾预防工作重视不够，火灾扑救时不计成本，但在预防上却舍不得投入人力、物力、财力；机构改革后部门间工作合力尚未形成，工作抓得不紧，措施不实不严，监督检查不够有力，防火责任还没有真正落实人头、山头、地头。一些地方新到岗的工作人员对森林草原防灭火业务不熟，组织指挥、调度处置能力亟待

---

加强。部分地方防火宣传手段单一、成效不明显；一些地方失之于宽、松、软，野外违规用火现象较多；一遇到不利天气条件，火灾就呈高发态势。

面对新的防火压力，各地应首先立足于防，在严格落实责任制，强化宣传教育和野外火源管控，加大隐患排查力度的基础上，不断健全完善防火体制机制，从根本上提高森林火灾综合防范能力。一是健全部门协作配合机制，牢固树立“防灭火一体化”思想，建立健全“森防指牵头抓总，各单位协调联动”的工作机制，在森防指的统一领导下，按照林草部门“测报防建”、应急部门“调灭救援”、森林公安“查处罚办”的总体职能分工，拧成“一股绳”，建立部门协同、信息共享、联防联控的管理体制。二是在网格化管理上下功夫，运用好“林长制‘这把’尚方宝剑”，充分发挥好专业护林员、生态护林员以及群众组织的作用，压实责任，发挥各方联勤联动作用，建立健全网格化责任体系，将被动应对火情的管理模式转变为主动发现火情并及时处置。三是强化依法防火，积极推动森林草原防火条例落实，依照新修订的《森林法》，对森林草原防火的指挥管理体制、责任落实机制、部际协作机制、火源管理责任等及时做出相应修改。四是建立考核评价制度。建立科学的问责机制，规定明确的奖惩措施，出台目标管理责任制、检查考核办法、赋分标准细则等，规范检查考核工作，建立健全森林草原防火工作评价考核体系，使防火责任真正落实到单位和责任人，推动森林草原防火工作高水平发展。五是加强防火从业人员业务能力建设。加强森林草原防火从业人员系统培训，全面提高防火工作人员火源管控、队伍建设、项目建设等业务能力水平以及应对突发火情的应对处置能力和指挥水平，提升队伍预防森林草原火灾和处理早期火情能力。

# 队伍篇

天下虽安，忘战必危。

——《司马法·仁本》

# 第三章 消防队伍建设

加强森林消防队伍建设，能够有效提升火灾预防和扑救能力，对于有效减少森林火灾的发生、降低森林火灾损失，保护我国生态资源安全具有十分重要的意义。

## 第一节 队伍设立

建设一支装备精良、训练有素、反应快速的专业防扑火队伍，是实现“有火不成灾”的重要手段，是林区预防和扑救森林火灾不可替代的重要力量。林区专业队伍将“扑火队伍专业化与扑火工具机械化”有机结合起来，通过抓好组织、机具、通信、车辆、物资保障等工作落实，做到训练战备有大纲、行动有规程、人员有素质、装备后勤有保障、讯息能通畅，遇有突发情况能迅速反应，从而实现打早、打小、打了。

《森林防火条例》第二十一条指出：“地方各级人民政府和国有林业企业、事业单位应当根据实际需要，成立森林火灾专业扑救队伍；县级以上地方人民政府应当指导森林经营单位和林区的居民委员会、村民委员会、企业、事业单位建立森林火灾群众扑救队伍。专业的和群众的火灾扑救队伍应当定期进行培训和演练。”

## 一、概述

大兴安岭林区森林消防队伍是全国森林消防队伍建设最早、覆盖面最大、管理最规范、装备最精良的队伍之一，在日常防扑火工作中发挥着极其重要的作用，是实现林区“有火不成灾”的重要保障。林区按照“防灭火一体化”“投重兵、打小火、当日灭”的工作理念，久久为功，不断强化力量建设，根据国家有关标准和林区防火工作实际需要，施业区面积每200万亩（13.3万公顷）组建100人的专业队；施业区面积大于70万公顷的林业局半专业队人数不得少于300人，施业区面积小于70万公顷的林业局半专业队人数不得少于200人；施业区面积大于70万公顷的林业局群众队人数不得少于500人，施业区面积小于70万公顷的林业局群众队人数不得少于300人。林区专业扑火队伍的特点是有经验的队员相对稳定，对当地的社情、气候、地形地貌、植被林情较为熟悉，队员通过训练、实战，积累经验，能够在相对长的一段时间内发挥作用。同时，各专业扑火队之间又可以及时联络，相互联防、协同作战，不仅能有效控制和扑灭本区域内的森林火灾，遇有毗邻单位发生火情时，能快速出动，在最短的时间赶到火场，有效增强火场的扑救力量。

## 二、大兴安岭林区防火队伍情况

目前，大兴安岭林业集团现有扑火总兵力14485人，其中专业森林消防队伍6405人（集团直属629人，林业局直属大队2566人，国家级自然保护区185人，林场2580人），半专业森林消防队伍2070人，群众森林消防队伍4852人，森林消防支队（原森警）900人，消防救援支队258人。内蒙古森工集团扑救总兵力9481人，其中：专业扑火队伍3935人、半专业扑火队伍4162人，森林消防队伍（原森警）1384人。同时，本着“一专多能”的原则，在扑救总兵力中抽调精干人员和精良装备组成三支应急队伍1832人，其中：索降突击队300人、以水灭火中队856人、机械化快速反应中队676人。

### （一）队伍分类

大兴安岭林区的森林消防队伍主要分为三种类型：专业森林消防队（以下简称专业队）、半专业森林消防队（以下简称半专业队）和群众森林消防队（以下简称群众队）。

专业队：以森林火灾预防和扑救为主，有完善的硬件设施和扑火机具装备，人员相对固定，有固定的组织机构、人员编制和经费，防火期内集中食宿，按照准军事化管理，掌握扑救森林火灾技能和知识，专职从事森林火灾扑救的队伍，接到扑火任务后能在10分钟内集结，且出勤率不低于90%。

半专业队：以森林火灾扑救为主，预防为辅。每年进行一定时间的专业训练，有组织、有保障，人员相对集中，具有较好的扑火技能、装备，接到扑火任务后能在30分钟内完成集结，且出勤率不低于80%。

群众队：以机关、企事业单位干部、职工以及林区居民中的青壮年为主，配备一定数量的扑火装备，经过森林防扑火业务知识培训，主要承担扑救森林火灾、向导、运送扑火物资、提供后勤服务、参与清理和看守火场等任务。

### （二）队伍组成

大兴安岭林业集团公司直属专业队隶属于集团公司森林防火办，目前共有两支队伍。直属专业队设支队、大队、中队和小队，支队编制600人，包含6个大队，每个大队编制100人；大队包含2个中队，中队编制50人；中队包含2个小队，小队编制25人。基层林业局直属专业队设大队、中队和小队，最少由2支大队构成，每个大队编制100人；大队包含2个中队，中队编制50人；中队包含2个小队，小队编制25人。基层林场（管护区）专业队：隶属于林场（管护区），以25人小队为基本建制，根据实际情况，设立小队、中队或大队。

在专业队伍中，还根据实战需要，分别抽调人员设立“快速扑火突击队”和“特种扑火队”。其中，快速扑火队为专业森林消防大队，成立25人快速扑火突击队，成员要求年龄35周岁以下，能够熟练使用和维护风力灭火机、油锯、割灌机等常规扑灭工具，具备“一专多能”；特种扑火队由集团公司直属专业队和林业局直属专业队成员组成，成立15人索（滑）降特勤分队、15人快速扑火突击队、50人机械化灭火中队和50人以水灭火中队。

### （三）装备配备

1．单兵配备。由基本防护装备和基本生活用品等组成。配备标准见表3-1。

**表3-1　单兵配备**

| 类别 | 序号 | 名称 | 单位 | 主要用途 | 配备 |
|---|---|---|---|---|---|
| 基本防护装备 | 1 | 消防头盔 | 顶 | 头部、面部及颈部的安全 | 1 |
| | 2 | 头　灯 | 个 | 照明 | 1 |
| | 3 | 阻燃服装 | 套 | 灭火时的身体防护 | 1 |
| | 4 | 棉阻燃服 | 套 | 灭火时的身体防护 | 1 |
| | 5 | 棉　鞋 | 双 | 足部防护 | 1 |
| | 6 | 逃生面罩 | 个 | 安全自救时防烟雾中毒或灼伤 | 1 |
| | 7 | 防扎鞋 | 双 | 足部防护 | 1 |
| | 8 | 阻燃手套 | 副 | 手部及腕部防护 | 2 |
| | 9 | 防烟眼镜 | 副 | 眼部防护 | 1 |
| | 10 | 急救包 | 个 | 自救装备 | 1 |
| | 11 | 自救发烟罐 | 个 | 自救装备 | 1 |

（续表）

| 类别 | 序号 | 名称 | 单位 | 主要用途 | 配备 |
|---|---|---|---|---|---|
| 基本生活用品 | 12 | 作训服 | 套 | 日常训练穿用 | 2 |
| | 13 | 单　帽 | 个 | 日常训练穿用 | 1 |
| | 14 | 生活备用品 | 套 | 野外生存配套 | 1 |
| | 15 | 背　包 | 个 | 野外生存配套 | 1 |
| | 16 | 便携帐篷 | 个 | 野外生存配套 | 1 |
| | 17 | 羽绒睡袋 | 个 | 野外生存配套 | 1 |
| | 18 | 防潮褥垫 | 个 | 野外生存配套 | 1 |
| | 19 | 雨　衣 | 件 | 日常生活用品 | 1 |
| | 20 | 水　靴 | 双 | 日常生活用品 | 1 |
| | 21 | 棉水靴 | 双 | 日常生活用品 | 1 |
| | 22 | 棉大衣 | 件 | 日常生活用品 | 1 |

2．25人小队配备。由防火车辆、通信指挥器材、野外生存用品和基本灭火机具设备等组成。根据集团公司东南部、中北部林业局山形地貌、植被类型、可燃物载量等差异，装备配备有所侧重和调整。25人小队常规装备配备见表3-2。

**表3-2　25人小队配备**

| 类别 | 序号 | 名称 | 单位 | 东南部 | 中北部 |
|---|---|---|---|---|---|
| 防火车辆 | 1 | 扑火指挥车 | 辆 | 1 | 1 |
| | 2 | 运兵车 | 辆 | 1 | 1 |
| | 3 | 机具车 | 辆 | 1 | 1 |
| | 4 | 炊事车 | 辆 | 1 | 1 |
| | 5 | 给养车 | 辆 | 1 | 1 |
| | 6 | 冲锋舟（含救生衣） | 艘 | 2 | 1 |

（续表）

| 类别 | 序号 | 名称 | 单位 | 东南部 | 中北部 |
|---|---|---|---|---|---|
| 通信指挥器材 | 7 | 车载台 | 部 | 5 | 5 |
| | 8 | GPS 定位仪 | 部 | 3 | 3 |
| | 9 | 卫星电话 | 部 | 1 | 1 |
| | 10 | 手持对讲机 | 部 | 3 | 3 |
| | 11 | 望远镜 | 台 | 1 | 1 |
| | 12 | 扑火指挥仪 | 台 | 1 | 1 |
| | 13 | 扑火指挥图 | 套 | 1 | 1 |
| 野外用品 | 14 | 指北针 | 个 | 2 | 2 |
| | 15 | 测风仪 | 个 | 1 | 1 |
| | 16 | 药品箱 | 套 | 1 | 1 |
| | 17 | 野外炊具 | 套 | 1 | 1 |
| 基本灭火机具装备 | 18 | 风力灭火机 | 台 | 8 | 8 |
| | 19 | 灭火水枪 | 支 | 4 | 4 |
| | 20 | 移动水泵灭火系统 | 套 | 3 | 3 |
| | 21 | 二号工具 | 把 | 12 | 12 |
| | 22 | 油　锯 | 台 | 2 | 10 |
| | 23 | 割灌机 | 台 | 2 | 5 |
| | 24 | 清理组合工具 | 套 | 4 | 4 |
| | 25 | 水　桶 | 个 | 5 | 5 |
| | 26 | 加油器 | 个 | 4 | 4 |
| | 27 | 点火器 | 个 | 3 | 3 |
| | 28 | 小型发电机 | 台 | 1 | 1 |
| | 29 | 地火分离器 | 把 | 2 | 2 |
| | 30 | 消防铲 | 把 | 5 | 5 |

3．特种扑火队配备。

（1）快速扑火突击队：由25人组成，发生火情后能快速反应、率先出击，承担火灾扑救中的“急难险重”任务。配备标准见表3-3。

**表3-3　快速扑火突击队配备**

| 序号 | 名称 | 单位 | 配备 |
|---|---|---|---|
| 1 | 快速扑火运兵车 | 辆 | 3 |
| 2 | 机具车 | 辆 | 1 |
| 3 | 高性能风力灭火机 | 台 | 10 |
| 4 | 高压水枪 | 支 | 4 |
| 5 | 无人机 | 台 | 1 |
| 6 | 卫星电话 | 部 | 1 |
| 7 | GPS 定位仪 | 部 | 3 |
| 8 | 手持对讲机 | 部 | 3 |
| 9 | 扑火指挥仪 | 台 | 1 |
| 10 | 测风仪 | 个 | 1 |
| 11 | 清理组合工具 | 套 | 4 |
| 12 | 点火器 | 个 | 2 |

（2）索（滑）降特勤分队：由15人组成，在山高、林密难以选择机降着陆场的情况下，采取索（滑）降方式将扑火队员降至火场附近，直接扑打初发火或开设直升机着陆场，为机降灭火创造条件。配备标准见表3-4。

**表3-4　索（滑）降特勤分队配备**

| 序号 | 名称 | 单位 | 配备 |
|---|---|---|---|
| 1 | 索（滑）降设备 | 套 | 15 |

（续表）

| 序号 | 名称 | 单位 | 配备 |
|---|---|---|---|
| 2 | 油　锯 | 台 | 4 |
| 3 | 风力灭火机 | 台 | 4 |
| 4 | 便携式二号工具 | 把 | 4 |
| 5 | 卫星电话 | 部 | 1 |
| 6 | GPS 定位仪 | 部 | 3 |
| 7 | 手持对讲机 | 部 | 3 |
| 8 | 点火器 | 个 | 2 |
| 9 | 地火分离器 | 把 | 2 |
| 10 | 防滑靴 | 双 | 15 |
| 11 | 防滑手套 | 副 | 15 |

（3）机械化灭火中队：由50人组成，承担拦截火头，扑救高强度地表火、树冠火等急难险重任务，配合常规扑火队伍，及时高效处置火情。配备标准见表3-5。

**表3-5　机械化灭火中队配备**

| 序号 | 名称 | 单位 | 配备 |
|---|---|---|---|
| 1 | 全道路运兵车 | 辆 | 4 |
| 2 | 履带式森林消防车 | 辆 | 2 |
| 3 | 挖掘机 | 辆 | 2 |
| 4 | 推土机 | 辆 | 2 |
| 5 | 隔离带开设机 | 辆 | 1 |
| 6 | 综合修理车 | 辆 | 1 |
| 7 | 油罐车 | 辆 | 1 |
| 8 | 装载机 | 辆 | 1 |
| 9 | 载重拖车 | 辆 | 12 |

（4）以水灭火中队：由50人组成，采用以水灭火手段，扑救高强度地表火、树冠火，拦截火头，清理火场。配备标准见表3-6。

表3-6　以水灭火中队配备

| 序号 | 名称 | 单位 | 配备 |
|---|---|---|---|
| 1 | 轮式越野消防水车 | 辆 | 1 |
| 2 | 全道路以水灭火车 | 辆 | 2 |
| 3 | 机具车 | 辆 | 1 |
| 4 | 脉冲灭火水炮 | 台 | 8 |
| 5 | 空气压缩机 | 台 | 2 |
| 6 | 高压细水雾 | 台 | 8 |
| 7 | 高压水泵 | 套 | 1 |
| 8 | 普通水泵 | 台 | 4 |
| 9 | 高压管带 | 米 | 5000 |
| 10 | 普通管带 | 米 | 2000 |
| 11 | 管带框 | 个 | 60 |
| 12 | 便携式移动水囊（2 吨） | 个 | 2 |
| 13 | 便携式背负软体水囊 | 个 | 20 |
| 14 | 油　桶 | 个 | 2 |

# 第二节　队伍管理

## 一、概述

森林扑火队伍的建设是一项长期性、系统性工程。在专业森林消防队建设过程中，需要对森林消防队进行准军事化管理，特别是制度和内业方面建设，以制度管人、管队伍，用严明的纪律提高扑火队伍的整体素质，定期组织森林消防队进行专业知识学习，对森林火灾的典型案例进行分析，掌握相关的理论知识、实战技能，这样才能确保扑火人员在遇到森林火灾时可以有效安全地完成扑火任务。

## 二、大兴安岭林区森林防扑火队伍管理的主要做法

### （一）制度建设

大兴安岭林区消防队建立健全了队伍管理系列制度，实现了用制度管人，为规范化管理奠定了基础。主要建立了以下制度。

1．岗位责任制。分别建立大队长、教导员、中队长、指导员、小队长岗位责任制。建立扑火队员、风力灭火机手、油锯手、割灌机手、司机、机械修理工、通信员、食堂管理员、仓库保管员、炊事员等岗位责任制。

2．管理制度。建立值班、仓库管理、设备管理、通信调度、环境卫生、机械设备检修、营房管理、会议、医疗保障、请示报告、请假、奖惩、安全官等业务管理制度。

3．训练制度。建立业务培训、体能训练、技能训练、扑火安全等培训管理制度。体能、技能训练每日不得少于2个小时，防灭火业务及扑火安全培训每日不得少于1个小时。

体能训练主要包括：俯卧撑、仰卧起坐、单杠、双杠、跳远、百米障碍、爬山、3～5千米负重急行军、夜间林内行进、10～15千米越野等训练项目。

技能训练主要包括：各类扑火工具的使用、维修和保养，GPS及通信设备的使用。

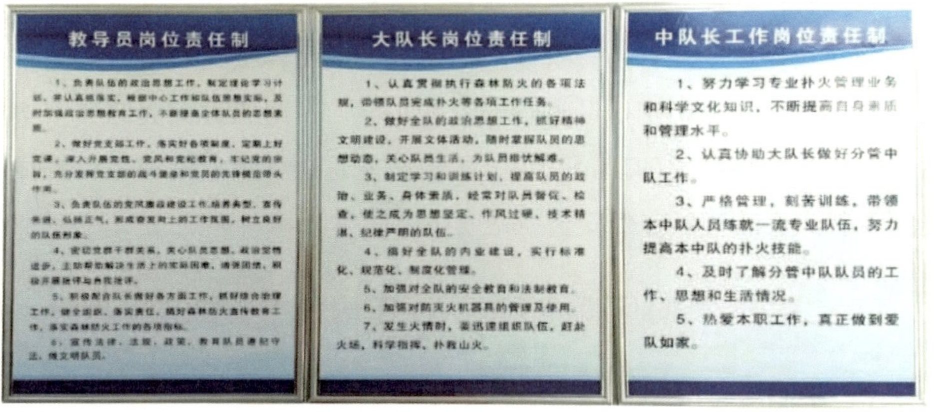

队伍管理制度

业务培训主要包括：预防和扑救森林火灾基本常识，扑火战略战术、扑火安全、紧急避险、识图用图、机降灭火等知识。

4．党建制度。有3名以上中共党员的专业队，需成立党组织，落实相关党建制度，建立“双培养”机制，即把扑火能手培养成党员，把党员培养成扑火能手。

5．队务公开制度。建立工会组织，落实职工代表大会，执行“队务公开、选聘公开、伙食公开”等制度。

### （二）内业建设管理

1．专业队统一着装，扑火时穿着阻燃扑火服，训练时穿着训练服，着装整洁。

2．专业队宿舍内整洁卫生，物品摆放整齐划一，应做到“五个统一”，即卧具统一、洗漱用具统一、学习用具统一、衣帽统一、储物用品统一。

3．专业森林消防队建有“一案、二表、三图”，一案是扑火预案，二表是组织机构表、装备统计表，三图是责任区图、力量布防图、指挥图。有值班日志、扑火记录手册、专业队员培训记录本、值班电台会晤记录本、领导检查记录本。

### 三、副业基地建设

按照“以专为主、一专多能，以副养队、富队强兵”原则，因地制宜开展种植、养殖、公路养护、营林生产、季节性采摘山产品等任务，增加队员收入，保持队伍稳定。

开展副业木耳种植

## 第三节　室外培训和演练

《森林防火条例》第二十一条指出，“专业的和群众的火灾扑救队伍应当定期进行培训和演练”。森林火灾专业扑救队伍要抓好培训，不断加强森林火灾扑救队伍的规范化建设，提高森林火灾专业扑救队伍的综合能力，对专业的和群众的火灾扑救队伍进行安全避险和自救训练。同时，根据扑火预案的要求，每年进行必要的扑火实战演练。

## 一、培训准备

### （一）选址要求

训练场应设在临近驻地交通便利，利于运兵车辆通行，通信畅通地区，有利于防区内发生突发情况时能及时奔赴处理，选址前应派专人对野外训练场地进行清理。

野外实训演练

### （二）地形要求

训练场应具备陡坡、河流、草塘沟、有林地等地形，适合模拟草塘沟火、上山火、下山火、地下火、树冠火，如附近没有同时具备以上条件的地形，可设置两个以上训练场地以弥补因地形不全影响训练的问题。

### （三）训练场设置

训练场地为不规则封闭多边形，边缘长度2～4千米。现地设置训练场示意图、进兵路线、特殊地形标志牌，设立危险地形警示牌，布置倒木区、紧急避险区，河流应搭建简易桥。

## 二、训练实施

### （一）训练内容

1．行军训练。包括在林间便道上坡路段，利用砍刀、油锯开设密林通道、清理路障，遇河架设便桥等训练内容。

2．班（组）扑火战斗训练。包括结合地形、植被情况，接近火场、突破火线、扑打明火、清理余火、看守火场、撤离火场等环节的训练。

3．分队扑火战斗训练。包括先单项作业，后连贯作业，扑救行动中接近火场、突破火线和扑打明火。包括结合地形、植被特点，模拟火环境，强化“一点突破、两翼推进”“穿插迂回、递进超越”“多点突破、分割围歼”等扑救手段。

4．火场紧急避险训练。包括预设安全区域、快速转移、冲越火线等常用险情处置行动的训练。

5．扑火综合演练。以扑救重特大森林火灾为背景，按照战斗准备（包括受领任务、通报情况、组织战备等级转换、紧急出动、组织机

紧急避险演练

动、勘察火场、判明情况、研究方案、明确任务和协同行动），战斗实施（包括接近火线、突破火线、扑打明火、清理余火、看守火场），战斗结束（组织宿营、战地讲评）的程序进行连贯演练。

### （二）训练频次

每周全队至少训练两次，轻装、负重各一次。

### （三）行军速度

在保证安全的前提下，上坡速度不低于2千米/时，下坡速度不低于4千米/时，草塘沟速度不低于3千米/时，林地速度不低于2千米/时，行军队伍要连贯有序。

## 三、注意事项

实战演练中许多科目涉及各种地形训练，训练中容易出现不安全问题，指挥员和安全官要加大对训练工作的监控力度，严密组织，认真管理，严格遵守训练的各项安全规程，及时发现和消除训练中的不安全因素，避免过度疲劳，坚决防止各种训练事故的发生。

## 四、队伍作用与成效

建设林区森林消防队伍是森林防灭火工作的重要战略部署，是进一步树牢“两个坚持、三个转变”防灾减灾理念的实际行动，是提升队伍应对森林草原火灾能力水平的重要举措。林区森林消防队伍成立以来，充分发挥了快速应急、指挥协调、综合保障作用，防火期内集训待命，24小时值守，航空特勤突击队执行空中载人巡护、索（滑）降开设机降点和突发火情快速处置等任务，同时在集团防指的统一部署下，与属地政府部门、毗邻省区、森林消防、铁路、供电、公安、通信、气象等单位建立了联防机制。森林消防队伍执行靠前驻防，闻令而动、协同作战，是构建社会化防控体系和林区应急救援体系建设不可或缺的重要组成，积极推动企业主体责任落实，提高了重点林区自防自救的防范应对能力。索（滑）降特勤分队，在山高、林密难以选择机降着陆场的情况下，采取索（滑）降方式将扑火队员降至火场附近，直接扑打初发火或开设直升机着陆场，为机降灭火创造条件；机械化中队承担拦截火头、扑救高强度地表火、树冠火等急难险重任务；以水灭火中队，配备全道路以水灭火车、水泵、脉冲灭火水炮等设备，拦截火头，清理火场。这些专业的队伍，是将小火消灭在萌芽状态、严防小火成大灾的核心力量。

---

建立常备的、训练有素的专业、半专业森林消防队伍，有火情迅速出击，有效扑救，不仅能最大限度地减少损失，而且能够有效减少伤亡事故发生。鉴于森林草原火灾扑救的科学性、危险性、时效性，必须树立“生命至上，科学扑救、安全第一”的理念，坚持“专群结合，以专为主”的原则，实现森林草原火灾扑救的专业化、科学化、制度化、规范化。

截至2022年底，全国重点县级单位地方专业防扑火队伍配备率仅有67.1%，且普遍存在建设标准不高、保障机制不健全、教育训练水平低、扑火装备落后、人员老化等问题，与繁重的防灭火任务极不适应。长期以来，地方专业队缺乏稳定的经费保障，普遍存在工资报酬低、装备落后、培训不足等问题，部分地方专业队伍力量严重缺乏。同时，地方专业防扑火队伍人员流动性大，系统培训和专业训练缺乏，实战技术经验不足；扑火指挥员应对火灾突发状况的过程中指挥处置缺乏有力保障；防扑火装备较为落后，科技含量不高，缺乏能投入实战的自动化无人扑火装备和应急避险安全装备。

---

中共中央办公厅、国务院办公厅印发的《关于全面加强新形势下森林草原防灭火工作的意见》指出：要切实加强地方各级森林草原防灭火队伍建设。各地应按照“统一名称、统一标准、统一管理、统一训练”的模式，加强地方专业防扑火队伍建设，建立健全队伍“有火打火、无火防火”的工作机制。一是加强地方专业防扑火队伍建设。出台《关于进一步加强地方森林草原专业防扑火队伍建设的指导意见》，督促各地加强专业防扑火队伍建设，加大培训力度，提升林草部门防火巡护和处理早期火情的能力，力求重点区域队伍配备率尽快达到100%。二是加大投入和保障力度。加大地方专业防扑火队伍装备、车辆和信息化建设投入，从优落实工资、津补贴、保险等，开展专业防扑火队伍建设达标评定工作，对达标单位采取“以奖代补”，在资金和项目上予以倾斜。三是组织开展地方专业防扑火队伍职业技能评价。出台森林消防员职业技能评价标准，组织开展地方专业防扑火队伍职业技能培训和评价工作，颁发相应等级的证书，争取纳入特繁工种目录范畴，逐步提高队员待遇，保持队伍稳定。四是强化队伍教育培训演练。要结合各地实际，整合相关资源，理顺森林草原防火“县市队”“省级队”和“国家队”的关系，加强联合战备训练。把扑火安全放在首位，全面强化扑火技能训练和实战演练，着重加强扑救安全和紧急避险培训。对防扑火队员、护林员进行安全防护、火情处理和避险能力等教育培训，组织经常性演练、实战化培训。五是鼓励吸引社会力量参与建设。鼓励各地采取政府购买服务等方式，吸引社会力量组建地方专业防扑火队伍，充实地方专业防扑火队伍体系力量。

# 科技篇

苟日新，日日新，又日新。

——《礼记·大学》

# 第四章

# 信息化建设

信息化通常指现代信息技术应用，特别是促成应用对象或领域（企业或社会）发生转变的过程。中共中央办公厅、国务院办公厅印发的《2006—2020年国家信息化发展战略》中，“信息化”是指充分利用信息技术，开发利用信息资源，促进信息交流和知识共享，提高经济增长质量，推动经济社会发展转型的历史进程。信息化构成要素主要有信息资源、信息网络、信息技术、信息设备、信息产业、信息管理、信息政策、信息标准、信息应用、信息人才等。森林防火工作必须要有相应的协调有效的信息指挥系统作保障。中共中央办公厅、国务院办公厅《关于全面加强新形势下森林草原防灭火工作的意见》提出：“提升信息化水平、强化综合集成，建设国家级火灾预防管理系统和灭火指挥通信系统。加快大数据、物联网、区块链、人工智能等信息技术深度应用，普及应用‘防火码’、互联网+防火等防控手段，实现信息共享、互联互通。”

《森林防火条例》第十五条指出：“国务院有关部门和县级以上地方人民政府应当按照森林防火规划，加强森林防火基础设施建设，储备必要的森林防火物资，根据实际需要整合、完善森林防火指挥信息系统。”

# 第一节　森林防火通信系统

森林防火通信是森林防火信息化建设工作中不可缺少的重要保障体系，也是实现森林防火快速处置的重要基础之一。大兴安岭林区地广人稀，目前的公网通信覆盖率不足20%，无法满足日常防灭火工作需要。为此，自1987年“5·6”大火之后，大兴安岭林区结合自身实际建设防火通信网络，初步建成了“以超短波通信为主，有线网络、卫星通信、公众移动网络等多元方式为辅”的防火通信网络以及由通信指挥车为核心的应急通信体系。

## 一、通信手段

1．短波通信。主要借助于电离层进行传播，其具有设备简单、成本低廉、机动灵活、通信距离远，信道不易摧毁的优点，但受电离层影响较大。大兴安岭林业集团所在地，下辖的各林业局、防火办及局属瞭望塔、外站、机降点等，分别构成一级、二级、三级通信网。集团所在地与各林业局、防火办属台之间的联络为一级网，各局防火办与林场、大队之间的联络为二级网，林场、大队与下属塔、站、点间的联络为三级网。

2．模拟超短波通信网络。大兴安岭模拟超短波网络分别以各林业局的局址所在地为中心，形成分点布局的超短波通信网络节点，利用现有的森林防火瞭望塔，架设中继站和太阳能供电设备，保持每个超短波网络的独立和畅通。

3．数字超短波网络。2017年5月2日和5月17日，内蒙古毕拉河林业局阿木珠苏林场、陈巴尔虎旗那吉林场分别发生特大森林火灾，各林业局均派出几百人的扑火队伍，在对毕拉河“5·2”大火扑救和陈巴尔虎旗“5·17”援外阻截扑火任务中，暴露出通信不畅的问题后，加快了内蒙古森工集团建设数字超短波网络的步伐。2017年11月，国家林业局批复了《内蒙古大兴安岭林区森林火灾高危区（东北部）数字超短波火场通信网络建设项目可行性研究报告》《内蒙古大兴安岭林区森林火灾高危区（中南部）数字超短波火场通信网络建设项目可行性研究报告》和《内蒙古大兴安岭林区森林火灾高危区卫星通信、机动通信系统建设项目可行性研究报告》，这三个项目在2021年全部投入使用，为林区工作和应急通信提供了保障，数字超短波网络覆盖率达到85%以上，在应急通信系统的配合下，实现了重要火场无死角无线通信，加强了林区对森林火灾的扑救能力。

卫星通信车

4．防火卫星通信网络。根据实际情况各单位配备一套以上卫星通信设备，并在防火期内保证卫星通信设备的开通，地区防火指挥部具备卫星传输数据的能力，保障前指与各级基地指挥部的数据及语音的通信能力。内蒙古大兴安岭林区森林火灾高危区卫星通信、机动通信系统项目中，配备的数字超短波通信基站，在遇有盲区时，可以做到设备开机即入网，提高了工作效率；在配合超短波通信网络同时，还可以通过卫星通信与总指挥部进行视频会议或将火场一线的情况通过无人机传回，以便指挥员了解火场情况，为指挥员作出决策提供了依据。

通信方箱车

5．森林防火应急通信系统。以通信指挥车为核心，配备笔记本电脑、图像传输系统、打印机、车载短波电台、超短波中继台、车载超短

运—5运输飞机

波对讲机、车载天线杆、交流充电器（AC/DC）、蓄电池、汽油发电机、安装用工具及各种导线、绑线和发动机燃油桶等，组成应急通信系统。

6．地理信息系统。各林业局防火办及时检测维护地理信息系统，保证系统正常使用，同时，配有移动设备和相应的打印和输出设备，保证地理信息系统在火场通畅使用。

7．视频会议系统、远程通信系统。各级防火指挥部门充分利用公用通信资源，发挥各种公共网络的效能，定期检查视频会议、远程通信系统，在扑火期间可以远程监控火情发展变化；远程火场指挥调度，召开各种视频会议，以及通过视频会商扑火方案。

8．机载预警监测图像采集系统。森林防火机载预警监测图像采集系统是在“运—5”等飞机上安装机载视频传输设备和图像监测设备，在地面建设接收基站，利用微波通信技术将采集的图像通过空地音视频传输系统回传至地面指挥中心，指挥中心通过地面指挥应用系统进行火场观测预警和可视化指挥调度，最终实现空地联合、协同作战。该系统是集成机载、预警、探测、空地无线传输、可视化指挥调度等多种技术手段为一体的指挥信息系统，可极大提升火场态势掌控能力，与各级指挥中心实现巡护信息实时交互，可保障火场图像异地共享并清晰流畅，满足扑火指挥决策调度的需要，并提升指挥效率。

## 二、通信队伍建设

为充分发挥各种通信设备的效能，提高通信效率，更好地组建稳定、高效的火场通信网络，有效地保证火场通信畅通，通过多年火场的实践，大兴安岭林业集团和内蒙古大兴安岭森工集团公司下属林业局防火部门均组建了一支10人左右的通信小分队，其主要任务：一是发生山火时，通信小分队跟随队伍前往火场，保证指挥员及扑火队伍与各级指挥部门的联络。遇有较大山火时，集团防火部门根据火场形势需要，对通信小分队进行全区调配。二是山火较大，需要建立前线分指挥部时，根据火场前指通信人员的要求，迅速建立火场分指通信枢纽和通信节点。三是根据火场通信的需要，随时改变火场通信的方式，保证通信的畅通。对火场通信设备出现的简单故障进行排除。负责地理信息系统操作及火场势态图和兵力分布图绘制。四是完成超短波与短波网络的日常维护，应急通信网络的建立，各类通信设施设备的保养和维修等项工作。五是根据工作安排完成值班、会晤等日常通信工作。

## 第二节　森林防火感知系统

森林防火感知系统是国家林业和草原局林草生态网络感知系统的重要组成部分，简单来说就是通过对各类防火相关数据的采集和整理，进而对当前的防火形势以及未来将出现的可能性威胁进行判断和预警，并且给出分析报告，帮助防火部门采取森林火灾防范措施。相对于传统的防火业务工作，森林防火感知系统是建立在大量的数据收集论证的基础上，因此判断的处理结果会更加精确有效。

大兴安岭林区的森林防火感知系统是目前国内应用效果最好的感知系统。该系统将云计算、大数据、物联网、人工智能、移动互联、卫星遥感、北斗通信等新一代信息技术与森林防火业务深度融合，围绕“预防管理、预警监测、指挥扑救、通信保障、实训演练”五大模块，初步建成了具有较高科技含量和大兴安岭特色的森林防火感知系统，实现了火情全方位感知、人防与技防结合防火、智慧预防管理、智慧预警监测、智慧图上作战，能够实现自动化、实时化和智能化的智能巡护，实现远程视频接入和实时监控、应急通信、林火监测预警、智能巡护、抗灾应急指挥和辅助决策等。目前森林防火感知系统平台分为网页版和移动端，网页版部署在政务网，移动端部署在手机端、北斗终端、平板端。

## 一、预防管理子系统

预防管理子系统，是展示大兴安岭地区各林业局、林场的每日工作动态，包括宣传教育、火源管理、责任落实、隐患排查、人车管控等功能模块，做到日常管理的精细化和数据精准化，打造一个全时段、无死角的预防管理体系，实现火情隐患早发现。各模块功能设计如下。

1. 宣传教育。展示每日各林业局入户宣传、媒体宣传、宣传设施、特殊人群监管等方面的工作情况。

2. 火源管理。展示防火基础设施、巡护“三清”情况、重点部位火源管理情况，防火阻隔带开设情况等。

3. 责任落实。展示包括责任书、联防协议、承诺书、“三清”单的签订和执行情况，包片干部人数与责任区分布情况，上级单位的督导检查情况。

4. 隐患排查。展示各林业局每天下派多少工作组，查到多少问题隐患以及相关整改落实情况。

5. 数字沙盘。展示大兴安岭地区地图，可在地图上查看管护站、检查站、临时检查站、乡镇、村屯、景区、野外作业点、重点隐患部位、林下资源采集区、重要设施、封山戒严道口、巡护队、“三清”组、靠前驻防的位置和详情。

6. 人车管控。展示进入林区的车辆、人员信息，支持人员和车辆信息的查询。

7. 基础数据。汇总展示预防管理子系统的所有数据，包括包保单位、检查站、管护站、封山戒严道口、野外作业点、乡镇林场负责人、村

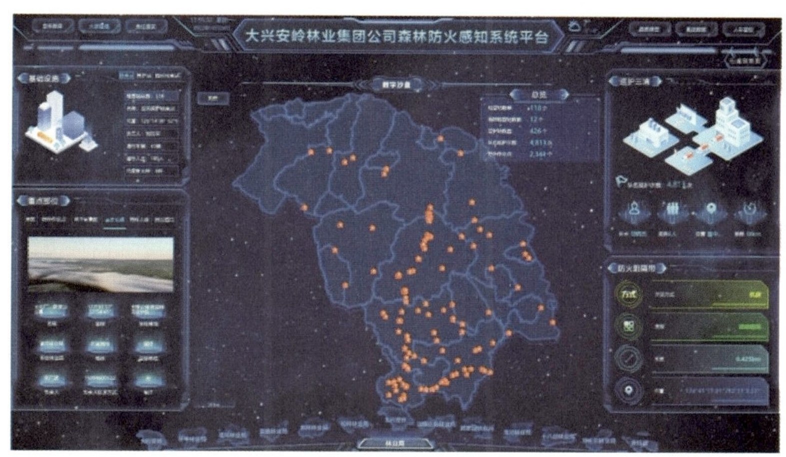


火源管理模块

屯林场负责人、特殊人员、防火隔离带，便于日常查询统计、办公需要。

## 二、预警监测子系统

预警监测子系统，是按照“天（卫星）、空（飞机）、塔（瞭望塔）、地（地面巡护、卡口、监测站）”一体化监测理念进行设计，包括卫星遥感、空中预警、高山瞭望、地面巡护等功能模块，实现偏远区域和重点区域的全天候预警监测，实现火情“打早，打小，打了”的目的。各模块功能设计如下。

1. 多维感知。展示来自卫星、飞机（有人机、无人机）、瞭望塔、地面巡护的各种预警信息、视频，以及各林业局的预警信息汇总。

2. 卫星监测。可在地图上查看当日各战区火险等级、实时卫星遥感影像，飞机、瞭望塔、护林员的位置和详情；支持雷电、热点、历史火点信息查询，并在地图上展示；可分图层展示实时气象情况；可导入、导出雷电数据；支持使用测距。

3. 空中预警。展示各林业局的机场、无人机、有人机信息，飞行情况统计，飞行计划，飞机传回的实时图像，历史预警视频。

4．高山瞭望。展示各林业局瞭望塔的塔情巡查统计、瞭望塔传回的视频图像、瞭望员信息。

5．地面巡护。展示地面巡护情况，包括：护林员数量、总巡护里程、当前在线人数、在线率、巡护任务列表、SOS求救信息列表、巡护事件列表、考核评价情况列表；在地图上展示护林员实时位置、巡护轨迹，SOS求救信息和位置、巡护事件和发生位置。

6．火情处置。展示当日及历史火情列表、火情处置情况列表，告警抓图、录像、位置、实时画面；可将火情推送到指挥扑救系统。

## 三、指挥扑救子系统

指挥扑救子系统，是实现火场态势实时感知，实时掌握扑火队伍、重型车辆、大型机具的扑火作业动态，能够根据兵力布防、机具设备、周边资源部署情况提供决策建议，为指挥员科学指挥、精准施策提供技术支撑。各模块功能设计如下。

### （一）智能指挥

1．火情定位及上报。日常巡检作业中，发现火情后上报预警信息，经人工确认后可标记火情位置，发布火情消息。预警信息来源包括瞭望塔上报和人工补录。瞭望塔上报：支持瞭望塔定位功能，可选择瞭望塔（可多选），输入观测到的火情方位及火情距离，通过交叉定位功能自动计算预警位置，在地图上显示火情预警图标。人工补录：支持人工补录火情预警信息。

2．火情信息。点击火情定位后，该模块能显示火情的名称、火情所属林场、经纬度、报火时间、是否扑灭等火情信息。

3．火情推演。依据火场的自然、地理、资源分布及属性、可燃物分布及属性，以及当时的天气条件，模拟火灾的发展、蔓延过程，预报出指定时间段内火灾蔓延的范围和火势情况，并显示在地图上。根据火情推演结果进行避险警示区域预警，避险警示图层可显示/隐藏。

4．周边资源。可查看火场周边瞭望塔、检查站、居民点、管护站、机降点、蓄水池、避险点等资源的分布情况，结合林区、气象和兵力部署等信息，进行指挥调度。

5．指挥扑救。可进行火场态势标绘，形成指挥部署图；同时可根据北斗卫星定位实时跟踪人员、车辆的行进路线，掌握火情扑救工作开展情况。遇到较大火场时，增援的单位经过授权可以同步了解兵力布防和火场态势。态势标绘包括基本标绘、历史标绘、协同标绘、模板标绘等基本功能。

6．雷电筛选。可根据筛选范围、疑似着火、时间等条件查询出指定范围内的雷电等数据。

7．灾后评估。火情结束后，利用森林资源数据和基础设施等信息，对火灾受害地区进行灾后分析，计算过火面积和过火林地面积，分析各种林地的损失面积、各类林业基础设施的损坏情况等，总结扑火工作的开展情况。

8．火情简报。可将火情信息、火情推演、周边资源、扑救兵力部署、雷电筛选、灾后评估等火情相关信息，按照简报的形式保存电子档案，也可导出火情简报文档。

### （二）值班调度

展示值班人员信息列表，支持按单位、日期查询；统计值班人员情况。

### （三）兵力布防

在地图上展示兵力布防情况；展示扑火队信息列表，支持按单位、

落雷信息

队伍类型查询；统计扑火队伍、人员等数量。

### （四）航空护林

在地图上展示航空护林情况；展示助航设施信息列表，支持按单位、设施类型查询；统计助航设施数量。

### （五）机具设备

在地图上展示机具设备情况；展示机具设备信息列表，支持按单位、设备类型查询；统计机具设备数量。

### （六）火灾档案

展示火灾档案列表，支持按火情的发现时间查询；展示火情相关的统计信息。

## 四、通信保障子系统

通信保障子系统，是实现即时连通零距离，场景即时传播零时差，指定即时下达零延误。主要通过以下两个部分实现。

## （一）多网协同保障

大兴安岭林区处于地形起伏明显的山区和丘陵地带，受山区环境的限制，单一的通信网络在可靠性、覆盖性方面均受到一定限制，由“专网通信、卫星通信、北斗通信和公网通信”组成的“多网协同通信”是实现林区通信网络全覆盖、重点区域多重网络覆盖的重要途径。

专网通信的通信主干由4G/5G网络技术、Mesh无线数字自组网或LTE无线数字宽带网络技术组成。卫星通信可由卫星电话和卫星通信车等组成；北斗通信主要以护林人员和扑救人员携带的单兵感知系统为载体；公网通信主要包括网络通信和移动通信。

在感知系统业务层，“多网协同通信功能”除了提供通信保障之外，还应支持以下功能，一是查询、显示通信网络的设备数量、空间分布、通信范围和各个链路的运行状态等信息，当通信设备等发生异常时，可实现异常位置自动定位和异常类型自主判别，并将预警信息回传至森林防火智能感知系统平台和通信网络管理人员；二是支持多源通信融合，包括实时音视频通话、音视频会议、集群对讲、语音广播等功能；三是多源音视频一键调度，包括各类语音通信系统的互联互通，解决之前调度人员需要通过多种不同终端沟通的不便；四是通信网络布局优化功能，支持根据现有通信设备数量、空间分布和重点监控区域分布，对现有通信网络资源进行布局优化。

## （二）应急通信保障

在多数情况下，已建成的多网协同通信系统可满足森林火灾监测、预警和指挥扑救等功能的通信需求。但是，当发生大型森林火灾时，火势瞬息万变，林场布设的通信设备容易遭受火灾破坏，进而出现局部通信中断的情形，应急通信保障系统是解决这一问题的重要手段。

应急通信保障车和单兵通信系统是森林火灾应急通信系统的常见载体，应急通信保障车和单兵通信系统采用的通信手段需具备组网方式便捷、灵活、机动性好和信号稳定等特点，例如卫星通信、集群移动通信、短波无线电通信、微波接力通信等方式。应急保障通信系统支持根据通信设备破坏状态，结合内嵌的AI算法确定所需应急通信保障车的数量和最优位置布局，支持应急通信保障车的轨迹显示、状态查询功能。

以下为各模块的功能设计。

（1）公网通信：展示公网通信的网络、设备详情、统计信息。

（2）专网通信：展示专网通信的网络、设备详情、统计信息。

（3）卫星通信：展示卫星通信的网络、设备详情、统计信息。

（4）北斗通信：展示北斗通信的网络、设备详情、统计信息。

（5）融合通信：支持一键单呼、组呼、语音会议、视频会议等功能。

（6）通信保障：详细介绍通信保障系统的技术方案和硬件设施。

## 五、实训演练子系统

实训演练子系统，设置目的在于提高专业队伍扑火战术和逃生避险技能，包括队伍管理、培训管理、实战演练、技能提升、装备展示、营房建设等功能模块，实现专业队伍管理统一化、标准化。各模块功能设计如下。

1．培训管理。统计展示各林业局相关工作人员学习情况，并进行相关课程训练大纲的管理。

2．队伍管理。统计展示各林业局的人员信息，包括人员占比、年龄分布统计、学历情况、聘用类别、健康情况、工资情况、工种统计等；支持具体的人员档案情况管理。

3．实战演练。展示演练次数，演练时的图片和视频，实战演练的方案、脚本。

4. 技能提升。展示防火人员的体能训练、技能训练的详情，包括训练时人数、图片、视频，便于后期分析学习。

5. 装备展示。分类展示各种设备的产品性能和产品参数，包括扑火机具、车辆、特种装备、航空设备。

6. 营房建设。展示各林场营房的位置、面积和队员数量。

2022年5月20—21日，大兴安岭林区集中爆发雷暴天气，东北重点林区三维雷电监测站监测到雷电信息1763次，森林防火感知系统第一时间将雷电位置、雷电类型、电流强度、发生时间推送至相关林业局，各地及时开展“追雷行动”，靶向定位，精准核查，极大地提高了雷击火的发现效率和精准度。

5月21日14时45分，多布库尔自然保护区发生雷击火，感知系统自动报警，把相关图像、视频及时推送到防火指挥系统显示屏上，并在地图上自动定位火点。通过加格达奇林业局翠峰林场05号瞭望塔视频监测设备回传的信息，指挥员实时掌握火场态势发展，并利用感知系统平台进行图上分析、图上作业、规划路径、可视化指挥。15时55分，防火指挥部调度6架AT802化学灭火机群抵达火场作业，感知系统实时掌握飞机作业效果，经过化学灭火与地面队伍“空地配合”，火场残留烟点明显减小，明火彻底扑灭。此次火灾事件处理过程中森林防火通信系统和感知系统发挥了至关重要的作用。

全面加强森林草原防火信息化建设是提升防火能力的重要抓手、实现科学防火的必由之路。《全国森林防火规划（2016—2025年）》提出：坚持科技优先，充分利用信息化手段，加强森林防火通信和信息指挥能力建设，构建森林防火信息化体系，大幅提升森林防火信息感知、信息传输、信息处理和信息应用四种能力，不断提高森林防火科技含量。

当前，全国林区防火通信覆盖率仅为70.0%，存在较大盲区，卫星通信、机动通信保障能力亟待提高。有线基础网络建设滞后，难以满足语音通信、火险预警、图像监控、视频调度、信息指挥等防火业务工作的需要；地方森林防火指挥中心设施设备老旧，兼容性差，建设标准不统一，“信息孤岛”现象突出，难以实现互联互通。

下一步，各地应不断加大防火信息化建设和应用力度，一要加强森林草原防火信息化智慧化顶层设计，建立科技保障支持单位，积极推广应用基于信息技术下的大数据、物联网、云计算等新技术新手段，提升科技防火水平。建设全国森林草原防火综合信息平台，将各地防火系统全面纳入并逐步整合，深化防火码推广应用，继续推进互联网+督查模式，实现线上线下无缝对接。二要全面建设林火感知系统，重点加强满足森林防火需求的信息感知、传送、处理、应用系统，充分引接共享相关单位的数据资源和协调使用社会通信资源，构建综合通信系统、综合管控系统、综合指挥系统、综合保障系统的森林防火信息化体系，全面提高基于信息系统的森林防火指挥管理能力。三要是立足火场一线实战需要，加强通信系统建设。组织通信专业人员到重点林区勘察测试，统筹规划超短波、卫星和应急通信系统建设，加强以综合通信车为主要内容的机动通信和以VSAT卫星、北斗卫星通信系统为主，海事卫星和新一代移动通信卫星为辅的卫星通信系统建设，减少盲区死角，切实提高通信系统建设的针对性和实用性。

各地森林防火部门要重视森林防火科技研发工作，通过先进的科技手段支撑，防范化解重大森林草原火灾风险，提高防灾减灾救灾保障能力。

# 基础篇

且夫水之积也不厚，则其负大舟也无力。

——《庄子·逍遥游》

# 第五章 装备和基础设施建设

森林防灭火装备和基础设施是森林火灾预防、扑救、处置等各项活动的基础资源，是森林火灾应急处置的物质保障。近年来，在国家的大力支持下，大兴安岭林区防火装备和基础设施水平得到明显提升。

## 第一节 防灭火装备情况

大兴安岭林区结合森林防火形势和任务需要，重点加强森林防火装备建设投入，适当引进先进、适用的防灭火装备，突出大型设备、机械化装备和水泵灭火分队（以水灭火）的装备建设，提高扑火装备科技含量，逐步实现由人力扑救向机械扑救，由风力灭火向以水灭火、化学灭火转变，确保装备适应不同地域、不同季节、不同火源、不同气象条件下执行防灭火任务需求。

大型装备主要分为四大类：一是运兵类（快速扑火运兵车、越野运兵客车、八轮全地形车、双节全地形运兵车、单节全地形运兵车）；二是扑火类（森林消防水罐车、双节全地形森林消防车、遥控隔离带开设机、单节履带式森林消防车、山地引水泵）；三是工程类（推土机、轮履两用挖掘机、装载机）；四是保障类（野外炊事车、油罐车、机具运输车、双节全地形车配套运载车、推土机挖掘机配套运载车、单节全地形运兵车和单节履带式森林消防车配套运载车）。

## 一、运兵类大型装备

### （一）快速扑火运兵车

快速扑火运兵车具有机动灵活、越野能力强，适合穿越林缘、疏林地等崎岖、泥泞无路地段的优点。该车在野外通过性好，对路况要求较低，非常适合林区现有道路通行，是快速运送扑火队员必不可少的交通工具。

**表5-1　快速扑火运兵车技术指标**

| 指标名称 | 指标参数 |
|---|---|
| 燃油种类 | 汽油 |
| 排放依据标准 | 国VI |
| 车辆尺寸（毫米） | 5110×1930×2314 |
| 排量和功率（毫升/千瓦） | 2378/155 |
| 轴距（毫米） | ≥3035 |
| 额定载员人数 | 8 |
| 整备质量（千克） | ≥2080 |
| 总质量（千克） | ≥2680 |
| 最高时速（千米/时） | ≥130 |

### （二）越野运兵客车

由于运兵车辆数量不足，在以往扑火运兵过程中，部分扑火队伍将平头车、普通客车等作为运兵车辆使用。这类车辆难以适应林区的道

快速扑火运兵车

路情况，通行能力差，严重影响扑火队到达火场的速度。越野运兵客车不仅具有普通客车的双轮胎后桥、乘坐舒适的优点，还具备越野车的高机动性、高通过性、高运载能力等特点，可以在野外及低等级道路上行驶，是野外作业和特殊路况最佳的运输装备。

表5-2　越野运兵客车技术指标

| 指标名称 | 指标参数 |
|---|---|
| 总长（毫米） | ≥6800 |
| 总宽（毫米） | ≥2280 |
| 总高（毫米） | 2985，3140（空调） |
| 车厢内高（毫米） | 1730 |
| 轴距（毫米） | 3800 |
| 最大总质量（千克） | 8000 |
| 最高车速（千米/时） | 100 |
| 最小离地间隙（毫米） | 270（4×4驱动） |
| 额定载员人数 | 19 |

（续表）

| 指标名称 | 指标参数 |
|---|---|
| 最高车速（千米/时） | ≥100 |
| 轮距（前/后）（毫米） | 1810/1700 |
| 发动机型式 | 直列六缸高压共轨 |
| 最大功率（千瓦/分） | 125/2400 |
| 最大扭矩（牛·米/分） | 600/1100～1800 |
| 排量（升） | 4.0 |
| 排放标准 | 国VI |
| 车身结构 | 半承载式 |
| 空调系统 | 顶置空调（制冷量：12000kcal/h14kW）<br>驾驶区空调（制冷量：3010kcal/h3.5kW） |
| 暖风系统 | 独立水暖：YJH—Q15AII制热量：15千瓦 |
| 除霜器 | 调档除霜器24伏、180瓦 |

越野运兵客车

### （三）八轮全地形车

八轮全地形车主要用于运输人员和扑火机具装备。该车采用8×8全轮驱动，具备45°的爬坡能力，且能旋转半圈。该车最高时速可达每小时50千米，并且可以在不同的极端温度（±45℃）环境中长时间稳定运行。由于采用液压传动、无级变速和双差速自动转向等技术，全地形车有着更好的驾驶性和机动性，越野机动能力大幅度提升。

**表5-3　八轮全地形车技术指标**

| 指标名称 | 指标参数 |
| --- | --- |
| 车身尺寸（毫米） | 3100×1500×1150 |
| 轴距（毫米） | 675+675+675 |
| 最小离地间隙（毫米） | ＞180 |
| 整车整备质量（千克） | 800 |
| 陆地 | 550千克（或6人） |
| 水上 | 400千克（或4人） |
| 座位数 | 6 |
| 驱动方式（陆地） | 全轮驱动 |
| 驱动方式（水上） | 轴流螺旋桨 |
| 速度（陆地）（千米/时） | ≥50 |
| 速度（水上）（千米/时） | ≥12 |
| 速度（淤泥沼泽）（千米/时） | 12 |
| 最小转弯半径（米） | 0.71 |
| 最大爬坡角（°） | 30 |
| 制动方式 | 钳盘式液压制动器 |
| 轮胎规格 | 25×12（11.5）—9NHS |

（续表）

| 指标名称 | 指标参数 |
|---|---|
| 传动方式 | 皮带、轴传动 |
| 发动机 | 水冷 |
| 标定功率（千瓦）及转速（转/分） | 62（6000） |
| 最大扭矩（牛・米）及转速（转/分） | 101（5000） |
| 系泊推力（牛） | 1200 |
| 扬程（米） | 60 |
| 离合方式 | CVT |
| 附属设施 | 雨刮器、拖钩、绞盘、车棚、挡风玻璃、扶手箱、防侧翻支架、舷外机、舷外机支架、拖车等 |

八轮全地形车

## （四）双节全地形运兵车

双节全地形运兵车是一种大型履带式森林消防车辆，具有四条较宽的履带，接地比压小，可在极其恶劣的气候及没有道路的条件下，自由通行，完成扑火运兵任务。

双节全地形运兵车载重量大、行驶里程远。全车采用模块化结构设计，前节具备驾驶功能，并安装有动力单元及操作台，载人载物空间有限，后节通过传动装置具备驱动能力，可节省出空间用于载人载物。扑火队人员及机具装备数量较多，双节全地形运兵车能够快速把机械设备、人员物资运抵火场，利用自身通过性好的优势提高扑火效率。

**表5-4　双节全地形运兵车技术指标**

| 指标名称 | 指标参数 |
|---|---|
| 车身尺寸（毫米） | 7680×1900×2340 |
| 自重（吨） | 5.6 |
| 载重（吨或人） | 4/20 |
| 发动机最大功率（千瓦） | ≥125 |
| 变速箱扭矩（牛·米） | 460 |
| 最大速度（千米/时） | ≥67 |
| 静水最大速度（千米/时） | ≥9.8 |
| 最大爬坡度（°） | ≥48 |
| 最大侧倾度（°） | ≥36 |
| 最大跨壕沟（米） | ≥1.5 |

双节全地形运兵车

### （五）单节全地形运兵车

单节全地形运兵车采用全液压式驱动，具有无级变速功能，操纵系统采用智能化电气控制系统，操作简便、安全、可靠。该车结构为战车形式，钢制厢式结构，动力舱和驾驶室前置，载员室后置，履带式行走，6对负重轮，扭杆弹性悬挂，发动机及传动系统均为军用车辆的配置，该车具有良好的机动性、通过性、减震性和可靠性，能在各种复杂地形中行驶。车前部装甲较厚，具有一定的破障开路功能，车内可搭载17名人员和各种工具、物资，运载能力5吨以上。能实现0半径原地转向，能撞倒（断）直径25厘米粗的乔木。

表5-5　单节全地形运兵车技术指标

| 指标名称 | | 指标参数 |
|---|---|---|
| 总体性能 | 空车全重（吨） | ≤9 |
| | 额定载重（吨） | ≥5 |
| | 长（毫米） | ≤6000 |
| | 宽（毫米） | ≤3000 |
| | 高（毫米） | ≤2200 |
| | 乘载员（人） | ≥16 |
| | 车底距地高（毫米） | ≥400 |
| | 履带着地长（毫米） | ≥3600 |
| | 履带宽（毫米） | ≥390 |
| | 负重轮对数 | 6 |
| | 发动机功率（千瓦） | ≤210 |
| | 车辆操纵控制采用智能化电气控制系统 | 有 |
| | 车辆传动系统采用静液驱动（无级变速驱动系统） | 有 |

（续表）

| 指标名称 | | 指标参数 |
|---|---|---|
| 机动性能 | 最大行驶速度（千米/时） | ≥40 |
| | 涉水深度（米） | ≥0.9 |
| | 浮渡 | 可浮渡 |
| | 静水中速度（千米/时） | ≥4 |
| | 储备行程（千米） | ≥400 |
| 通过性能 | 最大爬坡度（°） | ≥30 |
| | 最大侧倾行驶坡度（°） | ≥20 |
| | 越壕宽（米） | ≥1.7 |
| | 翻越垂直墙（米） | ≥0.6 |
| | 是否能撞倒（断）直径25厘米粗的乔木 | 能 |
| 环境适应性 | 工作环境温度（℃） | −25～40 |
| | 海拔高度（米） | ≤4000 |

单节全地形运兵车

## 二、扑火类大型装备

大兴安岭林区森林防火扑火类大型装备主要包括：森林消防水罐车、双节全地形森林消防车、遥控隔离带开设机、单节履带式森林消防车、山地引水泵等，可以参与森林火灾的直接扑救和间接扑救，其强大的性能可以满足扑救地面中高强度火和控制大面积火灾的要求。

### （一）森林消防水罐车

森林消防水罐车携载灭火水炮，能够很好地实施以水灭火作业，一旦山火威胁城镇、村屯，可依托公路设置阻隔防线，负责拦截火头，防止火场蔓延至城镇村屯，保卫人民群众生命财产安全。还可在火场清理和饮用水供应方面提供保障。

**表5-6　森林消防水罐车技术指标**

| 指标名称 | 指标参数 |
|---|---|
| 外廓尺寸（毫米） | 6700×2350×3150 |
| 满载总质量（千克） | 12450 |
| 额定功率（千瓦） | 143 |
| 乘员人数 | 1+2 |
| 最高车速（千米/时） | 100 |
| 消防泵流量 | ≥40L/s（1.0mPa） |
| 罐体容量（千克） | 水≥6000 |
| 消防炮射程（米） | 水≥60 |
| 驱动型式 | 4×4 |
| 发动机 | 额定功率143千瓦，最大净功率138千瓦 |
|  | 最大扭矩：730牛·米/1300转/分 |

（续表）

| 指标名称 | 指标参数 |
| --- | --- |
| 发动机 | 排量：4.0升 |
| | 排放标准：国VIB |
| 发动机 | 燃油类型：柴油 |
| 变速箱 | 手动档 |
| 取力器 | 全功率取力器 |
| 燃油箱 | 100升 |

森林消防水罐车

### （二）双节全地形森林消防车

双节全地形森林消防车是在双节全地形运兵车上加装水箱及专用消防设备模块（可载水3吨）。具有机动灵活、不受地形道路限制、应变能力强等特点，可翻山越岭、涉水过河，将扑火人员和消防水源迅速带到火场，并利用车载的以水灭火装置来扑灭或控制高强度森林火灾。载满水的履带式森林消防车扑救低强度火的有效灭火距离为1000～1500米，在无水情况下可用履带碾压火线。扑救高强度火有效灭火距离在

500～1000米，其扑火速度高于人工操作风力灭火机的5倍以上。

在以往的灭火过程中，在火场距离远、道路情况差的条件下，其他运兵车很难接近火场，而双节全地形森林消防车可快速进入火场，适用于大多数火场。

表5-7　双节全地形森林消防车技术指标

| 指标名称 | 指标参数 |
| --- | --- |
| 车身尺寸（毫米） | 7680×1900×2340 |
| 自重（吨） | 5.6 |
| 载重（吨） | 4（前厢8人，后厢消防水） |
| 发动机最大功率（千瓦） | ≥125 |
| 变速箱扭矩（牛·米） | 460 |
| 最大速度（千米/时） | ≥67 |
| 静水最大速度（千米/时） | ≥9.8 |
| 最大爬坡度（°） | ≥48 |
| 最大侧倾度（°） | ≥36 |
| 最大跨壕沟（米） | ≥1.5 |
| 载水量 | ≥3吨，含500千克饮用水 |
| 特殊配备 | 消防泵（实现行驶中灭火作业），高压节能清理水泵（用水量小，水压大，可连续工作1.5小时），远程供水设备 |

## （三）遥控隔离带开设机

遥控隔离带开设机兼具安全性、稳定性、灵活性与多用性。可在150米的范围内无线遥控操作，火场清理中可遥控机器推倒站干，卷土掩埋火线，有效避免作业时的飞溅物，确保扑火队员人身安全；履带式底盘，可适应复杂地形作业；履带延伸功能，工作重心低，可在60°斜坡自

双节全地形森林消防车

如作业；体积小、重量轻，可直升机吊运，快速抵达火场；主机可选配多种属具，满足森林防灭火，道路救援，维护、开设防火阻隔带，开设火场应急救援通道，临时停机坪，会车停车区，运送物资等功能；液压耦合系统，可快速更换作业属具；配备有应急绞盘及拖挂点，可以牵引其他设备。

**表5-8　遥控隔离带开设机技术指标**

| 指标名称 | 指标参数 |
| --- | --- |
| 主机重量（千克） | ≤1750 |
| 最高行驶速度（千米/时） | ≤9 |
| 发动机类型 | 涡轮增压4缸柴油发动机 |
| 发动机最大功率（千瓦） | ≥50kW/70HP |
| 发动机最大扭矩（牛·米）及转速（转/分） | ≥280/1450 |
| 启动方式 | 遥控/手动 |
| 冷却系统 | 液体冷却 |
| 传动方式 | 液压传动 |
| 液压油箱容量（升） | ≥45 |

（续表）

| 指标名称 | 指标参数 |
|---|---|
| 油箱容量（升） | ≥50 |
| 液压泵 | 有 |
| 遥控器电池 | ≥2块 |
| 轮胎类型 | 橡胶履带 |
| 电动绞盘 | 有 |
| 防滚架 | 有 |
| 最大爬坡作业角度（°） | 60 |
| 是否遥控操作 | 是 |
| 遥控距离（米） | ≥150 |
| 履带伸缩功能 | 有 |
| 履带延伸宽度（毫米） | 400 |
| 刀具侧移（毫米） | 500＋550 |
| 散热器自动反吹系统 | 有 |
| 车载充电器 | 有 |
| 紧急制动系统 | 有 |

遥控隔离带开设机

### （四）单节履带式森林消防车

单节履带式森林消防车主要用于在森林火灾发生时，进行以水灭火作业。该车配备水箱模块，可载水3吨，水炮最大射程40米，水陆两用，最高时速50千米/时，具有以水灭火效果好、运兵速度快等特点。该车采用了军用履带装甲车辆的技术和成熟可靠的零部件，具有全道路通过能力和涉水功能、强大的运载能力、快速的机动性能、开路能力和救援牵引能力，能实现0半径原地转向，能撞倒（断）直径25厘米粗的乔木。

该车传动系统采用全液压式驱动，以水灭火消防装置为基本配置。车辆具有无极变速功能，车辆操纵系统采用智能化电气控制系统，操作简便、安全、可靠。

表5-9　单节履带式森林消防车技术指标

| 指标名称 | | 指标参数 |
|---|---|---|
| 总体性能 | 空车全重（吨） | ≤9 |
| | 额定载重（吨） | ≥5 |
| | 长（毫米） | ≤6000 |
| | 宽（毫米） | ≤3000 |
| | 高（毫米） | ≤2200 |
| | 乘载员（人） | ≥10 |
| | 车底距地高（毫米） | ≥400 |
| | 履带着地长（毫米） | ≥3300 |
| | 履带宽（毫米） | ≥390 |
| | 发动机功率（千瓦） | ≤210 |
| | 车辆操纵控制采用智能化电气控制系统 | 有 |
| | 车辆传动系统采用静液驱动（无级变速驱动系统） | 有 |
| 机动性能 | 最大行驶速度（千米/时） | ≥40 |
| | 涉水深度（米） | ≥0.9 |

（续表）

| 指标名称 | | 指标参数 |
|---|---|---|
| 机动性能 | 浮渡 | 可浮渡 |
| | 静水中速度（千米/时） | ≥4 |
| | 储备行程（千米） | ≥400 |
| 通过性能 | 最大爬坡度（°） | ≥30 |
| | 最大侧倾行驶坡度（°） | ≥20 |
| | 越壕宽（米） | ≥1.5 |
| | 翻越垂直墙（米） | ≥0.6 |
| | 是否能撞倒（断）直径25厘米粗的乔木 | 能 |
| 消防性能 | 水箱容积（立方米） | ≥3 |
| | 消防泵功率（千瓦） | 10～18 |
| | 水泵扬程（米） | 50～72 |
| | 水泵流量（升/秒） | 2～12 |
| | 直流水枪射程（米） | ≥40 |
| | 自吸深度（米） | 7 |
| | 自行装满水时间（分） | ≤8 |
| 环境适应性 | 工作环境温度（℃） | −25～40 |
| | 海拔高度（米） | ≤4000 |

单节履带式森林消防车

## （五）山地引水泵

以水灭火是当今许多林业发达国家首选的林火扑救方法，也是我国近年来积极推广使用的森林火灾扑救的主要手段。以水灭火具有拦截火头高效、扑灭明火迅速、清理火场彻底、灭火耗资低廉和环保无污染等特点，是提高扑救森林火灾效率的手段之一。山地引水泵由发动机、高压柱塞泵、喷枪、控制机构、机架、进水管等组成。配备脚轮及机架把手，移动方便、可推可拉、装卸方便。一旦发生森林火灾，通过发动机向水泵提供动力，水泵从水源抽水并输送至喷枪，喷枪喷水灭火。对高强度树冠火，歼灭火头，扑打火线，用水直接熄灭火焰具有极强的作用。山地引水泵在灭火作战中具有扑救迅速、有效防止复燃的特点，同时灭火队员可以在距火头较远距离进行灭火作业（水泵射程在45米左右），避免了直接灭火作战给扑火队员带来高危险作业的隐患。

表5-10　山地引水泵技术指标

| 指标名称 | 指标参数 |
| --- | --- |
| 发动机 | 双缸、风冷式四冲程汽油机<br>功率≥35马力<br>点火方式：电子脉冲点火<br>启动方式：电启动<br>排量：≥990毫升<br>机油容量：≥2升 |
| 燃油 | 92号以上汽油<br>燃油箱容积：≥25升 |
| 外形尺寸 | 120×65×100（±5厘米） |
| 工作能力 | 最大流量：≥250升/分<br>最大吸程：≥7米<br>进水口直径：50毫米<br>出水口直径：40毫米<br>最大压力：≥12兆帕 |

（续表）

| 指标名称 | 指标参数 |
| --- | --- |
| 工作能力 | 工作压力：≥10兆帕<br>最大射程：≥45米<br>最大扬程：≥1000米 |
| 高压双层消防水带 | 材质：采用聚氨酯内衬，外层为加厚型涤纶长丝爆破压力≥15兆帕延伸率≤10.0%，膨胀率≤10.0%<br>水带编织层与衬里之间的附着强度≥39牛/25毫米水带内径：38毫米，30米/条，水带配备森林消防专用接口，接口采用机器模压式外扣型铝合金接扣 |
| 耐高压多功能喷枪 | 采用轻质铝合金外表阳极化处理带枪把、开关，配快速接头，可自由转换；具有直流、喷雾等喷射功能，流量可调节，枪头可精准平滑地旋转到所需流量；长度≥190毫米，重量≤1.2千克 |
| 高压直流喷枪 | （铝合金材质，表面经氧化防腐处理，长度≥40厘米，配有便携式肩带）；不锈钢耐高压三通分水器1个（含3个快速接头）专用扳手2个；耐高压胶管1根（10米，含2个快速接头），爆破压力≥15兆帕，内径≥38毫米；配备带底阀进水管1根，长度不小于5米；修理工具1套 |

山地引水泵

## 三、工程类大型装备

森林防火工程类大型装备主要包括推土机、轮履两用挖掘机、装载机等，可以参与森林火灾的直接扑救和间接扑救，其主要功能为防火道路抢修，同时在开辟防火通道、会车线、临时停机坪、直升机取水池及清理火场等工作中发挥出重要作用。

### （一）推土机

推土机是被林区广泛应用的工程机械，其主要作用是维修抢修受损防火公路、桥涵，开设临时防火道路。此外推土机与其他扑救力量协同可参与直接灭火和间接灭火战斗，在火势弱、面积小的火场，其战术为推土机面对火场中心，将可燃物由外向里推向火场。如此沿火场一周后，开设出生土带，形成隔阻系统，阻止山火向外蔓延。

表5-11　推土机技术指标

| 指标名称 | 指标参数 |
|---|---|
| 工作质量（千克） | ≥17500 |
| 最小回转半径（毫米） | ≤3750 |
| 接地比压（千帕） | ≤66 |
| 发动机额定功率（千瓦）/额定转速（转/分） | ≥150/1800 |
| 整机外形尺寸长×宽×高（毫米） | ≥5300×3300×3200 |
| 离地间隙（毫米） | ≥400 |
| 履带中心距（毫米） | ≥1800 |
| 履带板宽度（毫米） | ≥500 |
| 履带接地长度（毫米） | ≥2600 |
| 履带板数量（单侧/片） | ≥38 |
| 托链轮数（单侧/个） | ≥2 |

（续表）

| 指标名称 | 指标参数 |
| --- | --- |
| 支重轮数（单侧/个） | ≥6 |
| 燃油箱容量（升） | ≥350 |
| 工作液压油箱（升） | ≥80 |
| 铲刀宽度（毫米） | ≥3300 |
| 铲刀高度（毫米） | ≥1100 |
| 铲刀最大提升高度（毫米） | ≥1000 |
| 最大铲土深度（毫米） | ≥500 |
| 松土器型式 | 三齿松土器 |

推土机

## （二）轮履两用挖掘机

轮履两用挖掘机可根据不同路面和地形，实现行走模式的快速切换。轮履两用挖掘机越野能力强，不仅具备在泥泞、湿地、滩涂等易陷车地面和路况适应性较好的特点，而且长距离转场时，可快速切换轮式行走模式，行走速度快，具有越野性能好、机动灵活等特点。能够加装铲斗、开带机头、液压剪，可用于日常维护森林防火隔离带、林区道路，应急开设阻隔带及其开辟应急防火通道等工况施工，适用于灌木丛的清理、火烧迹地、林间道路的开辟和修整防火隔离带。在森林火灾扑救作业中与履带式推土机配合作战，利用其移动速度相对较快的优势形成互补，是高效建设森林防火隔阻系统的现代化机械。

**表5-12　轮履两用挖掘机技术指标**

| 指标名称 | 指标参数 |
| --- | --- |
| 规格 | 1．操作重量≥18680千克<br>2．标准铲斗容量≥0.6立方米<br>3．履带板宽度≥500毫米 |
| 主机性能参数 | 1．型式：高压共轨、水冷、四冲程、增压、中冷<br>2．缸径≥102毫米，行程≥115毫米<br>3．排量≥3.76升<br>4．额定功率/转速千瓦≥86/2200转/分<br>5．最大扭矩/转速：≥470牛·米/≥1320转/分<br>6．燃油箱容积：≥245升 |
| 底盘 | 1．回转速度≥12.5转/分<br>2．行走速度（履带）：一档=5.3，二档=3.2千米/时<br>3．行走速度（轮式）：一档=12，二档=25千米/时<br>4．最大牵引力≥105千牛<br>5．最大爬坡能力：接近角≥20°，离去角≥20°<br>6．铲斗最大挖掘力≥93千牛<br>7．斗杆最大挖掘力≥69千牛<br>8．开带切割宽度≥1000毫米<br>9．工作压力≥24兆帕<br>10．工作流量≥75升/分 |
| 液压系统 | 1．主泵：<br>（1）流量≥360升/分<br>（2）工作压力≥31.4兆帕<br>（3）行走≥34.3兆帕<br>（4）回转≥25兆帕 |

（续表）

| 指标名称 | 指标参数 |
| --- | --- |
| 液压系统 | 2. 先导泵：<br>（1）流量≥26.4升/分<br>（2）先导压力≥3.9兆帕<br>（3）液压油箱容积≥150升 |
| 开带作业 | 1. 最大开带高度≥8500毫米<br>2. 停机面最大开带半径≥8100毫米<br>3. 最大垂直开带深度≥1305毫米<br>4. 最大破碎直径≥120毫米<br>5. 开带切割宽度≥1000毫米 |
| 挖掘作业 | 1. 最大挖掘半径≥8330毫米<br>2. 最小回转半径≥2355毫米<br>3. 最大挖掘高度≥8245毫米<br>4. 前端挖掘深度≥2485毫米<br>5. 侧面最大挖掘深度5950毫米<br>6. 铲斗容量≥0.6立方米<br>7. 长×宽×高：8650毫米×2530毫米×4285毫米 |

轮履两用挖掘机

### （三）装载机

装载机是在林区广泛应用的工程机械，具有作业速度快、机动性好、操作轻便等优点。主要作用：一是在道路桥涵抢修中装卸砂石料；二是扑火时在扑火队员无法通过的灌木丛中开辟出防火通道；三是推倒火场周边树干和残枝，推走倒木和树桩，清除地面可燃物，快速建立防火线和防火隔离带。此外装载机与其他大型装备配合使用协同作战，可参与直接灭火和间接灭火战斗。

**表5-13　装载机技术指标**

| 指标名称 | 指标参数 |
| --- | --- |
| 整机工作质量（千克） | ≥16800 |
| 额定斗容量（立方米） | ≥2.8 |
| 额定载重量（千克） | ≥5000 |
| 最大牵引力（千牛） | ≥160 |
| 最大掘起力（千牛） | ≥170 |
| 三项和 | ≤9.8 |
| 轴距（毫米） | ≥3300 |
| 最小离地间隙（毫米） | ≤435 |
| 最大卸载高度（毫米） | ≥3450 |
| 对应卸载距离（毫米） | ≥1170 |
| 最小转弯半径（后轮外侧）（毫米） | ≤6200 |
| 卸载角度（°） | ≥45 |
| 轮距（毫米） | ≥2250 |
| 发动机功率/转速（千瓦、转/分） | ≥162/2000 |
| 发动机型式 | 直列、水冷、四冲程、直喷 |
| 排量（毫升） | ≤9726 |

（续表）

| 指标名称 | 指标参数 |
|---|---|
| 变速箱型式 | 行星式动力换档 |
| 整机外形尺寸（毫米） | 8570×3024×3426 |
| 工作装置液压系统型式 | 机械操作 |
| 工作装置液压系统工作压力（兆帕） | ≥19.7 |
| 档位 | 前二后一 |
| 前进Ⅰ、Ⅱ档速度（千米/时） | ≥13、38 |
| 后退Ⅰ档速度（千米/时） | ≥17 |
| 转向系统型式 | 负荷传感全液压铰接转向（宽铰接） |
| 停车制动型式 | 手动内涨蹄式 |

装载机

## 四、保障类大型装备

森林防火保障类大型装备主要包括机具运输车、野外炊事车、油罐车、双节全地形车配套运载车、推土机挖掘机配套运载车、单节全地形运兵车和单节履带式森林消防车配套运载车等，可保障扑火车辆快速运抵火场实施扑救。

### （一）机具运输车

在以往的扑火过程中，因扑火机具运输车缺乏，在前往火场时人机混载，存在一定的安全隐患。机具运输车具有机动灵活、操作方便，工作高效、运输量大，空间利用率高及安全、可靠等优点。较高的底盘亦能通过路况较差的路段。箱式车型在运输过程中可有效保障灭火机具、运送食品安全，是运输扑火机具的得力工具。

表5-14　机具运输车技术指标

| 指标名称 | 指标参数 |
|---|---|
| 排放依据标准 | 国VI |
| 排量和功率（毫升/千瓦） | 2780/110 |
| 钢板弹簧片数（前/后） | 12/6+7 |
| 前/后轮距（毫米） | 1550/1495 |
| 额定载客人数 | 2 |
| 总质量（千克） | 8350 |
| 轴距（毫米） | 3360 |
| 燃油种类 | 柴油 |
| 车辆尺寸（毫米） | 5995×2080×3130 |
| 货厢尺寸（毫米） | 4130×1900×1900 |
| 轴数 | 2 |
| 轮胎规格 | 205/75R17.514PR |
| 整备质量（千克） | 3950 |
| 前悬/后悬（毫米) | 1110/1525 |
| 最高时速（千米/时） | 110 |

机具运输车

## （二）野外炊事车

野外炊事车是先进的后勤装备，每台车辆可在1小时内向扑火队员供应约120人的主、副食及开水，有效改善队员野外生活条件，使队员能及时吃上热饭，快速补充体能，提高扑火战斗力。该车具有操作方便、使用可靠、热效率高、保温效果好等特点。该车采用依维柯二类底盘，车厢为隔热保温大板粘接式轻型结构，三种供电方式可为车内各用电设备提供电源。车内配有高效的封闭式燃油节能炉灶、配套设备和各种厨具等。

表5-15　野外炊事车技术指标

| 指标名称 | 指标参数 |
|---|---|
| 整车长（毫米） | ≥5990 |
| 整车宽（毫米） | ≥2200 |
| 整车高（毫米） | ≥3000 |
| 底盘发动机功率（千瓦） | ≥95 |
| 前悬架型式 | 双摆臂扭杆独立式 |
| 后悬架型式 | 钢板弹簧非独立式 |

（续表）

| 指标名称 | 指标参数 |
|---|---|
| ABS | 有 |
| 3把差速锁车 | 有 |
| 车厢 | 隔热保温大板粘接式轻型结构 |
| 底盘 | 四驱二类4×4（分时四驱） |
| 供电系统 | 配有外接发电机、外接电源、逆变电源三种供电方式 |
| 外接发电机功率 | 3千伏安 |
| 净水携带量 | ≥230升 |

野外炊事车

### （三）油罐车

扑救重特大森林火灾一般耗时较长，平均周期5～10天，在此期间，扑火机具车辆油料消耗较大，自身携带油量无法满足长时间扑火需求。油罐车采用双仓设计，可同时运输柴油和汽油，主要用于为大型装备、车辆及灭火机具火场加油，可有效保障扑火油料供应。

## 表5-16 油罐车技术指标

| 指标名称 | 技术参数 |
| --- | --- |
| 总质量（千克） | ≥11900 |
| 额定质量（千克） | ≥6600 |
| 整备质量（千克） | ≥5150 |
| 整车长（毫米） | ≥6950 |
| 整车宽（毫米） | ≥2200 |
| 整车高（毫米） | ≥2800 |
| 轴距（毫米） | ≥3800 |
| 前轮 | 盘式制动器 |
| 限速装置 | 有 |
| 限速（千米 / 时） | ≥80 |
| 罐体容积（立方米） | ≥8.3 |
| 前后桥 | 2.7/5.5 |
| 动转 | 有 |
| 断气刹 | 有 |
| 燃料种类 | 柴油 |
| 排放依据标准 | GB17691—2018国Ⅵ |

油罐车

### （四）双节全地形车配套运载车

双节全地形车属特种车辆，无法直接上路行驶，需要配备配套运载车辆前往作业地点。双节全地形配套运载车可在大兴安岭现有的林区道路行驶，其较长的车身能完成运载双节全地形车的工作，为林区灭火工作提供基础支撑。

表5-17　双节全地形车配套运载车技术指标

| 指标名称 | 指标参数 |
| --- | --- |
| 产品名称 | 平板运输车 |
| 总质量（千克） | 25000 |
| 额定载质量（千克） | 14450，14385 |
| 整备质量（千克） | 10420 |
| 接近角/离去角（°） | 29/14 |
| 轴荷（千克） | 7000/7000/11000 |
| 外形尺寸（毫米） | 11070，10630，9760×2500，2550×3350，3250，3150 |
| 前悬/后悬（毫米） | 1515/3355，1515/2915，1475/3395，1475/2955，1475/2935，1515/2895 |
| 最高车速（千米/时） | 89 |
| 轴数 | 3 |
| 轮胎数 | 8 |
| 轴距（毫米） | 1850+2700，1850+4350，1850+5450，2150+4550，2150+5150，3400+1350，1850+3500 |
| 轮胎规格 | 11.00R2018PR，295/80R22.518PR，12R22.518PR |
| 钢板弹簧片数 | 8/8/10+8，10/10/10+8，10/10/12+9，3/3/4+3 |
| 前轮距（毫米） | 1860/1860，1910/1910，1940/1940，1960/1960 |
| 后轮距（毫米） | 1750，1860，1880 |
| 燃料种类 | 柴油 |
| 排放依据标准 | GB17691—2018国Ⅵ |

双节全地形车配套运载车

## （五）推土机挖掘机配套运载车

大兴安岭林区施业区面积较大，一旦出现火情，要求重型装备能够迅速赶赴火场进行灭火作业，而推土机、轮履两用挖掘机均为履带式重型装备，行进速度相对较慢，难以在短时间内自行到达火场。且在行进过程中极易对路面造成破坏，因此需要配备相应的运载车辆，实现对森林火情的快速响应。推土机挖掘机配套运载车可在大兴安岭现有的林区道路行驶，其较长的车身能完成运载推土机和轮履两用挖掘机工作任务，有效保障灭火工作顺利完成。

表5-18　推土机挖掘机配套运载车（牵引车）技术指标

| 指标名称 | 指标参数 |
|---|---|
| 排放标准 | 国六（柴油） |
| 驱动形式 | 6×4 |
| 总质量（千克） | ≥25000 |
| 整备质量（千克） | ≥8805 |
| 额定质量（千克） | ≤16065 |
| 轴荷（千克） | ≥7000/18000二轴组 |

（续表）

| 指标名称 | 指标参数 |
|---|---|
| 功率（千瓦/时） | ≥339 |
| 轴距（毫米） | ≥3300+1350 |
| 最高车速（千瓦/时） | ≥89 |
| 接近角/离去角（°） | ≥21/38 |
| 前悬后悬（毫米） | ≥1495/855 |
| 前轮距/后轮距（毫米） | ≥20201830/1830 |
| 驾驶室准乘人数 | ≥2 |
| 轮胎 | ≥12R22.5～18PR |
| 车架（毫米） | ≥300×80×8 |
| 后桥 | 435升级冲焊桥 |
| 后桥速比 | ≥4.111 |
| 变速箱 | C12JSDQXL220TA |

推土机挖掘机配套运载车（牵引车）

（续表）

| 指标名称 | 指标参数 |
| --- | --- |
| 外形尺寸（毫米） | 7000×2550×3850 |
| 其他 | 2000多功能方向盘，通风座椅，220V电源，WABCO离合器助力器，板簧2/3，800L铝油箱，180安时蓄电池，带水寒宝，全车FAG轮端，发动机长换油，限速89千米/时，ABS/ESC/FCW/LDWS |

**表5-19　推土机挖掘机配套运载车（后低平板挂车）技术指标**

| 指标名称 | 指标参数 |
| --- | --- |
| 外廓尺寸（毫米） | 12500×3000×3200 |
| 钢板弹簧片数 | /10/10/10 |
| 轮胎规格 | 8.25R16LT18PR |
| 轴距（毫米） | 8490+1170+1170 |
| 轴荷（千克） | 21000（三轴组） |
| 总质量（千克） | 38000 |
| 整备质量（千克） | 7900 |
| 额定载质量（千克） | 30100 |
| 半挂车鞍座最大允许总质量（千克） | 17000 |

推土机挖掘机配套运载车（后低平板挂车）

### （六）单节全地形运兵车和单节履带式森林消防车配套运载车

单节全地形运兵车和单节履带式森林消防车均为履带式重型装备，行进速度相对较慢，难以在短时间内自行到达火场。且在行进过程中极易对路面造成破坏，因此需要配备相应的运载车辆，实现对森林火情的快速响应。

表5-20　单节全地形运兵车和单节履带式森林消防车配套运载车技术指标

| 指标名称 | 指标参数 |
|---|---|
| 总质量（千克） | 25000 |
| 额定载质量（千克） | 12805 |
| 外形尺寸（毫米） | 10200×2550×3200 |
| 整备质量（千克） | 12000 |
| 驾驶室准乘人数 | 3 |
| 最高车速（千米/时） | 89 |
| 接近角/离去角（°） | 29/20 |
| 前悬/后悬（毫米） | 1475/3025 |
| 轴荷（千克） | 7000/18000（二轴组） |
| 轴数 | 3 |
| 轴距（毫米） | 4350+1350 |
| 轮胎数 | 10 |
| 轮胎规格 | 11.00R2018PR |
| 钢板弹簧片数 | 9/10 |
| 前轮距（毫米） | 1985 |
| 后轮距（毫米） | 1860/1860 |
| 燃料种类 | 柴油 |

（续表）

| 指标名称 | 指标参数 |
|---|---|
| 排放依据标准 | GB17691—2018国六 |
| 排量（毫升） | 6234 |
| 功率（千瓦） | 199 |

截至2022年底，内蒙古森工集团现有各类运兵车1007辆，以水灭火车110辆，保障车364辆，大型机械设备205台，无人机98台，冲锋舟64艘，扑火工具及个人防护装备17.5万套。黑龙江大兴安岭林业集团现有各类运兵车916辆，以水灭火车124辆，保障车392辆，大型机械设备264台，无人机220台，冲锋舟58艘，扑火工具及个人防护装备13.8万余套。

# 第二节　基础设施建设

森林防火基础设施建设是一项长效益、真正体现预防为主的治本措施，需要不断健全完善。

## 一、检查站（管护站）

### （一）防火检查站（卡站）

在大兴安岭林区，进山、入林的防火检查站（卡站）是野外火源管理的重要机构和设施，具有不可替代的重要作用。防火检查站有两种形式，一种是季节性检查站（只在防火期设立），另一种是常年性固定检查站。检查站主要分布于大兴安岭林业施业区内的各主要公路路口，主要由办公、生活用房和检查栏杆两部分组成。防火期内，值班值守人员对进入森林防火区内的所有车辆和人员进行森林防火安全检查，对携带的火种、易燃易爆物品及其他可能引起森林火灾物品，一律实行集中管理。为充分发挥防火检查站的职能，每个地区的林业站、林业局都于山林的重要路口处设立相应的森林防火检查站（多与资源、林政管理联合设置），一般检查站的工作人员不低于两人，检查站要设立明显标志，在明显位置悬挂防火须知，检查站工作人员在工作时间要佩带防火检查袖标。

## （二）资源管护站

主要分布于大兴安岭林业施业区内，常年对管护区域进行资源管护，平时注重对森林和野生动物资源的保护，防火期内重点对入山人员和车辆进行火源检查和入山信息登记。

资源管护站

## 二、队伍营房与训练场

### （一）扑火队伍营房

队伍营房

### （二）队伍训练场

百米障碍训练场

## 第三节 物资储备

物资储备库是扑救森林大火重要的供应保障体系，也是国家应急保障能力的重要组成部分。大兴安岭林区根据森林防火区域划分和重点建设区域，结合现有的国家物资储备库建设情况，按照“突出重点、辐射周边、就近增援、分级保障”的原则，合理布局各级物资储备库，形成应对突发公共事件的保障能力，以便能够在火情紧急时，对重特大火灾扑救实施及时、有力的增援。

黑龙江大兴安岭的森林防火物资库由集团、林业局、林场物资储备库三个层级组成，建设有省级物资储备库2个，地级物资储备库2个；林业局建设了物资储备库22个；林业局下属林场建设了物资储备库103个，初步形成了森林防火物资应急保障网。森林防火物资储备库的储备物资主要由扑火机具、安全防护、通信指挥器材和防火车辆等物资类型组成。

防火物资储备

# 第四节　国家基本建设项目管理要求

加强防火项目建设管理、提高防火基础设施和装备配备水平，是全面提升我国森林火灾综合防控能力的基础性治本之策。在中央财政极为紧张的情况下，仍然逐年增加中央预算内森林防火投资，充分体现了党中央、国务院对森林防火工作的高度重视和关心。

## 一、防火项目重点建设任务

针对制约各地防火基础能力的突出短板，实事求是、科学合理、统筹谋划各类防火项目，在全国森林草原防火专项规划确定的防火重点区域内，重点组织开展防火重点区域综合治理工程，提升重点林区阻隔网和路网密度，推进预警监测系统和风险防范工程建设，加强地方专业队伍能力建设，鼓励和支持用科技手段逐步代替传统模式。

### （一）防火重点区域综合治理项目

按照集中连片、综合治理的原则，以地市（各集团以林业局）为单位组织项目。主要建设内容：建设专业队伍营房（含靠前驻防点）、物资库、训练场及附属设施，火情监测设施，城镇居民点和重要设施周边林火阻隔系统；配备防灭火机具、安全防护装备、防火专用车辆等物资；合理布局进山卡口、防火检查站、蓄水池等设施。

### （二）防火道路建设与改造项目

在东北、内蒙古重点国有林区建设与改造防火道路，中央预算内投资定额支持30万元/千米，主要建设内容：加快联通林区断头路并全面形成闭环网络；修补因雨雪洪涝灾害造成的水毁路和桥涵等；改造和修复林区废弃路和简易路等。按照防火专项规划，探索试点支持西北、西南重点国有林区防火道路建设。

### （三）生物防火隔离带建设项目

按照“因害设防、重点突出、全面规划、分布实施”的原则，以地市（各集团以林业局）为单位组织项目，主要建设内容：在充分利用自然阻隔带的基础上，在森林防火重点区域开展生物防火隔离带建设，依托耐火抗燃树种新建或改造一批生物防火林带。

### （四）防火综合调度管理系统建设项目

以省区（集团）为单位组织申报，做到全省（集团）一个平台、一套系统，主要建设内容：建设省级森林草原防火调度管理综合应用平台，火情监测、基础信息管理、火情早期处理、实时指挥调度、辅助智能决策等防火业务应用系统，完善各级林草防火调度管理设施设备。

### （五）防火通信系统建设项目

以省（区、市）为单位组织申报，确保全省（区、市）设备兼容，主要建设内容：加强以林区固定通信基站、便携式通信终端为主的北斗和高通量卫星通信网络建设；开展以数字超短波通信为主，兼容模拟超短波通信的火场通信网络建设；加强以综合通信车为主要内容的机动通信系统建设。

## 二、加强和规范防火项目组织工作

### （一）规范项目组织方式

原则上以省区、地市为单位组织防火项目，不支持单个县区申报。项目建设范围严格控制在全国森林草原防火专项规划（及相关评估报告）确定的重点区域内，并统筹考虑辖区内林草单位和各类自然保护地，探索试点支持国家公园、重要自然保护区单独申报防火项目。要与同级发改、应急等部门充分沟通，原则上不支持同一年度、同一地区林草和应急两部门同时申报两个项目。

### （二）强化项目咨询论证

要高度重视项目前期咨询工作，按规定开展项目咨询评估，择优选取咨询单位，确保前期工作深度。积极引入专家咨询机制，深入论证项目建设的必要性、技术经济可行性和社会效益、项目资金筹措等建设条件落实情况，科学合理确定建设内容和投资规模。从严控制车辆购置，仅支持防火专业性车辆购置；从严控制营房建设，原则上不支持未成立专业队伍的地区建设营房；严禁超标准建设营房，严禁借名建设楼堂管所。

### （三）支持开展大项目和标准化项目试点建设

聚焦青藏高原、黄河、长江、国家公园、大兴安岭等国家重大战略和重点生态区位，支持工作基础扎实、积极性高的地区，开展以林火阻隔系统、火情监测系统、地方专业队伍能力等建设内容为重点的大项目、标准化项目试点。选树一批建设质量高、防火能力强、火灾发生少的典型地区，发挥典型示范作用，以大项目建设、标准化项目建设和典型示范区引领森林草原防火工作发展。

## 三、高标准高质量推进防火项目实施

### （一）抓紧推进项目开工

积极与发改、财政部门沟通，确保建设资金及时足额到位。督促指导各项目单位落实开工条件，推动项目早落地早开工。对投资计划下达后6个月内未能开工的项目，及时查找原因，多措并举限期开工。若投资计划下达1年内仍无法开工的，相关部门将按照管理权限调整投资计划。要加强审核把关，避免违规开工、虚假开工。

### （二）规范推进项目建设

强化行业主管部门对防火项目的指导，确保建设标准、技术指标、设计思路在区域上保持一致性。严格按照防火项目批复内容进行建设，严禁“未批先建”“边建边批”“边勘察边设计边施工”。规范项目建设行为，提高项目建设质量。坚决杜绝未经批准，擅自对建设项目进行调整并开工实施。

### （三）严格执行相关标准

在防火项目建设中，要积极推进森林防火相关标准应用，要对照标准建设规模和相关技术参数，严格依据标准施工，切实保证项目建设质量。要通过集中培训、业务交流等方式推进标准执行，确保防火设施设备技术指标满足防火实际需求。

### （四）落实防火项目竣工验收报告制度

防火项目建成后，要及时组织开展竣工验收，按要求完成工程结算和竣工财务决算工作。在按有关规定将项目推进情况录入重大项目库的同时，每年6月底、12月底，各省区和单位应按时将本地区防火项目建设进展及竣工验收情况报送国家林草局防火司。原则上不支持前期项目未竣工验收的建设单位申报实施新项目。

### （五）适时开展项目评估

防火项目申报、建设实施过程中和建成运营后，各省区和单位要按照相关规划及政策文件，采用线上、线下相结合的方式，对项目建设程序、建设范围、建设方案、建设规模、建设质量、造价指标、投资效益等内容进行评估，科学推进防火项目建设。国家林草局防火司会同有关部门适时开展防火项目建设动态监测评估，其结果将作为今后安排中央预算内投资的重要参考。

“基础不牢地动山摇”，强化装备和基础设施建设是做好森林草原防火工作的重要依托。实践证明，林区防火道路、林火阻隔系统、蓄水池、停机坪等基础设施在预防和控制森林草原火灾过程中发挥着不可替代的作用。

近年来，虽然中央投资大幅度增加，地方财政也给予大力支持，但各地特别是经济欠发达地区历史欠账较多，防火基础设施仍然薄弱，部分地区防火隔离带、生物防火林带等建设滞后，林牧区路网密度、通信覆盖率较低，应急通道、瞭望塔、蓄水池、机降点等覆盖范围有限，严重制约影响森林草原防火工作。

下一步，一是按照中共中办公厅、国务院办公厅《关于全面加强新形势下森林草原防灭火工作的意见》要求，各地要因地制宜地推动加强防火道、隔离带和航空护林、蓄水池、机降点、停机坪等基础设施建设。二是坚持规划先行，坚持问题导向、目标导向、结果导向，强化顶层设计，依法编制省市县各级防火规划，并与国家防火规划和地方总体规划做好衔接。三是加强林牧区防火道路建设。结合“村村通”、旅游公路建设，特别是把连接断头路段作为建设重点，在不影响森林草原生态景观的基础上，提高建设补助标准，加大路网密度，提高建设等级，进一步提高通行效率。四是将生物防火林带建设贯穿生态修复始终。按照“同步规划、同步设计、同步施工、同步验收”的原则，加强生物防火林带建设。同时，在低产低效林改造、大径级材培育等森林经营过程中，结合经济林建设统筹安排、优选树种，完善生物防火隔离带建设，逐步形成省、市、县、林区边界与自然、工程阻隔相互衔接的林火阻隔网络，全面提高防范森林火灾的综合能力。五是强化项目督导检查。加强项目规划设计、立项审批、组织建设、日常监管、检查验收等全过程监督，确保项目进度、工程质量和资金安全，最大限度发挥资金使用效益。六是积极协调发改、财政部门加大投入。将防火经费纳入同级财政预算，落实防火项目地方配套资金，增强防火基础设施项目实施的针对性和有效性。鼓励各地结合本地区实际，探索和建立多层次、多渠道、多主体的防火投入机制。

# 航空篇

大鹏一日同风起，扶摇直上九万里。假令风歇时下来，犹能簸却沧溟水。

—— 《上李邕》

# 第六章
# 航空消防

航空护林是利用飞机对森林火灾进行预防和扑救的重要手段，属于当今世界先进的防灭火措施。航空护林以其机动灵活性和“发现早、行动快、灭在小”的优势，在森林火灾预防和扑救工作中具有其他手段不可替代的作用，在森林防火中占有重要的地位。1951年春季，大兴安岭林区甘河流域突发森林火灾并造成了重大影响。针对大兴安岭林区森林火灾频发、损失重大且已影响到社会安定和经济发展的情况，党中央指示应当采纳军委民航局关于开展航空护林的建议，在森林火灾多发季节出动飞机巡逻，以发现火情、侦察火场、扑灭火灾为目的建立航空护林站。1964年，原林业部东北航空护林局明确为司（局）级事业单位，将嫩江、海拉尔、呼玛（塔河航站前身）、伊春、敦化、乌兰浩特、加格达奇、根河等8个站扩建，并明确为县（处、团级）事业单位，自此开始，我国航空护林正式走上了历史舞台。目前，通过实战，人们认识到开展航空护林具有以下优势：一是飞机巡护机动灵活，飞行速度快、巡护覆盖面大；二是飞机通过空中侦察，发现火情及时、火点定位准确；三是飞机起降反应快捷，可以第一时间投送兵力到达起火点，有效实现打早、打了；四是通过飞机实施空中吊桶灭火、解救受困人员时，便捷高效。因此，扑灭重特大森林火灾离不开航空消防。

《森林防火条例》第十五条中指出，“国务院和省、自治区、直辖市人民政府根据森林防火实际需要，充分利用卫星遥感技术和现有军用、民用航空基础设施，建立相关单位参与的航空护林协作机制，完善航空护林基础设施，并保障航空护林所需经费”。

# 第一节　航站设置

## 一、航站分类

航空护林站是实施森林航空消防任务、负责航站和森防机场建设及管理的单位，其主业以预防和扑救森林火灾为主，属于抢险救灾性质的专业机构，也可以根据需要为其他飞行作业服务。

### （一）按功能划分

航空护林站按功能一般划分为全功能航站和依托航站。

全功能航站是指同时承担森林航空消防任务（主要包括吊桶、载人巡护、机降、索（滑）降、火场侦察、化灭等）和飞行保障任务（主要包括飞机计划、油料、空中管制、飞行指挥等）的航站。

依托航站是指只承担森林航空消防任务，飞行保障任务由其他机场或部门（主要包括运输机场、部队机场、航油公司等）承担的航站。

### （二）按保障能力划分

航空护林站按保障能力划分为林－Ⅰ机场、林－Ⅱ机场、林－Ⅲ机场、林－直Ⅰ机场、林－直Ⅱ起降场和林－特机场。

1．林－Ⅰ机场是以森林航空消防作业为主，供固定翼飞机和直升机起飞、着陆和地面活动使用的场地。可作为大区域森林航空消防的总基地，该类机场具备昼夜起降条件，可执行综合性森林航空消防任务，目前加格达奇航站飞行区等级为4C，主跑道2300米，可落机型翼展24～36米之间，主起落架外轮间距6～9米。

2．林一Ⅱ、林一Ⅲ机场以森林航空消防作业为主，供固定翼飞机和直升机昼间起飞、着陆和地面活动使用的场地。

3．林一直Ⅰ机场以森林航空消防作业为主，供直升机昼间起飞、着陆和地面活动使用的场地。

4．林一直Ⅱ起降场使用功能同林-直Ⅰ，但不设独立组织机构，组织机构由所属航站（全功能航站或依托航站）派出。

5．林一特机场是依托军、民航机场开展工作的航站，其规模和管理方式与军、民航机场基本一致，属于一个等级，即以“林-特”表示。

全功能航站主要包括林一Ⅰ机场、林一Ⅱ机场、林一Ⅲ机场、林一直Ⅰ机场、林一直Ⅱ起降场。依托航站主要是林一特机场。森防机场建设规模和建设内容，可分为五个等级，详细情况见表6-1。

**表6-1　森防机场分级**

| 机场级别 | 飞行区等级 | 停机架次（架） | |
|---|---|---|---|
| | | 固定翼飞机 | 直升机 |
| 林一Ⅰ | 3D | 2～3 | ≥7 |
| 林一Ⅱ | 3C | 2 | ≥5 |
| 林一Ⅲ | 1B | 2 | ≥3 |
| 林一直Ⅰ | | | ≥4 |
| 林一直Ⅱ（起降场） | | | 2 |

注：表中不含化灭机群数量，化灭机群可按5～7架配备固定翼飞机。

表6-2　航站工程建设项目

| 航站类别 | 机场级别 | 项目内容 | | | |
|---|---|---|---|---|---|
| | | 场区工程 | 机场主体工程 | 工作和生活设施 | 公用设施 |
| 全功能航站 | 林一Ⅰ | √ | √ | √ | √ |
| | 林一Ⅱ | √ | √ | √ | √ |
| | 林一Ⅲ | √ | √ | √ | √ |
| | 林一直Ⅰ、Ⅱ | √ | √ | √ | √ |
| 依托航站 | | √ | | √ | √ |

## 二、航站设置程序

以大兴安岭通用机场建设、报批程序及前期工作为例，航站设置的主要程序包括以下几个方面。

### （一）建设程序

建设程序包括选址，编制预可研、可研、初步设计、施工图设计，开工建设，校飞、工程验收、行业验收，通航。

### （二）需要沟通汇报的审批部门

①空军联合参谋部、司令部、北部战区空军参谋部（作战处、航管处）、长春指挥所；②民航的通导处等、气象处、航务处、机场处（选址、设计、建设、验收的主管处室）及民航东北地区管理局计划处（立项、申请资金补助）；③发改部门。

### （三）具体报批事项

①选址：由地区政府向省发展改革委申请，由省政府向北部战区和民航东北局申请，民航东北地区管理局委托有资质的咨询机构评审（专家组、空军、发改、民航参加）和批复，空军出具书面意见，民航东北

地区管理局出具批复意见。②编制预可研与可研：省发展改革委有资质的咨询机构组织评审，民航东北地区管理局参加，并出具行业意见，省发展改革委批复立项。③编制初步设计：省发展改革委委托有资质的咨询机构组织评审，民航东北地区管理局参加，并出具行业意见，省发展改革委批复立项等。

根据森林航空消防工作任务的要求，全功能航站的科室主要设置为业务科、航管科、场务科、保卫科、应急办、人秘科、计财科、办公室等部门，依托航站的人员由航护和行政后勤人员组成。航站工作人员配备指标一般应为林－Ⅰ类航站编制59人，林－Ⅱ类航站编制52人，林－Ⅲ类航站编制43人，林－直1类航站编制31人，林－特类航站编制22人。

## 三、机场选址标准

航站选址应满足我国民用航空行业标准及管理规定的要求，由建设主管部门组织建场技术人员、设计人员、民航管理部门、军方及地方政府有关人员等共同进行选址论证，并按照全国森林航空消防规划，依据森林面积、森林火灾发生发展规律、森林火险区划等级、地理气候等自然条件综合确定。具体选址由主体申报单位向当地发展改革委或者是上一级发展改革委部门报批。

1．场址满足全国森林航空消防规划要求，并与当地城乡规划和土地（林地）使用规划相协调。

2．场址选择水文地质条件良好、地势平坦、地面坡度适当、排水条件良好的地区，并结合场地条件合理布局；在满足航站和机场运行及发展需要的前提下，节约用地，尽可能少占耕地（林地），减少拆迁。

3．场址充分考虑风场、降水、能见度等气象条件对飞行安全和机场利用率的影响，选择气象条件良好的场地。重点收集调查森林航空消防作业期间的气象资料，作为确定森防机场跑道方向的重要依据。

4．场址尽量靠近城镇或林场场址，选择交通、通信、水源、电力等条件方便的地区。

5．场址空域应满足我国相关空域规划的要求，位于空中禁区和限制区附近的机场，应和有关部门研究确定机场与禁区和限制区边界间的距离。

6．场址净空或经处理后的净空环境应符合《民用机场飞行区技术标准》MH5001和《民用直升机场飞行场地技术标准》MH5013的有关要求。

### 四、航空器飞行程序

航站受领飞行任务后，要严格按《民用航空空中交通管理规则》执行。在实践中，全功能航站的飞行业务流程为：明确飞行任务性质、作业地点、空域环境等，制订飞行计划报北方航空护林总站，总站向空军上报飞行计划。计划执行前气象员与机长研究天气，确认气象条件允许后，向北方航空护林总站申请执行飞行计划，批复后交由塔台指挥，半径50千米内所有航空器飞修正海压，50千米外所有航空器飞标准大气压并打开应答机，以便空军随时掌握所有飞行动态。

## 第二节　航站布局

### 一、概述

大兴安岭林区现有加格达奇、塔河（黑龙江大兴安岭）和根河（内蒙古大兴安岭）3个航空护林站。其中，加格达奇航站负责保障光明、嫩江源、图强百环、呼中4个机场，巡护面积6.35万平方千米，现有固定巡护航线2条，巡护航线总长度760千米（加格达奇航线：505航线310千米、504航线450千米）；塔河航站负责保障塔尔根、塔源、椅子圈3个机场，巡护面积6.45万平方千米，巡护航线3条（501、502、503），航线总长度1296千米；根河航站承担着内蒙古森工集团16个林业局、1个原始林区管护局、3个自然保护区管理局和1个生态功能区的航空护林任务，巡护区面积约6.1万平方千米，巡护航线8条，总长度3000多千米，巡护区覆盖5个旗市。

## 二、大兴安岭航站具体布局

### （一）加格达奇航站

加格达奇航空护林站始建于1965年，2012年升级为林一Ⅰ类机场，位于黑龙江省西北部，大兴安岭山脉东南坡，伊勒呼里山南麓，加格达奇区甘河南岸，东、南与黑河、嫩江航空护林站相连，西与根河航空护林站巡护区为邻，北与塔河航空护林站巡护区接壤。巡护区辖加格达奇林业局、松岭林业局、南瓮河国家级自然保护区、多布库尔河国家级自然保护区以及绰纳河国家级自然保护区、新林林业局、韩家园林业局、呼玛县南部部分施业区。2018年新增图强百环机场和呼中机场靠前驻防点，雷击火高发期则负责巡护漠河林业局、图强林业局、阿木尔林业局和呼中区施业区。

### （二）塔河航站

塔河航空护林站成立于1955年，前身为呼玛航空护林站，当时机场建在呼玛县。1969年机场迁至塔河县，航站更名为塔河航空护林站。1984年机场迁至新林区塔尔根镇。塔河航空护林站为林业自建三级航站，主要承担大兴安岭伊勒呼里山以北漠河县（市）、呼玛县、塔河县、新林区、呼中区、图强林业局、阿木尔林业局、韩家园林业局、十八站林业局等9个县（市）区局的森林航空消防工作。

### （三）根河航站

根河航空护林站成立于1966年，另有满归航站成立于1980年，后因体制原因满归航站于1985年撤并到根河航站。当时东北、内蒙古林区的航站隶属于北方航空护林总站统一管理，整体一盘棋，航线整体统筹规划，各航站之间互为弥补。1990年，东北、内蒙古地区各航站又下放属地管理，根河航站交由内蒙古森工集团管理，业务上由北方航空护林总站指导。巡护区航线按行政区划重新规划布局，导致存在根河航站南北巡护区跨度过大，死角和盲区较多的现象。为了弥补这一不足，20世纪80年代在加格达奇航站设立内蒙古前指；2000年在满归复建林—直类机场，后续购置了移动航站车辆和设备，2012年满归航站重新选址扩建为林—Ⅲ类机场；2017年向空军申请了温库吐和零千米两个直升机起降点。2018年1月将“根河、满归航空护林站”更名为“内蒙古大兴安岭航空护林局”。形成了以航空护林局为中心，根河、满归航站，加格达奇内蒙古前指、温库吐和零千米起降点“一局两站三点”的航空护林体系，年平均配备飞机8架。根河机场是具备夜航和地面航行保障的林－Ⅰ级全功能机场，有一条1800米×45米×42厘米的砼质主跑道和一条550米×40米砾石副跑道，10000平方米固定翼停机坪和9个直升机停机坪，能够保障17架飞机的停放起降。满归新机场是具备夜航和地面航行保障的林—Ⅲ级全功能机场，有一条长1200米跑道，1块固定翼停机坪，3个直升机停机坪和4个临时直升机停机坪，老机场有4个直升机停机坪，可保障14架飞机停放起降。

## 第三节　主力机型

根据大兴安岭林区独特地形地貌和结合多年森林防火实战经验，适应大兴安岭森林防火的主力机型主要包括固定翼飞机和直升机两类。

固定翼飞机是指机翼固定于机身且不会相对机身运动，靠空气对机翼的作用力而产生升力的航空器，大兴安岭常用的固定翼飞机有Y-5、Y-12、AT-802F等，主要适用于巡护监测、化学灭火、火场侦察、火场图像传输、森林病虫害防治等任务。

直升机是指能垂直起降和悬停在空中的飞机。它转向灵活，能原地转弯，反应迅速，并能前飞、后飞和侧飞。按最大起飞重量直升机分为：小型（2吨以下的机型）、轻型（2～4吨的机型）、中型（4～10吨的机型）、大型（10～20吨的机型）、重型（20吨以上的机型）。

大兴安岭林区森林防火常用的轻型直升机主要有AS-350、BELL-407、EC-135、AW-119、AW-109、H-130、Z-9等，适用于火场侦察、巡护监测、应急救援、空中指挥，其中AS-350、BELL-407还可以进行吊桶灭火作业；中型直升机主要有BELL-412、S-76、AS-332等，适用于火场侦察、吊桶灭火、巡护监测、应急救援、空中指挥、管线巡检；大型直升机主要有M-171、K-32、AC-313、Z-8、EC-225等，适用于载人巡护、机降灭火、索（滑）降灭火、吊桶灭火、应急救援、空投物资；重型直升机主要有M-26，适用于机降灭火、吊桶灭火、应急救援。

常用机型的基本数据如下。

M-26直升机

机型：M-26直升机

参数：最大速度275千米/时　　巡航速度220千米/时

最大载重20吨（100人/全装备扑火队员82人）

最大外载（吊桶）15吨

最大航程600千米

主要用途：载人巡护、吊桶作业、机降灭火、应急救援

产地：俄罗斯米尔莫斯科直升机工厂

M-26重型直升机是前苏联研制的双发多用途重型运输直升机，也是当今世界上仍在服役的最重、最大的直升机。M-26直升机有两台发动机并实施载荷共享，在其中一台失效的状态下，另一台发动机仍可以维持飞机的正常飞行，并且其飞行设备齐全，能满足全天候飞行需要。

M-26直升机货舱空间巨大，可装运两辆步兵装甲车和20吨的标准集装箱，如用于人员运输可容纳82名全副武装的士兵或60张担架床及4～5名医护人员。该机舱内起吊重量为3吨（吊机），在森林消防上主要应用于机降灭火、吊桶（囊）灭火、空投空运、火场急救。

2008年5月12日，中国汶川地震发生后，有2架M-26直升机担负吊运重型设备到抢险作业区的运输任务，为保障地震抢险的顺利进行起到了非常关键的作用。5月20日，1架M-26直升机仅飞行2架次就将一个村的近230名村民疏散到安全地带。M-26直升机还是联合国执行维和任务的直升机机种之一。

M-8直升机

机型：M-8直升机

参数：最大速度225千米/时　　巡航速度210千米/时

最大载量4吨（24人）

最大航程985千米（带辅助燃油）

主要用途：载人巡护、吊桶作业、机降灭火、空投物资

产地：俄罗斯喀山飞机制造厂

M-8直升机由米里莫斯科直升机制造联合股份公司研制，由喀山飞机制造厂生产。M-8直升机是一种双发、五叶单旋翼的中型直升机。1964年M-8军用型及民用型同时开始投产。M-8直升机是世界上产量最大的直升机，被称为直升机王国中的“卡拉什尼科夫”。

M-171直升机

机型：M-171直升机

参数：最大速度250千米/时　　巡航速度200千米/时

最大载重4吨（27人/全装备扑火队员20人）

最大外载（吊桶）3吨

最大航程600千米

主要用途：载人巡护、吊桶作业、机降灭火、索（滑）降灭火、空投物资

产地：俄罗斯米里设计局

M-171直升机是俄罗斯研制的新型直升机，其主要优势之一是多功能性，能在较短时间内通过装配绞盘、溢水装置、救援和医疗设备的方式使其用作搜索救援、消防、医护等，最多能运送327人，4吨货物。消防型M-171外挂上可装配专门的溢水装置和其他灭火设备，主要应用于机降灭火、索降灭火、吊桶（囊）灭火、滑降灭火、空投空运、火场急救。

M-171直升机可在交通极为不便的地区及高原地区使用，就算在极坏的气候条件下、地面能见度低或高纬度地区也能安全飞行和着陆，还可在悬停情况下装卸货物。目前，已有400多架M-171家族直升机在各国服役。

K-32直升机

机型：K-32直升机

参数：最大速度260千米/时　　巡航速度180千米/时

最大载重（吊桶）5吨

最大航程800千米

主要用途：吊桶作业

产地：俄罗斯卡莫夫直升机公司

卡-32直升机是俄罗斯生产的一款大型舰载直升机。它的最大飞行半径为800千米，飞行时间为2.5小时，机舱内最大有效载荷4吨，可搭载16名乘客，机身下可吊挂5吨重的货物，最大起飞重量12.6吨。

卡-32直升机是一种新型全天候侦察、运输多用途直升机，在森林消防上主要应用于机降灭火、索降灭火、吊桶（囊）灭火、滑降灭火、空投空运、火场急救。

机型：AS-332L直升机

参数：最大速度300千米/时　　巡航速度220千米/时

最大载客19人

AS -332L直升机

最大航程700千米

最大外载（吊桶）2.5吨

主要用途：载人巡护、吊桶作业、机降灭火、空投物资

产地：欧洲直升机公司

AC313直升机

机型：AC-313直升机

参数：最大速度244千米/时　　巡航速度200千米/时

最大载客18人

最大航程940千米

最大外载（吊桶）3吨

主要用途：载人巡护、吊桶灭火、机降灭火、空投物资

产地：中国中航工业昌飞公司

Bell-407直升机

机型：Bell-407直升机

参数：最大速度240千米/时　　巡航速度220千米/时

最大载客5人

最大航程600千米

最大外载（吊桶）1吨

主要用途：巡护飞行、吊桶作业、火场侦察、宣传

产地：美国贝尔直升机公司

BELL-412直升机

机型：BELL-412直升机

参数：最大速度250千米/时　　　巡航速度180千米/时

最大载客8人

最大航程450千米

最大外载（吊桶）1.5吨

主要用途：巡护飞行、吊桶作业、载人巡护

产地：美国贝尔直升机公司

EC-135直升机

机型：EC-135直升机

参数：最大速度240千米/时　　巡航速度220千米/时

最大载客4人

最大航程450千米

主要用途：巡护飞行、火场侦察、宣传

产地：欧洲直升机公司

H-130直升机

机型：H-130直升机

参数：最大速度287千米/时　　巡航速度240千米/时

最大载客5人

最大航程610千米

主要用途：巡护飞行、火场侦察、医疗救援、宣传

产地：欧洲直升机公司

AW-109直升机

机型：AW-109直升机

参数：最大速度287千米/时　　巡航速度240千米/时

最大载客6人

最大航程500千米

主要用途：巡护飞行、火场侦察、应急救援、宣传

产地：意大利阿古斯塔韦斯特兰公司

AW-119直升机

机型：AW-119直升机

参数：最大速度240千米/时　　　巡航速度160千米/时

最大载客6人

最大航程500千米

主要用途：应急救援、火场侦察、巡护飞行、宣传

产地：意大利阿古斯塔韦斯特兰公司

AS -350直升机

机型：AS-350直升机

参数：最大速度240千米/时　　　巡航速度220千米/时

最大载客4人

最大航程600千米

最大外载（吊桶）1吨

主要用途：巡护飞行、吊桶作业、火场侦察、宣传

产地：欧洲直升机公司

Bell-212直升机

机型：Bell-212直升机

参数：最大速度210千米/时　　　巡航速度170千米/时

最大载客量9人

最大航程500千米

主要用途：巡护飞行、机降、火场侦察

产地：美国贝尔直升机公司

S-76直升机

机型：S-76直升机

参数：最大速度280千米/时　　巡航速度220千米/时

最大载客12人

最大航程600千米

主要用途：火场侦察、巡护飞行

产地：美国西科斯基飞行器公司

Z-9直升机

机型：Z-9直升机

参数：最大速度290千米/时　　最大巡航速度250千米/时

最大载客12人

最大航程1000千米

主要用途：载人巡护、火场侦察、机降灭火、空投物资

产地：中国哈尔滨飞机制造公司

AT-802F飞机

机型：AT-802F飞机

参数：最大速度360千米/时　　巡航速度280千米/时

最大载量3吨

最大航程800千米

主要用途：化灭飞行、农林喷洒

产地：美国空中拖拉机公司

Y-5飞机

机型：Y-5飞机

参数：最大速度200千米/时　　巡航速度150千米/时

最大载客9人

最大航程900千米

主要用途：巡护飞行、火场图传、火场侦察

产地：中国石家庄飞机制造厂

M-18飞机

机型：M-18飞机

参数：最大速度200千米/时　　巡航速度180千米/时

最大载量1.5吨

最大航程500千米

主要用途：化学灭火、农林喷洒

产地：波兰PZL飞机制造公司

机型：Y-12飞机

参数：最大巡航速度290千米/时　　巡航速度240千米/时

最大载客17人

Y-12飞机

最大航程：1300千米

主要用途：火场侦察、图像传输、人工增雨

产地：中国哈尔滨飞机制造公司

为大兴安岭林区航空护林提供租机服务的公司主要包括中国飞龙通用航空有限公司、中国通用航空有限责任公司、海直通用航空有限公司、珠海直升机公司、北大荒通用航空有限公司、山东通用航空服务有限公司、青岛直升机公司、江苏华宇通用航空公司、黑龙江凯达通用航空有限公司、浙江德盛通用航空有限公司、云南星空通用航空有限公司、大连欧亚直升机有限公司、浙江白领氏通用航空有限公司、吉林天吉通用航空有限公司、大兴安岭通用航空有限公司、大兴安岭光明通用航空有限公司等。

# 第四节　飞机灭火保障

## 一、直升机取水池

大兴安岭林区受季节影响，春季极易发生森林火灾。但发生火灾时又正值枯水期，现有天然河流水量不足，无法开展飞机吊桶取水作业。因此，大兴安岭林区防火部门总结多年扑火实战经验，推广建立了多个大型直升机取水池，保证了在枯水期时取水池内也有足够的水量满足飞机吊桶需要，有效解决取水难问题。

M-26直升机是目前世界上最大的直升机，灭火效率较高，载水量高达15吨，洒水后可在火场形成长240米、宽45米的灭火水带。该机巡航时速为255千米，在外挂吊桶情况下，飞行时速为160千米，除去直升机吊桶取水悬停时间5分钟，直升机取水往返时间应控制在10分钟内完成。因此，理论取水距离每座取水池服务面积以每座取水池服务半径14千米以内为最佳，每座取水池服务面积600余平方千米。取水半径越小效果越好，便于直升机迅速取水、快速作业，多机群连续洒液效果会更好。黑龙江大兴安岭林区根据地形情况，依托河道、溪泉等现有水源条件较好的地方，采取引流、利用现有塘库等建设了78个取水池，初步满足直升机取水要求。内蒙古大兴安岭林区有可供M-26、M-171、K-32吊桶作业的蓄水池67个，可满足直升机吊桶作业湖泊12个，合计取水点89个。

M-26直升机取水池统一规格为池面58米×58米，池底40米×40米，净水深度5米，在取水池边缘外扩10米作为堤坝，堤坝高于地面1.5米，周围设立警示标志。普通飞机取水池一般为30米×30米左右。

直升机取水池

## 二、机降点

飞机机降点主要用于扑火时运送兵力的飞机临时起降，混凝土结构，分为普通飞机机降点（30米×30米）和M-26飞机机降点（50米×50米）两类。目前，黑龙江大兴安岭建设有M-26直升机停机坪28处、M-171直升机停机坪50处（含野外机降点）；内蒙古大兴安岭建设有停机坪69处（含野外机降点），均可满足M-26直升机停场。

M-26直升机停机坪

M-171直升机停机坪

野外停机坪

## 三、飞机跑道

跑道主要用于固定翼飞机的起降需要，长度应满足使用机型的性能要求，并根据设计航程和对使用机型的运输能力要求确定，以满足机场运行使用要求。主跑道长度应根据最大设计机型的性能和设计航程确定。其中，林Ⅰ机场参考运八飞机，飞行区等级为3D；林Ⅱ机场参考运七飞机，飞行区等级为3C；林Ⅲ机场参考运五、运十二飞机，飞行区等级为1B。林直机场需要建设滑行道时，其长度可根据最大设计直升机机型确定，以满足直升机在满载时，起飞、着陆时对跑道的要求。副跑道长度根据参考设计机型的性能和设计航程确定。林Ⅰ机场按运十二机型性能要求为参考，林Ⅱ、林Ⅲ按运五机型性能要求为参考；副跑道长度均按飞行区等级1B确定。具体跑道建设时，还必须根据机场的海拔高度、计算温度、跑道纵坡具体情况，按MH5001、MH5013的有关规定，进行海拔修正、气温修正、坡度修正，最后确定本机场的实际跑道长度。目前，加格达奇机场建有主跑道长2300米、宽45米，副跑道长500米、宽30米，是目前国内唯一能够起降波音737客机的林业机场。

## 四、航站综合楼

航站综合楼建设应符合森林航空消防工程建设标准，功能划分根据航站所在地区的气候特点及其使用功能确定。以加格达奇航空护林站为例，航站综合楼主要由机组公寓、办公室（塔台、各科办公室）、宿舍、图书阅览室、健身活动室、辅助用房（监控室、洗衣间、晾衣间、备品间）等构成，还包括空中管制员指挥飞机起降工作的塔台、无人机飞行控制室等。

## 五、空中交通管制、导航设施

航站航空通信包括航空移动通信和航空固定通信。航空移动通信主要建设甚高频通信台，通信电台的波道数量及规模根据管制室的业务需求确定。根据场面调度通信的需要，建设场面移动通信系统（无线对讲系统）。机场航空固定通信一般应建设管制使用的话音交换系统、场内地面通信网络和卫星地面站，应提供可靠的主、备通信保障路由。

导航台选址、设备配备及建设要求应参照《民用航空导航台建设指导材料》（IB—TM—2010—004）的规定。导航台的选址应符合“航空无线电导航台和空中交通管制设置场地规范”要求，其建筑面积指标参照“民用航空支线机场建设标准”。有人值守的台点（如航向台）可增加必要的生活用房。考虑到台点远离生活区，建议生活用房面积除卧室外，还要考虑厨房等用房面积。鉴于航站主要建于林区，故采用了塔台管制方式，塔台宜与办公用房等合建，应建在办公用房的最高层。

航管业务用房是森防机场指挥调度中心，其建筑面积（不含塔台建筑面积）指标参照“民用航空支线机场建设标准”，根据机场等级控制在400～500平方米。

根据通用机场应具有获取温度、风向、风速、气压、云、能见度重要天气等气象要素及其预报信息能力的要求。森防机场气象设备配备参照《民用航空气象——第四部分：设备配备》。

## 六、机组公寓

航站一般都设立在远离城镇的郊区。在防火期，航站和机组人员为工作方便长期住在航站，为改善住宿条件，实行公寓化建设和管理。公寓每个标间建筑面积按25平方米，辅助设施按1.3系数计算，标准中计算指标为32平方米/间（建筑面积）。标间数量根据航站人员编制和常规机组人员数量计算，其中航站领导和空勤人员每人一标准间，其他人员两人一标准间。辅助用房是指宿舍楼内的管理室、洗衣间、晾衣间、备品间等，综合考虑为100平方米。为加强机组人员体能训练及丰富职工业余生活，在航站设立健身活动室。活动室可选择设置标准乒乓球（2.74米×1.53米）、台球（2.81米×1.53米）、运动器械场地以及淋浴间、卫生间等。图书阅览室按航站人员和机组人员数量为计算基数，每人3平方米。食堂按航站人员和机组人员数量为计算基数，每人2.4平方米（含操作间），同时考虑1.2的偶发系数。

# 第五节　索降灭火

利用直升机将扑火队员送到火场上空附近后，队员再通过索（滑）降的方式抵达地面，能够实现最短时间开展灭火作战，是打早、打小的实现基础。大兴安岭林区根据实战需要，专门搭建了索（滑）降塔、组建了索（滑）降专业队伍，大大提升了初发火的扑救效率，实战成果十分突出。目前，黑龙江大兴安岭在林区直属一、二支队和10个林业局建立了12支250人的索（滑）降队伍，且每支队伍都配有专门的索（滑）降训练塔，实现了战训合一（表6-3）。内蒙古大兴安岭林区在生态功能区内的22个单位（含航空护林局）建立了22支310人的索（滑）降特勤突击队，并新建索（滑）降训练塔23座。索（滑）降塔为钢架焊接而成，高度一般为15～30米，主要用于训练索（滑）降灭火队员。

开展索（滑）降训练

开展索（滑）降训练

**表6-3 大兴安岭林业集团公司索（滑）降塔、野外实战基地统计**

| 序号 | 单位 | 索（滑）降塔数量 | 野外实战训练场数量 | 备注 |
|---|---|---|---|---|
| 1 | 塔河林业局 | 1 | 1 | |
| 2 | 漠河林业局 | 1 | 2 | |
| 3 | 松岭林业局 | 1 | 1 | |
| 4 | 新林林业局 | 1 | 2 | |
| 5 | 呼中林业局 | 2 | 3 | |
| 6 | 十八站林业局 | 1 | 1 | |
| 7 | 阿木尔林业局 | 1 | 1 | |
| 8 | 图强林业局 | 2 | 1 | |
| 9 | 加格达奇林业局 | 1 | 3 | |
| 10 | 韩家园林业局 | 3 | 2 | |
| 11 | 一支队 | 3 | | |
| 12 | 二支队 | 2 | | |
| 合计 | | 19 | 17 | |

开辟火场临时机降点

2018年6月3日，大兴安岭林区内蒙古汗马国家级自然保护区发生雷击火，并向大兴安岭呼中国家级自然保护区蔓延。呼中国家级自然保护区内平均海拔均在800米以上，多为偃松原始林，极易燃烧，纵深较长，交通极为不便，兵力抵达火线用时较长，扑打十分困难。加格达奇航站派出M-171飞机执行索降任务，首先开辟出两块临时机降场地，解决飞机没有着陆场问题，为后续扑火力量快速抵达火场提供有力支持，仅6月4日一天的时间内，就向火场投送了800名扑火队员，截止到6月8日累计向火场投送扑火队员2028人，为快速扑灭这起森林火灾发挥了巨大作用。

向火场投送扑火人员

2021年6月，大兴安岭地区受强降雨影响，多地出现汛情，加格达奇航站根据救援命令，派出M-26、M-171、EC-225等飞机在6月18日至7月11日汛情期间，共组织空运物资飞行24架次，累计飞行27小时19分，向呼中区、呼玛县三卡乡、塔源镇等地运送地形车、全道路运兵车、发电机、移动灯具、石笼、土工布、食品等救援物资共计5304件、92吨，有效地预防和减少了人民生命财产损失，得到社会各界的一致好评。

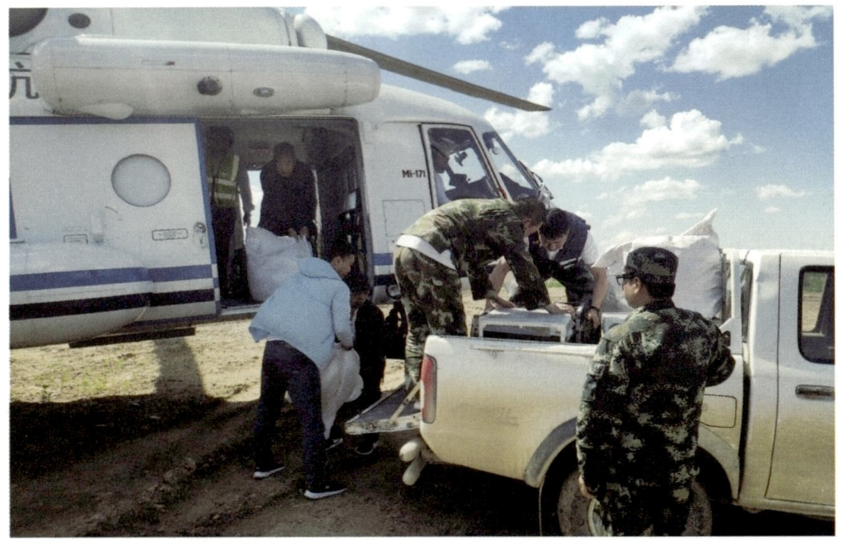

运送救灾物资

## 第六节　吊桶灭火

直升机吊桶灭火，是指利用直升机外挂特制的吊桶载水或化学药剂直接向火头、火线喷洒或向地面设置的吊桶水箱注水的一种灭火方法。

### 一、直升机吊桶作业的特点

#### （一）喷洒准确

利用直升机吊桶灭火，要比用固定翼飞机向火场洒水或进行化学灭火的准确性高，同时还能够提高水和化学药剂的利用率。

### （二）机动性强

直升机吊桶作业可以单独扑灭初发阶段的林火和小火场，也可以配合地面扑火队灭火。同时，还可以为地面扑火队运水，进行直接灭火和间接灭火，并能为在火场进行灭火的扑火队伍提供生活用水。

### （三）对水源的条件要求低

水深度在1米以上，水面宽度在2米以上的河流、湖泊、池塘都可以作为吊桶作业的水源。如果火场周围没有上述的水源条件时，也可以在小溪、沼泽等地挖深1米、宽2米以上的水坑作为吊桶作业的水源。

### （四）成本低

直升机吊桶作业主要以洒水灭火为主，为此，灭火的成本要比化学灭火成本低很多。

## 二、吊桶作业灭火方法

根据火场面积的大小、火势的强弱、林火的种类、火场的能见度以及其他因素来确定作业方法，吊桶作业灭火主要分为两种：一是直接灭火，二是间接灭火。

### （一）直接灭火

直接灭火就是用直升机吊桶载水或化学灭火药剂直接喷洒在火头、火线或林火蔓延前方的可燃物上，起到阻火、灭火的作用。用直升机吊桶作业实施灭火时，要根据火场的面积、形状，火线长度，林火类型、位置、强度等诸多因素来确定所要采取的吊桶作业灭火技术。通常，要根据每一段火线的具体情况，采取相应的喷洒技术实施灭火。常用的喷洒技术主要有以下几种。

1．点状喷洒技术。点状喷洒技术是指直升机悬停在火点上空向地面洒水的一种技术。主要用于扑救小面积飞火、火点、火线附近的单株树冠火和清理火场以及为设在地面的吊桶水箱注水等。喷洒方法：直升机吊桶载水后，找到地面指挥员所示的目标，在目标上空适当的高度悬停，将水一次性向目标喷洒。

2．带状喷洒技术。带状喷洒技术是指直升机沿火线直线飞行洒水的一种技术。主要用于扑救火场的火翼、火尾以及低强度的火线。喷洒方法：在火强度高时，要相对降低飞机的飞行速度，沿火线边飞行边进行洒水。在扑救低强度火时，要相对提高飞行速度进行灭火。

3．弧状喷洒技术。弧状喷洒技术是指直升机沿弧形火线飞行洒水灭火的一种技术，主要用于扑救火头和火场上较大突出部位的火线；喷洒方法：飞机对火头和火场上凸出的部位实施灭火时，要沿着火线的弧形飞行灭火，同时要相对降低飞行速度。

4．条状喷洒技术。条状喷洒技术是指在带状喷洒的基础上再次进行并列喷洒的一种技术，主要用于阻止和控制高强度的火头和高强度的火线继续蔓延。喷洒方法：飞机在火头及火线前方合适的位置进行条状喷洒，阻止林火继续蔓延或降低林火强度，为地面扑火队伍灭火创造条件。在进行条状喷洒时，要从内向外并列喷洒。

5．块状喷洒技术。块状喷洒技术是指对某一地块实施全面洒水作业的一种技术。主要用于扑救超出点状喷洒面积的飞火。喷洒方法：飞机对火场上出现的飞火进行全面的喷洒。在实施直升机吊桶作业时，要在能够保证飞机安全的前提下，尽量降低飞行高度，以便提高喷洒的准确性和提高水或化学药剂的灭火效率。

### （二）间接灭火

间接灭火就是直升机离开火线建立阻火线拦截林火，控制林火或为地面的吊桶水箱注水配合地面扑火的灭火方法，主要包括以下几个方面：

1．配合地面灭火。直升机吊桶作业配合地面间接灭火时，如果火场烟大、能见度差，可在火头和高强度火线前方建立阻火线拦截火头，控制过火面积。使用化学药剂灭火效果更佳。

2．为地面灭火供水。直升机吊桶作业为地面扑火队伍运水配合灭火时，在地面扑火的各部门（单位）要在自己的火线附近选择一块比较平坦的开阔地带，架设吊桶水箱，并在水箱旁设立明显的标记为直升机显示目标，以便直升机能够准确迅速地找到吊桶水箱的位置。一架直升机可同时向几个设在不同位置的吊桶水箱供水。地面的扑火队伍可在水箱旁架设水泵灭火，也可为水枪供水灭火。

3．为地面生活供水。在火场周围没有饮用水时，可利用直升机吊桶作业为扑火队伍提供生活用水。

### 三、吊桶及水箱的容量

米－8直升机吊桶容量在1500～2000千克；松鼠、直－9、贝尔－212等直升机的吊桶容量在700～1000千克。

## 第七节　机降灭火

机降灭火，是指利用直升机能够野外起飞与降落的特点，将灭火人员、机具和装备及时送往火场，对火场实施合围，组织指挥灭火并在灭火过程中，不间断地进行兵力调整和调动兵力组织灭火的方法。

### 一、特点

#### （一）到达火场快，利于抓住战机

扑救林火要求“兵贵神速”，快速到达火场，抓住一切有利战机实

施灭火。这主要是因为林火燃烧时间的长短与森林资源的损失和火场的过火面积成正比，森林燃烧时间越长，森林资源的损失及火场的过火面积就越大。通常情况下，火场的面积越大，火线的长度就越长，扑救的难度也就越大。因此，林火发生后，要求扑火队伍要尽快地接近火场实施灭火，以便控制火场面积的扩大，减少森林资源的损失。同时为速战速决创造有利条件。机降灭火是目前我国在森林灭火中向火场运兵速度最快的方法之一。

### （二）空中观察，利于部署兵力

指挥员可以在火场上空对火场进行详细观察，掌握火场全面情况，分清轻重缓急，利用直升机能够垂直起飞、降落的特点把灭火人员直接投放到火场最佳的灭火位置，实施兵力部署。因此，利用直升机进行兵力部署实施灭火，是目前在森林灭火中最理想的布兵方法之一。

### （三）机动性强，利于兵力调整

在组织指挥森林灭火时，指挥员根据火场各种情况的变化，要适时对火场的兵力部署进行调整。这样有利于机动灵活地采取各种灭火战术和对特殊地段、难险段采取必要的手段。因此，利用直升机进行兵力调整是最有效的方法之一。

### （四）减少体力消耗，利于保持战斗力

在扑救森林火灾实施机降灭火时，可以将扑火队伍迅速、准确地运送到火场所需要的灭火位置，接近火场实施灭火。因此，实施机降灭火是减少扑火人员体力消耗和保持战斗力的最佳方法之一。

## 二、机降灭火存在的不足

受气温、风速、云层等影响较大，受火场能见度的影响较大，受海拔高度的影响较大，受时间的影响较大，受地形的影响较大。

## 三、主要应用范围

交通不便的林区火场，人烟稀少的偏远林区火场，初发阶段的林火及小面积火场，因某种原因扑火人员不能迅速到达的火场。

## 四、灭火方法

### （一）侦察火情

扑火指挥员在实施机降灭火前，要对火场进行侦察，准确掌握火场的全面情况。侦察内容主要包括：火场面积，火场形状，林火种类，可燃物的载量、分布及类型，火场风向、风速，火场地形，火场蔓延方向，火场发展趋势，林火强度，火头的数量及位置，直升机降落场的位置及数量，火场周围的环境等。

### （二）向火场布兵

在向火场布兵时，要根据火场的各种因素制定布兵的次序。通常情况下，各降落点的人数以35人左右为宜。

### （三）实施灭火

各部门（单位）机降到地面后，要迅速组织实施灭火。组织实施灭火的步骤：选择营地，接近火场，突破火线，分兵合围，前打后清，会合立标，回头清理，看守火场，撤离火场。

### （四）配合灭火

1. 机降与索降配合灭火。在进行机降灭火时，如果火场个别地段不能实施机降灭火时，就应与索降配合灭火，向没有机降条件的地段实施索降灭火。在没有机降条件的大火场，要通过实施索降，为机降灭火开设直升机降落场地，为实施机降灭火创造条件。

2．机降与地面配合灭火。在扑救重大或特大森林火灾时，如果交通方便，可直接从地面上人。在远离公路、铁路的地域可实施机降灭火，配合地面队伍作战。

3．机降与化学灭火配合灭火。在火场面积大、交通条件差又有飞机化学灭火条件的火场，也可进行机降与飞机化学灭火相互配合灭火。在这种情况下，机降灭火主要用于森林郁闭度大的地段，而对森林郁闭度小的地段及草塘应实施飞机化学灭火。

### （五）兵力调整

1．在扑救重大或特大森林火灾时，当火场的某段火线被扑灭后，可对其进行兵力调整，留下少部分兵力看守火线而抽调大部分兵力增援其他火线。

2．当火场某段出现险情时，可从各部抽调部分兵力对火场出现的险段实施有效的补救措施。

### （六）转场灭火

当一个火场被扑灭后，又出现新的火场时，可进行转场灭火。转场灭火时，要做好各项保障工作：给养保障，灭火机具及装备的保障，灭火油料的保障。

## 五、注意事项

### （一）机降位置与火线的距离

机降位置距顺风火线不少于700米；机降位置距侧风火线不少于400米；机降位置距逆风火线不少于300米；机降点附近有河流时，应选择靠近火线一侧机降；机降点附近有公路、铁路时，应选择没有火的一侧机降。

### （二）各降落点之间的距离

在通常情况下，各降落点之间的距离应在5小时内能够相互会合为最佳距离，在扑打高强度火线及火头时，要相应地缩短距离。

### （三）布兵次序

通常情况下，应遵循先难后易，即先火头，再火翼，最后是火尾的原则。在大风天气下，应改为先易后难，即先火尾，再火翼，最后是火头。

# 第八节　飞机化学灭火

化学灭火，是使用化学药剂来扑灭林火或阻滞林火蔓延的一种方法。它比用水灭火的效果高5～10倍，特别是在人烟稀少、交通不便的偏远林区，利用飞机喷洒化学药剂进行灭火或阻火效果更明显。

## 一、化学灭火理论

### （一）覆盖理论

有些化学物质能够在可燃物上形成一种不透热的覆盖层，使可燃物与空气隔绝。还有一些化学药剂，受热后覆盖在可燃物上，能控制可燃性气体和挥发性物质的释放，抑制燃烧。

### （二）热吸收理论

有些化学物质，如无机盐类等在受热分解时，能够吸收大量的热量，使热量下降到可燃物燃点以下，使其停止燃烧。

### （三）稀释气体理论

有些化学药剂受热后释放出难燃性气体或不燃气体，能稀释可燃物热解时释放出的可燃性气体，降低其浓度，从而使燃烧减缓或停止。

### （四）化学阻燃理论

有些化学药剂受热后能直接改变可燃物的热解反应。能使可燃物纤维完全脱水，使可燃性气体和焦油等全部挥发，最后变成碳，使燃烧作用降低。

### （五）卤化物灭火机理

这类化合物对燃烧反应有抑制作用，能中断燃烧过程中的链锁反应。

## 二、化学灭火剂的种类

根据化学灭火剂喷洒后的有效期，可分为短效和长效两种灭火剂。

### （一）短效灭火剂

短效灭火剂一般指药剂喷洒后不能长期黏附在可燃物上，经不住雨水冲洗、高温蒸发，不能长期保持有效阻火作用的为短效灭火剂。

### （二）长效灭火剂

长效灭火剂是指药剂喷洒后，能牢固地黏附在可燃物上，长时间保持有效阻火作用，当水分蒸发后，仍然有明显阻火效果的为长效灭火剂。

## 三、化学灭火剂的成分

主剂：主剂是起主要灭火或阻火作用的药剂，主要以磷酸铵、硫酸铵和水氯镁石等为主。

助剂：主要起增强和提高主剂阻灭火的效能。

湿润剂：能起到降低水的表面张力，增加水的浸润和铺展力。

黏稠剂：增强灭火剂的黏度和黏着力，减少流失和飘散的化学药剂。

防腐剂：是指防止和减少灭火剂对金属的腐蚀和自身腐败成分的药剂。

着色剂：是在灭火剂中加入的染料，便于识别喷洒过的药带，以利于药带的衔接。

## 四、常用化学灭火剂的组成及配制方法

### （一）704型森林化学灭火剂

704型化学灭火剂的组成成分（按质量百分比）：磷酸铵肥29%，尿素4%，水玻璃1.3%，洗衣粉2%，重铬酸钾0.25%，酸性大红0.1%，水63.35%。

704型化学灭火剂的配制方法：

1．配方中除水和水玻璃外，各成分按比例混合粉碎，并在60℃以下干燥4小时，呈浅红色粉末，粒度40～60目，为避免吸潮，应用塑料袋包装。

2．配药罐中加入所需量的大部分水，按需量称出袋装混合药剂，在搅拌的作用下，慢慢加入配药罐中，使其充分溶解。

3．用大桶称出所需量的水玻璃，用剩余量的水稀释，在搅拌作用下倒入配药罐中备用。

### （二）75型森林化学灭火剂

75型化学灭火剂的组成成分（按质量百分比）：硫酸铵28%，磷酸铵肥9.3%，膨润土4.7%，磷酸三钠0.9%，洗衣粉0.9%，酸性大红0.1%，水56.1%。

75型化学灭火剂的配制方法：

1．配药前首先应将配药罐洗刷干净。

2．在配药罐中加入所需量的水，将所需量的膨润土在搅拌的作用下慢慢加入，浸泡过夜。

3．在浸泡过夜的膨润土泥浆中，加入所需量的磷酸三钠，充分搅拌均匀后，分别加入所需量的磷酸铵肥、硫酸铵、洗衣粉、酸性大红搅拌溶解备用。

### （三）82-3型森林化学灭火剂

82-3型化学灭火剂的组成成分（按质量百分比）：水氯镁石53.3%，硫酸铵3%，膨润土3%，洗衣粉1%，酸性大红0.1%，重铬酸钾0.25%，水39.35%。

82-3型化学灭火剂的配制方法：灭火剂各种成分准备好后，必须严格按以下顺序配制：水→洗衣粉→膨润土→硫酸铵→水氯镁石→酸性大红→重铬酸钾。在药罐中加入所需量的水、洗衣粉，稍加搅拌后，加入膨润土，继续搅拌10～15分钟，再加入硫酸铵，在搅拌作用下使其呈黏稠状后，加入水氯镁石和酸性大红、重铬酸钾，搅拌至全部溶解，即可使用。

## 第九节　空中指挥

空中指挥，由指挥员乘机侦察火场，制定灭火计划、布兵、指挥灭火的全过程。

在进行空中观察时，空中指挥员利用飞机飞行的高度和速度对火场进行全面、快速的观察和指挥。空中观察的目的是侦察火场全面情况，了解火场态势和火场周围环境，制定具体的布兵方案和灭火计划。空中观察具有观察火场情况全面、准确、迅速等特点。

## 一、空中指挥员的主要工作

1．确定火场位置。

2．侦察火场全面情况，掌握火场发展趋势。

3．选择和确定降落点的位置及数量。

（1）降落点应选择在比较开阔的地带。

（2）直升机降落场地的最小面积为60米×40米。

（3）火场面积大，火线距离长时，降落点的数量要相应增加。

（4）在保证人身安全的前提下，降落点应尽量靠近火线，这样有利于灭火、清理火场和发现复燃火。通常情况下，机降灭火时的降落点与火线距离应不少于300米。

（5）选择降落点时，要充分考虑扑火队伍的生活用水和烧柴等问题。

（6）布兵时，要充分考虑扑火队员的自身安全。

（7）各降落点之间的距离不宜过大，应以各队之间在5小时内能够会合为最佳距离。

4．制订机降灭火方案。

5．确定布兵次序及实施布兵。

6．适时进行兵力调整。

7．做好各项指挥记录。

8．及时向上级汇报灭火情况。

9．检查验收火场。

10．组织撤离火场。

## 二、空中观察的方法

### （一）确定火场概略位置

发现火情后，空中指挥员首先要记下发现火情的时间，并参照火场附近的点状、线状、面状的明显地标，或利用GPS、北斗判断火场的概略位置。如果火场的概略位置在国境线我方10千米范围内，必须请示上级批准后才可进行观察；如果发现同时有多个火场，应本着先重点、后一般的原则逐个处理，要荒火后于林火，次生林火后于原始林火。

### （二）确定火场精确位置

确认火情后，应立即参照航线上的明显地标，确定飞机的精确位置，并指令机长改航飞向火场。飞机改航时，应记下从改航点飞向火场的航向和时间，将新航向与原航向、偏流比较，并参照地标，画出改航点至火场的新航线。同时，要对正地图，对照地面，做到“远看山头，近看河流、城镇、道路，判断清楚”，利用较远或明显的地标来引申辨认出较近或不明显的地标，边飞边向前观察和搜索辨认地标，随时掌握飞机位置。当飞机到达火场上空或侧上方时，根据火场与地标的相对位置关系或利用GPS、北斗判断出火场的精确位置，并以火场中心为基准，用红色“×”符号标示在地图上（火场位置要用经纬度标示清楚）。然后，指令飞机在火场上空盘旋飞行，采取由远到近、由近到远的观察方法，反复观察对照实际地标和地图上的地标，对已定的火场精确位置进行校对。检查火场附近的实际地标与图上所标火场位置附近的地标是否相吻合。如果火场周围没有明显地标，应指令飞机飞向离火场较远的明显大地标，然后再次飞往火场进行搜索定位。也可根据改航后的时间、地速、航向、偏流，在图上画出航迹，按飞行距离初定火场位置，再根据火场附近的小地标确定火场精确位置。

### （三）高空观察

确定火场的精确位置后，在能见度好的条件下，指令机长保持或提高飞行高度，增加视野内明显地标的数量，绕火场飞行，进行高空观察。

1．勾绘火区图。根据火场边缘和火场周围的地标位置关系，采用等分河流、山坡线的方法，利用图上等高线确定火场边缘。其中：火线、火点、火头等有焰部分用红线、红点、红箭头标绘，无焰冒烟部分用蓝色标绘，已熄灭的火线用黑色标绘。起火点应特别注记。

2．观察火势，确定火场发展方向。火强度通常分为低强度、中强度和高强度三个等级。低强度火焰高度在1米以下，中强度火焰高度为1～2米，高强度火焰高度在2米以上。确定火场发展方向，主要以火头的蔓延方向为依据。火头在向前蔓延时，火焰会向火场外弯曲，烟雾会向火场外移动。

3．判定火场风向、风速。判定火场风向，主要依据观测烟雾飘移的方向。如烟雾向东飘移，说明火场风向是西风，向西南飘移，火场的风向为东北风。还可以根据火场附近的河流、湖泊的水纹，树木的摇摆方向来测定风向。判断风速，主要观测烟柱的倾斜度。烟柱的倾斜线与垂直线的夹角为11°时，火场的风为1～2级；如果烟柱倾斜达到22°，火场的风力为3级；如果达到33°，风力为4级，即每级之间相差11°。

4．补标地图。观察完火场周围的情况后，要在地图上补充图上没有标绘的道路、铁路、输电线路、居民区等，为灭火组织指挥提供参考资料。

### （四）低空观察

高空观察结束后，要指令机长降低飞行高度，进行低空观察。低空观察的高度一般以能保证飞行安全和观察清楚为目的。低空观察的主要内容如下。

1．辨别林火种类。地表火的辨别：从空中观察，能看到地面枯枝落叶层、草类在燃烧，烟呈灰色，烟量较大。树冠火的辨别：从空中观察，会看到火在树干和树冠上燃烧，烟呈黑色，往往形成烟柱，风力小时，烟柱可高达1000米以上。地下火的辨别：从空中观察，类似于低强度地表火，烟量少。初发阶段的地下火，烟从整个火场上冒出。从空中观察地下火时，看不到火焰，只能看到烟。

2．观察火场是否有扑火人员及其装备情况。

3．观察火场附近是否有机降条件及机降场地的数量，并标在地图上。

飞行高度与能见度距离关系见表6-4。

表6-4　飞行高度与能见度距离关系

| 飞行高度（米） | 500 | 1000 | 1500 | 2000 |
| --- | --- | --- | --- | --- |
| 能见度距离（千米） | 25 | 37 | 48 | 60 |

## 三、制订灭火作战方案

制订灭火作战方案时，在考虑火场各种因素的同时，还要重点考虑以下六个方面：参战人数和各降落点的人数，降落点的数量及位置，火场所需的灭火装备，火场布兵的次序，灭火所需的时间，应急措施及预备队。

## 四、部署兵力

根据火线周长、林火强度来确定降落点的数量和所需的参战人数；根据风向、风速，决定重点用兵地段；根据不同的地形采取不同的战术；根据林火种类，确定灭火战略和灭火装备。

## 五、机降布兵时，要向地面指挥员交代的有关事宜

灭火方向及重点用兵方位，灭火进度，灭火方式，接应队伍和带队人的姓名，本架次降落地的坐标，完成任务的时限。

## 六、做好各项指挥记录

各队的机降时间，各队的机降位置，各降落点的人数及整个火场投入的总人数，各降落点的带队人姓名、职务、单位等，各部的任务及预定完成时限，各降落点装备的数量、种类、状态以及燃料情况等，各部

的给养情况。

## 七、及时向上级汇报火场情况

火场情况：主要汇报火场情况兵力部署情况。

火场面积，火场发展趋势，火场环境，火场发展速度。

兵力部署情况：各部的位置、人数及装备情况，各降落点的人数，火场投入的总人数，灭火进度，各降落点的灭火进度，整个火场的灭火进度及形势，未来天气形势。

## 八、机降灭火布兵次序

布兵时，应遵循先火头后火尾、先草塘后林地、先重点后一般的布兵原则，通常采取一点突破或多点突破、分兵合围的战术。

一点突破、分兵合围战术，一般使用在小火场或在找不到更多合适的降落点时。多点突破、分兵合围战术主要用在大火场或机降条件较好的火场。分兵合围，是指各部机降到地面后，突破火线，兵分两路（特殊情况除外）沿火线扑打与友邻队伍会合或打到指挥员指定的位置。绝不允许未经请示半路撤兵。

### （一）机降布兵次序

在通常情况下，要采取先火头后火尾的布兵次序，目的是要有效地控制火场面积。因为火头是整个火场蔓延速度最快的部位，火头蔓延的速度越快，火场面积就扩大得越大。为此，控制火头是整个灭火中的关键所在，也是减少森林损失的重要一环。所以，要求空中指挥员在火场布兵时，一般情况下一定要遵循先火头后火尾的原则。

### （二）在火场附近有草塘时的布兵次序

先从草塘布兵，然后再向林地布兵。这是因为：第一，草塘中绝大部分可燃物属于细小可燃物，其燃烧速度快于其他类型可燃物；第二，草塘中的可燃物接受日照时间长，比较干燥，火的蔓延速度快；第三，草塘与林地相比，空气流通好，助燃作用明显。这样，草塘火的蔓延速度快于林内的火，火顺草塘蔓延后，会沿着草塘的两侧山坡迅速向山上蔓延，形成冲火，迅速扩大火场面积。为此，布兵时要做到先草塘后林地。

### （三）先重点后一般的布兵次序

每个火场都存在着重点部位或重点保护区域。因此，布兵时空中指挥员一定要根据火场周围的环境，分清轻重缓急，重点用兵，做到先重点后一般。

### （四）大风天气的布兵次序

布兵时，如遇到5级以上的大风天气，必须抓住一切有利时机，运用机动灵活的战略战术先从火尾开始布兵，力争在当天对整个火场形成一次性全线合围。这是因为，这时如果直接先向火头布兵，可能会被火头突破防线，造成扑火队伍再去追赶火头的被动局面。这样，既消耗战斗员体力，难以赶上火头，贻误战机，又会给扑火队伍造成危险。如果向火头两翼布兵太晚，就不能完成当天对火场全线合围的任务；如果太早，火场可能会发生新的变化，也会造成灭火方案的失败。因此，在这种气象条件下，布兵时应先针对火尾再两翼，最后为火头。这样做是为了使扑火队伍机降后能迅速投入扑火。布兵时，要根据火线的长度、扑火力量和火的强度来决定各部之间的灭火距离。沿火尾和两翼布兵后，机降到地面的队伍应沿火线以最快的速度灭火。空中指挥员应把战斗力强、作风过硬、能攻善战的队伍最后投到火头前方一定距离处。向火头布兵的最佳时间是太阳落山前的2～3小时。如果这段时间风力仍然很大，就应根据火头的蔓延速度，把扑火队伍投到火头前方一定距离处。扑火队伍到达指定地点后，要暂时休息，做好灭火前的一切准备工作，等到太阳落山、气温下降、风力减低、相对湿度增高、火势减弱、火头接近扑火队伍时，抓住这一有利战机，主动出击，一举歼灭火头。当火头前方有可利用的自然依托条件时，可先向依托物附近投兵，并向地面指挥员交待清楚任务和目的。地面指挥员一定要按照空中指挥员的意图组织扑火队伍迅速展开，利用依托采取火攻灭火战术，点放迎面火来增加依托的安全系数达到灭火的目的。扑火队伍将火头扑灭后，应兵分两路，沿火场两翼向火尾方向灭火，直到与友邻队伍会合，实现多点突破、分兵合围的战略目的。

#### （五）有阻挡条件时的布兵次序

如果火头前方有能够有效地阻挡火头的自然依托条件时，如河流、湖泊、沼泽地、大面积的耕地等，可采取先火尾后两翼的次序布兵，放弃火头。

布兵全部结束后，空中指挥员要对火场进行再次观察。主要观察内容：火场面积的变化，火势的变化，火场蔓延趋势，火场形状的变化。

根据火场的变化，空中指挥员要考虑是否对火场的兵力进行调整，或向火场增援兵力。

### 九、火场发生特殊情况时的应急措施

火场发生特殊情况时，空中指挥员要及时采取应急补救措施。

通常情况，空中指挥员应及时通过电台指挥和了解火场情况，以便掌握火场态势。如果在夜间接到火场某处火势失去控制的报告，应及时在图上标定位置，分析火场的发展趋势，并给机场发次日天明后的飞行预报，落实次日早上的增援队伍。如果没有预备队或兵力不足时，也可对火场参战队伍作出调整。计划制定后，要及时通知将要参战的扑火队伍做好准备工作，并要求务必在8时前完成新的扑火任务。在实施补救措施时，一定要向失控火线一次投足兵力，争取一次成功。

### 十、做好火场的后勤保障工作

空中指挥员要根据指挥记录及时向扑火队伍运送给养、机具、燃料等，并负责接回重伤病员。给养的供给应为3天一次，灭火机具和灭火燃料应及时保障供给。

### 十一、检查验收火场

林火被扑灭后，空中指挥员要乘机对火场进行检查验收。如发现问题应及时通知地面扑火队伍进行处理。

### 十二、组织撤离火场

指挥员接到火场各部的告捷电报后，应根据火场各段的实际情况并考虑风向、风速等实际因素，向各部提出不同的清理要求。

扑火队伍提出撤离火场要求时，指挥员要对火线进行检查验收，确保不复燃时才可同意撤离火场。

如果个别地段存在危险，应命令该段扑火队伍限期彻底清理，并指出危险地段的位置。

撤离火场时的次序应是：按照布兵的先后次序接回，在接回扑火队伍前，应事先电报通知该扑火队伍做好撤离准备。

## 第十节　彩虹－4B无人机应用

目前，利用大型无人机执行森林航空消防任务，国内尚无成熟管理经验。在军民融合的大趋势下，按照国家林业局无人机试点项目的要求，2017年10月，大兴安岭林业集团公司综合无人机性能、安全性和费效比等运行数据，决定采购彩虹-4B无人机用于森林航空消防。

机型：彩虹-4B无人机

彩虹 -4B无人机

参数：最大巡航速度180千米/时巡航速度150千米/时

主要用途：空中巡护、图像传输

彩虹-4B无人机翼展18米，长9米，空机重量867千克，最大起飞重量1330千克，采用滑翔机气动布局形式，使用大展弦比梯形机翼，起落架为前三点式可收放起落架，动力采用涡轮增压活塞式发动机与尾推式螺旋桨组合，控制链路采用视距数据链和卫通数据链组合控制方式。根据《特定类无人机试运行管理规程（暂行）》（AC-92-2019-01）中分类（见表6-5），属于无人机分类中的XI类，在广袤的大兴安岭无人区中执行森林航空消防任务运行风险较小，可以进行特定类试运行审定。彩虹-4B无人机具有续航时间长、全天时作业、影像实时传输、高危地区侦察，成本低、机动灵活等特点，在夜间飞行过程中，可通过光电载荷获取巡护和火场图像，尤其是在夜间和有雾条件下获取火场信息，并实时回传到森林防灭火指挥部，为扑火指挥提供实时的火场视频和火场态

表6-5　无人机分类

| 分类 | 空机重量（千克） | 起飞全重（千克） |
| --- | --- | --- |
| Ⅰ | $0<W\leqslant1.5$ | |
| Ⅱ | $1.5<W\leqslant4$ | $1.5<W\leqslant7$ |
| Ⅲ | $4<W\leqslant15$ | $7<W\leqslant25$ |
| Ⅳ | $15<W\leqslant116$ | $25<W\leqslant150$ |
| Ⅴ | 植保类无人机 | |
| Ⅵ | 无人飞艇 | |
| Ⅶ | 超视距运行的Ⅰ、Ⅱ类无人机 | |
| Ⅺ | $116<W\leqslant5700$ | $150<W\leqslant5700$ |
| Ⅻ | $W>5700$ | |

势图，为扑火决策提供影像和数据支撑，解决森林航空消防夜间巡护和火场侦察不足。彩虹－4B的应用是森林航空消防从有人航空器向无人航空器拓展以及实现全天候巡护和火场监测迈出的一次重要探索和尝试。

大兴安岭加格达奇航站于2018年10月完成无人机交付、理论和实操培训，2019年6月完成飞行培训，2020年航站无人机团队按照民航局《特定类无人机试运行管理规程（暂行）》（AC-92-2019-01）编写了《无人机运行手册》《无人机特定类运行风险评估材料》《无人机培训大纲》等，2020年11月9日，取得民航局大兴安岭彩虹4无人机特定类运行受理申请并完成初审。2021年4月两名无人机驾驶员取得民航局Ⅺ类固定翼无人机教员证书。2021年9月11日取得彩虹－4B无人机特许飞行证，2021年10月21日，赴北京参加彩虹－4B无人机特定类运行文审会议，民航局空管办、飞标司、适航司、运输司等12名专家对彩虹－4B无人机运行相关材料进行审定，通过资料介绍、专家提问、现场解答，完成彩虹－4B无人机特定类运行文审。2022年9月27日通过彩虹－4B无人机特定类试运行验证，10月17日取得特定类试运行许可，加格达奇航站是目前国内唯一实现自主飞行彩虹－4B无人机的航空护林站，填补了有人机不能夜间侦察的空白。目前已完成训练飞行59架次，共计92小时18分。

2021年10月7日23时47分，彩虹－4B无人机执行本场训练任务，在加格达奇城区西北方向发现1处烟点，无人机驾驶员操作飞机改航飞向火场，经侦察是1处平房着火，空中侦察监视2个多小时，拍摄了火灾初发、扑救、扑灭全过程。

2021年10月14日，无人机在执行防火线点烧监视任务，发现十几处未熄灭火点、火线，无人机驾驶员立即制定相应在线航迹，操控无人机在火点附近盘旋，载荷控制员对目标进行锁定，定位各目标点坐标，实时关注目标动态，并通过卫星将目标视频实时传回卫通移动指挥车内，配合地面看守人员处置，确保了点烧安全。

以内蒙古大兴安岭航空消防实践为例，航空消防具有重要作用与突出实效：一是可以根据火情发生的时间性、地域性和纬度规律等特点，科学合理设置巡护路线，春航期间加大对原始林区、火灾多发区、地面瞭望盲区的巡护密度，织密巡护网络。夏航期间，重心北移，适时调整航线，根据雷电监测系统预报，在高火险气象条件下，对重点地区增加巡护频次，做到早发现、早报告、早扑救。二是靠前驻防巡护飞行。按照集团部署每年春、夏两季移动航站进驻温库图林场、零千米靠前驻防点开展近3个月靠前组织飞行巡护工作，缩短了飞行距离，减少了空飞时间。三是打破传统做法，创新工作思路。对于大杨树、毕拉河、伊图里河等南部区域公路网密度大、地面上人容易的实际情况，采取K－32吊桶巡护飞行，当天就及时发现吉文林火，及时开展吊桶灭火，将火及时扑灭；对于北部区域公路网密度低，山高林密，缺少机降场地的实际情况，采取M－171直升机载航空特勤突击队员巡护飞行，发现大火及时滑降开设机降场地，小火直接扑救，达到了良好的效果。四是在扑火救灾工作中，以“一切服务于林火，一切服从于林火”为宗旨，发扬“精诚团结、吃苦耐劳、科技创新、无私奉献”的精神，充分发挥森林航空消防的空中优势，合理安排计划，科学组织飞行，准确侦察火场，及时抢运兵力，全力以赴开展扑救工作。内蒙古大兴安岭航空消防建站以来参与灭火1066起，飞行9901架次、19321.19小时，吊桶11258吨，机降40511人、索（滑）降3115人，空运物资345吨；“十三五”期间，创造了年参与扑救森林火灾79起、单日空中侦察火情12个、单个火场空运兵力2876人等多个行业之最。先后参加了 1987年的“5 • 6”大火、2002年“7 • 28”夏季雷击火、2003年满归镇“4 • 30”经济火灾，2003年金河“5 • 5”，2017年毕拉河“5 • 2”、陈旗奈吉“5 • 17”，2018年汗马和阿巴河“6 • 2”，2019年金河秀山“6 • 19”等多起重、特大森林火灾的扑救工作。2018年6月2日，汗马国家级自然保护区发生火灾，在这场主要依靠空中力量的森林火灾扑救中，航空护林局高效统筹，最大限度发挥空中灭火效能，第一时间抵达火场，第一时间掌握态势，第一时间投入战斗，第一时间开设机降场地，第一时间投送兵力。移动航站靠前指挥，一个火场12架飞机保障，作业260小时、飞行183架次、运兵2876人，洒水153吨，运送物资30余吨，开辟机降场地9个，在这次火灾扑救中航空消防发挥了关键作用。

## 第十一节　实践创新

### 一、通信补盲系统（2018年实现）

航空器飞离大兴安岭加格达奇空域范围后，无线电通信不畅通，导致火场情况汇报不及时，掌握不了航空器飞行位置等，影响飞行安全。

为了随时掌握航行动态，解决只能在本场50千米范围内联络到飞机，通信距离短的问题，2018年，加格达奇航站分别在十二站、呼中、二十八站、古莲河煤矿建设通信补盲系统，利用4G网络技术+130电台，改造飞行指挥通信系统，确保航空器在航路上与地面实现双向联络，可以实时将火场情况通报地区防灭火指挥部，为防灭火指挥部开展火场研判提供有力依据，此项目已通过大兴安岭地区科技局验收。

## 二、飞行监视服务系统（2019年实现）

加格达奇航站与科研单位共同研制北斗飞行监视服务系统，经过不断实验和改造，解决了直升机旋翼遮挡北斗接收信号等一系列问题。该系统安装简单方便，能够实时监控航空器飞行轨迹、高度、位置等信息，没有网络覆盖时可利用北斗系统发送短报文，目前已租用15套北斗设备投入使用，真正实现“飞机看得见”。

## 三、化灭加注系统升级（2020年实现）

为使化灭机群能够快速地投入火场作业，加格达奇航站对化灭加注设备进行了改造升级。改造前化灭药剂加注需每架飞机从停机位滑出到达指定位置才可进行加注，最多只能两架飞机同时加注，改造后的化灭加注系统，由双管道加注升级为六管道加注，六架化灭飞机不需要滑出就可在停机位直接进行加注，机群加注时间从原来的58分钟缩短到8分钟，大幅度缩短了加注时间，提高了飞机的使用效率。

## 四、低空通信补盲系统（2022年实现）

为解决火场飞机多、执行扑火任务时飞行高度低、影响飞机与指挥员的双向通信联络问题，加格达奇航站与科研单位共同研发了低空通信补盲系统。即采取卫星网络方式，从西安卫星关口站至加格达奇航空护林站开通一条地面专线（电信），同时搭载防火墙连接甚高频遥控设备，另一端在无网络信号的低空区域，用卫星网络设备（SC310）搭载防火墙连接甚高频电台设备，实现与遥控设备双向互通（即语音传输），航空器到达全向天线（电台设备的一部分）信号覆盖的区域内，最终实现与航站的联系，解决了通信受障碍物遮挡而影响无线电信号的问题。

## 五、灭火弹试点项目

2021年3月，加格达奇航站与研发公司合作成立项目组，合作开展了“机载精确制导灭火弹在应急扑火中的应用项目”研究。2022年3月，工信部公布了国家第一批安全应急装备应用试点示范工程候选项目名单（工信厅联安全函〔2022〕45号文），灭火弹应用项目成功入选，成为全国试点示范工程自然灾害防治类15个候选项目之一。该款灭火弹采用机载平台挂载，可挂载于直升机或无人机上，依托飞机优异的机动性能并通过远程投放、组合导航、定向抛洒等关键技术实现灭火弹对火点的精确打击、对火头的精准扑灭，从而解决山高林密、地域地形复杂等场景下的森林火灾扑救难题。每枚灭火弹可携带灭火剂130～170千克，距火场500～3000米外发射，命中精度≤3米，有效灭火面积1200～2000平方米，具有“响应快、精度高、效率高、安全环保”的优势，是航空灭火、化学灭火应用的一大创新。

森林航空消防是扑救森林火灾的尖兵，是我国森林消防装备现代化的重要标志和森林防火的优先发展方向。1987年“5·6”大火之后，我国森林航空消防建设从无到有、从小到大、从弱到强，在扩大航护面积、增加飞机数量与机型种类和提升飞机直接灭火能力等方面取得了长足发展，已成为现代森林火灾扑救的重要力量。

但与森林防火先进国家相比，我国森林航空消防仍处于较低层次和水平，控制和扑救森林火灾的能力还难以满足森林防火的实际需求。一是森林航空消防可用飞机数量严重不足，部分机型单一、老旧，尤其缺乏大中型飞机；场站建设布局不尽合理，航空护林航站密度低，对较远火场进行作业时，飞机的有效飞行短；森林航空消防指挥调度、飞行管制、信息传输系统不尽完善，飞行管制、指挥调度综合保障能力有待进一步提高。二是各航站建设初期投入有限，建设起点低，大部分不具备夜航能力，跑道、停机坪、储油加油、通信、导航、气象、航行情报和其他飞行保障的设施设备不能满足工作需要，影响了森林航空消防整体效益的发挥。三是航空直接灭火手段创新不够，空中火场侦察手段落后，不能对火场态势进行全天候侦察。

下一步，需要有针对性地解决上述问题。一是增加森林航空消防机源，通过加大政策扶持力度，促进通用航空公司积极购置森林航空消防专用飞机。二是完善升级现有航站，全面提升航空消防效能，新建航站，提高森林航空消防覆盖面，在森林火灾重点区域，配备森林航空消防移动保障系统，合理布设野外停机坪、蓄水池，增强森林航空消防机动性、灵活性。三是建设完善火场侦察系统。以直升机、固定翼飞机和无人机为载体，加载激光红外光电吊舱，利用卫星通信等信息传输技术建立火场侦察系统，实现飞机与火场前指之间指挥调度、视频图像等信息的实时传输，确保火场情况实时上报，指挥决策科学有效。四是完善森林航空飞行调度管理系统。利用先进的通信和北斗导航定位等设备建设较为完善的航空飞行调度管理系统，包括航护调度系统、航空管制系统、飞行动态监控系统及飞行气象保障系统，实现航线适时动态管理和飞机的动态监控，全面提升飞行安全和监管能力。五是加强新技术推广应用。选择适宜型号的无人机，通过购买服务等方式，推进无人机在火场侦察和航空巡护中的应用。引进机腹水箱、空中水炮、新型吊篮、水囊等空中灭火先进设备，使用环保高效水系灭火剂，提高森林航空消防科技含量。

# 预警篇

夫安国家之道，先戒为宝。

——《吴子·料敌》

# 第七章 预警监测

## 第一节 火险预报

建设布局合理、管理规范、设备先进、信息全面准确的森林火险监测和预报台站，实施林业、气象部门联合会商机制，利用森林火险预警预报信息，科学合理部署、组织实施森林防火工作，是森林防火工作步入科学防火轨道的基本标志。《森林防火条例》第三十条指出："县级以上人民政府林业主管部门和气象主管机构应当根据森林防火需要，建设森林火险监测和预报台站，建立联合会商机制，及时制作发布森林火险预警预报信息。气象主管机构应当无偿提供森林火险天气预报服务。广播、电视、报纸、互联网等媒体应当及时播发或者刊登森林火险天气预报。"

### 一、概述

森林火险预警预报信息，是整个森林防火工作正确决策的科学依据。目前，大兴安岭林区采用的预警项目主要包括：气象信息预警、火险信息预警，雷电信息预警，共建有国家级观测站（气象台）7个，国家级气象观测站38个，省级气象观测站8个，闪电定位仪10个，国家天气雷达站2个，国家空间天气观测站1个、全波形三维雷电探测仪7个。主要工作包括：

一是开展气象信息预警。每年在进入防火期之前，防火部门与气象部门签署联防协议，在进入防火期后，气象台每日与省气象台会商，利用智能网格预报技术，开展精细化的防火气象服务研究，制作未来24小时的气象实况监测信息和气象预报产品。依据近期的气温、风力、风向、温度、湿度等气象资料和未来几天的天气预报，雷电信息，历史同期数据以及林内可燃物载量等因素进行综合分析，确定森林火险等级，适时或阶段性提供火险形势分析及建议，提供24小时、48小时森林火险气象等级预报。

二是开展火险信息预警。气象部门经综合分析确定森林火险等级，由地区气象局经过与省气象局和各县区局气象站会商后由森防指和气象局联合发布森林火险预警信息，通过微信工作群、电子邮件等方式每天为各级防火部门提供相关预警信息，为森林草原火灾监测、预警、评估工作提供科学依据。

三是开展雷电信息预警。依托于中科院电工所在大兴安岭安装的全波形三维雷电探测仪及地区气象局安装的闪电探测仪，对全区落雷信息进行实时监测。应用“黑龙江省卫星遥感防火监测平台”“黑龙江省雷电监测预报预警系统”“东北重点林区三位雷电监测网”和国家林草局揭榜挂帅“森林雷击火防控应急科技项目”建立的“黑龙江大兴安岭森林雷击火感知系统”每日发布雷电监测日报、提供全区闪电定位（1小时一次）、降水实况、精细化专项预报等信息，并通过微信工作群、电子邮件等方式每天为各级森防部门提供雷电预警信息，为开展“追雷”行动提供科学依据。

## 二、火险预报类型

综合森林火险预报的时段长短、评估指标等多方面因素考虑，可将林火预报类型分为：静态火险预报、动态火险预报、气象火险预报，其中静态火险预报与动态火险预报多关注景观尺度火险预报，气象火险预报则注重区域－国家尺度火险天气预报。

### （一）静态火险预报

静态火险预报主要依据短期内变化较小、相对静态的环境变量（如地形、植被类型、平均气候状况等）和近期火灾发生情况构建森林火险评价指标，逐单位面积评价火灾危险等级。静态火险指标的稳定条件有利于火灾发生，利用统计在给定时间段内该类型指数变量平均值的方法来提供随时间推移最为稳定的参数计算指数。静态火险预报实际上反映了森林景观固有的火险等级，在某种意义上与火险区划类似但明显区别于火险区划。静态火险预报应关注年内月度、季节性的森林火险变化，评价时需要考虑过去短时段内的火灾状况，形成时间、空间上接续性好的预判。

静态火险预报的输出结果是适宜于省、市、县层面发布中、长期火险预报专题图件，其时效性依赖于评价指标所反映的时序动态。评估方法目前主要有两种：一种是根据专家已有的专业知识，结合研究区域的实际情况，选择几个对火在发生和发展起主导作用的影响因子，建立一套分级原则，从而确定不同条件下的火险等级。该方法并不形成一个数值化的火险指数用于划分火险等级。最简单的应用方法就是建立火险等级表，利用两个或多个变量的结合来描述火险等级。另一种是以加权计算的方式进行量化评估，利用选择性的权重将各个评估指标整合成一个简单的指数，最终以数字形式表达火险等级。该方法的本质是结合专家知识与实际观测的开放性评估框架。主要包括三方面内容：①火险评估指标的选定与权重赋值，即选择与火灾形成密切相关的指标并实现指标量化和指标体系构建，结合专家知识与研究区火灾情况对不同指标进行权重赋值；②森林火险指数模型构建，即根据各个评估指标对火险的影响，利用不同的分析方法（如层次分析法）构建火险指数的计算公式，计算生成具有连续值域的火险指数；③火险等级评估，即根据计算出的火险指数值，结合不同的火灾管理需求，将火险指数值域划分为若干等级以满足火险等级评估的需求。

目前，多利用可燃物数量、植被可燃性、地形适火性、平均气象条件等火灾孕灾环境变量通过加权累计的方式从栅格或斑块单元进行数量化评估和等级划分。由于各类对地观测技术的发展极大提升了火灾环境因素的获取途径和数据精度，静态火险预报的空间精度与时相频度也得到了大幅提升。

### （二）动态火险预报

动态火险预报是结合在不同时段内可能由于人类活动影响、物候变化等因素导致发生变化的环境变量（如气象、火源条件、可燃物特征等）、相对静态的环境变量（如地形等）以及近期火灾发生情况构建森林火险评价指标。动态火险指数建立的目的是确定森林火灾的点火概率和促进火灾蔓延的能力。指标体系应反映短期变化因子、长期变化因子、稳定因子的共同作用。短期变化因子是指在短期内变化剧烈的环境因素，可反映促进森林火灾点燃和传播的重要条件。例如，温度、降水、风速等气象因素，祭祀、农事、节日等人为用火情况，以及由气象变化导致的可燃物含水量动态等。长期变化因子是指反映长期内缓慢变化或存在骤变的环境因素，例如，由于植被物候期变化导致的可燃物易燃性、可燃物数量变化，由于人类砍伐、虫害、火灾等干扰引起的可燃物数量和结构变化等。稳定因子则反映区域内的平均气候状况、地形条件、森林类型等环境变量。

动态火险预报的评估方法与静态火险预报基本一致，其准确程度与预报模型所采用的权重适宜性、数据质量等因素密切相关。在数据层面，可结合气象卫星、陆地观测卫星等重访周期较短的卫星遥感资料提升预报的精度。同时，也可以耦合可燃物模型、火灾蔓延模型等优化环境变量的准确性。在方法框架层面可针对预报目标和频率，通过专家会商、统计分析等途径改进权重赋值体系。

### （三）气象火险预报

气象条件与森林火灾的发生、蔓延密切相关，在可能引起区域性火险高低的诸多因子中，火灾天气一直被认为是火灾形成的主要驱动因素。许多研究表明，高温热浪和持续干旱是导致全球多个森林生态系统中发生重大、特大森林火灾事件的重要原因。气象条件同时也是时－空动态性最强的火灾环境变量，不仅直接影响火的发生和发展过程，而且通过一段时间的累积效应影响可燃物状态，尤其是可燃物含水量，从而间接对火的行为载体产生影响。例如，高温、低湿、多风的气象条件会使森林中可燃物的含水率明显降低、易燃性显著增大。其次，风速和风向直接决定了火灾的传播方向、蔓延速度和扑灭的难易程度。林火管理领域的研究人员一直试图通过结合气温、湿度、降水等气象条件实现对森林火灾进行预报。

1．火险气象指数。森林火险气象指数是常被用来指示受气象因子变化影响的标准可燃物类型林地上火灾发生危险程度的直观方法。通常是根据森林火险与气象条件的关系，通过经验或数学拟合得出的结果，以判定某林区起火的可能性、火灾强度、火灾蔓延速度以及人类控制火情的难易程度。通常森林火险指数越高，表示发生火灾的可能性就越大，火灾也越容易蔓延，火情也越难以控制。大量研究表明，气候变化与森林火灾之间存在紧密的内在联系。在全球变暖背景下，森林火险天气指标不仅是影响林火的各气象要素的有机结合，还是研究气候变化对林火动态影响的重要媒介。

在森林火险气象指数研究的早期，由于缺乏相应的仪器设备，人们往往根据天气的阴晴、风力等级以及空气干燥程度等气象条件估测森林火险高低程度。迄今，国内外学者已从不同的角度研制出了多种森林火险气象指数，其构建方法大致可归纳为3种，分别为：指数查对法、综合指标法和统计回归法。

（1）指数查对法。指数查对法是选取与高森林火险敏感度高的气象因子，例如气温、降水、风速、相对湿度等，通过经验赋值等方式分别确定各因子在一定的数值范围内所对应的火险指数数值，最后将各因子对应火险数值累计求和得到总体森林火险气象指数。目前，国家气象中心中短期森林火险气象指数和国家气候中心长期森林火险气象指数均采用了这种方法。该方法简单、直观，是易于应用的一种方法，同时也是一种经验性、主观性极强的方法。例如，该方法对于气象影响对于可燃物的时滞效应并没有考虑，各因子采取累加的方式在很多情况下并不合理。

（2）综合指标法。综合指标法是通过构建包含多种气象因子的多元函数形成的复合型森林火险指数。综合指标法是国外构建森林火险气象指数的常用方法之一，计算简单、便于推广，而且能将多个气象因子有机地组织起来，能充分体现前期天气气候条件的累积贡献。基于该方法提出的常见指数包括美国KBDI指数、澳大利亚FFDI指数、俄罗斯NI指数等。

（3）统计回归法。统计回归法是选用历史资料，如气象因子，森林中可燃物含水率或湿度，林火发生的地点、时间、次数、火源等通过统计回归的数学方法探索林火发生发展的规律，建立数学模型，再利用该数学模型计算火险指数。这种方法根据响应变量和环境变量的不同又可划分为两类：第一种方法是建立可燃物含水率或湿度与气象因子之间的回归关系。该方法强调可燃物含水率是林火发生、蔓延的重要因素，可燃物含水率，尤其是细小可燃物含水率的大小直接决定了森林燃烧的难易程度。可燃物含水率被认为是多种气象要素共同作用的结果，不同径级或时滞可燃物与气象要素的关系也需要区别对待。统计回归法正是从这个角度出发，构建气象条件与森林火险之间的关系模型。加拿大火险天气指数（Fire Weather Index，FWI）是当前世界上发展最完善、应用最方便的指数系统之一，它所包含的三个可燃物湿度码即细小可燃物湿度码（FFMC）、腐殖质湿度码（DMC）、干旱码（DC）正是通过实验测定与回归分析构建的。由于测定可燃物的含水率需在不同森林可燃物类型中，采用不同可燃物种类和规格的测湿棒来进行，还需长期对枯枝落叶、倒木等死可燃物的含水量，草本、灌木、乔木等活可燃物的含水量进行定点观测。而我国幅员辽阔，森林可燃物类型较复杂，这种方法在推广使用过程中存在一定的困难。第二种方法是直接构建气象要素与火灾发生之间的回归方程，但是火灾的随机性极高，该方法适用性普遍较低。

2．气象火险预报系统。随着科学技术水平的发展和防火工作的实际需求，人们对森林火险状况的描述越来越细致，森林火险气象指数的表现形式也由单一指数向多指数、体系化发展。目前，世界上许多国家均建设了气象火险预报系统，其中加拿大森林火险等级系统（CFFDRS）和美国国家火险等级系统（NFDRS）是世界上最先进、应用最广泛的火险系统，此外还包括澳大利亚McArthur火险尺系统。

我国是从20世纪50年代开始森林火险气象指数研究的，著名森林气象学家王正非先生引入“综合指标法”并加入了风速订正，在黑龙江伊春林区开展应用实验，此后陆续提出了“双指标法”和“三指标林火预报法”，但仅在局部地区开展应用，未形成全国范围内的系统性应用。80年代我国引进了加拿大FWI系统，在大兴安岭林区开展了适用性研究，但随着中加林火合作项目的结束，林火管理实践中已基本不用该系统。1988年，东北林业大学郑焕能先生等提出“火发生预报方法”。1995年，中国林业科学研究院与国家气象局联合制定了《全国森林火险天气等级》（LY/T 1172-1995）。1999年，中国气象局和国家林业局联合启动开展国家级森林火险气象等级预报预警业务。2007年，《森林火险气象等级》（QX/T772007）颁布。2015年，中国气象局提出修订完善《森林火险气象等级》（B/T36743-2018）（采用美国布龙－戴维斯火险标尺法）。目前，国家气象中心结合布龙－戴维斯方案，利用特大火灾历史数据库反复验证研制出了“修正的布龙－戴维斯方案”，将其与原始布龙－戴维斯方案加权平均，并经地表状况及降水量系数订正后形成森林火险气象指数。

我国目前应用广泛的火险预报有两种：

（1）双指标森林火险预报法。“双指标森林火险预报法”是中国科学院森林土壤研究所根据大小兴安岭和长白山的气象资料和火灾记录进行构建的。该模型的计算内容分成火险级和蔓延力，火险级采用午后14时的气温和相对湿度进行测算，蔓延力采用实效湿度和最大风速进行测算。云南省气象台通过将双指标法与当地气象条件结合后制定了“森林火险指标查算表”，使用当天的最高气温、露点温度即可快速获得火险等级，提高计算速度。

（2）多因子综合概率森林火险预报法。“多因子综合概率森林火险预报法”是通过对小兴安岭林区在防火期内常出现的天气特征进行充分研究，总结发生森林火灾时地面气象要素和高空环流的周期变化规律，并运用相关概率的数学方法建立的火险预报方法。该预报法在实际使用中能较好地预防小兴安岭林区的林火发生。该模型的设计方法是通过目标地区的历史气象资料和林火资料，主要气象因子的分级情况并形成分级表、各因子在不同级下的林火发生概率并形成概率速查表，从而构成模型的预报支持数据。预报因子包括降水量、日照时数和地面风速之和、时高空风速、时地面气温、时高空气温、时地面相对湿度等。

## 第二节　预警响应

集团防火部门发布预警信息后，第一时间通过微信群、邮箱、电话、电台转发到各林场、直属专业队，由各林场转发到巡护队、管护站、检查站、瞭望塔、野外作业点等，各基层单位在接到森林火险预警信息后，通过电子屏、网络、微信公众号以及应急广播等方式向涉险区域相关部门和社会公众发布，并根据《森林火险预警响应预案》的要求在人员聚集的广场、街道、检查站等人员聚集、流动性大的交通要道处悬挂相应等级的预警旗，时时提醒居民、野外作业人员、进入林区观光旅游者提高防火意识，并启动相应的预警响应行动机制，进入相应的工作状态。各巡护队骑摩托车深入责任区内野外生产作业点和人员一对一地通知火险信息，完成信息全覆盖。

### 一、火险预警的主要任务

森林火险预警是森林防火科学管理的重要防线，建立和实行森林火险预警机制是各级林业主管部门和森林防火部门一项重要职能。其主要任务有：

1．确立分析机制。在森林防火组织体系内建立火险因子采集体系并结合森林防火工作特点建立适宜的组织体系和运行管理机制。

2．信息收集。森林火险预警必须依托林区天气（气候）动态状况和林区农事、林事活动情况等信息来支撑评估程序。信息采集主要由气象站点、火险因子采集点的监测设备执行任务，火险动态的跟踪则通过对每日林区当日天气状况、天气预报、可燃物特点等指标进行量化评估或动态监测。火险预警规则需要职责清晰、规范具体、制度严明，各方面信息必须按照规范的方法和途径采集、汇总和传递。

3．分析和预判。应对收集到的森林植被的可燃性变化、气候变化动态、短期天气预报和林区野外用火情况进行全面的分析并作出火险等级的预测。预警信息分为当日实时预警、次日预警、短中期（3～10天）预警。火险预警除了根据火险天气外，还应注意居民用火习俗习惯与用火规律，例如对清明节、烟花爆竹、孔明灯等涉及用火的社会活动动态进行重点关注。

4．及时预报。及时发布森林火险预警信息是森林防火工作最重要的任务。国家主要以发布森林火险气象等级为主，省、设区市应在发布森林火险气象等级的基础上，结合各地民俗习惯和野外用火、可燃物状况，及时发布高等级森林火险预警信号，指导基层开展各项响应行动。

## 二、森林火险预警响应措施

依据国家森林草原防灭火指挥部办公室《森林火险预警与响应工作暂行规定》，将火险预警由高到低划分为四个等级，即红色预警、橙色预警、黄色预警、蓝色预警。响应的措施见表7-1。

### （一）蓝色预警（低）

发布蓝色预警信号后，此时可燃物可以燃烧、火灾可以蔓延，各地要密切关注蓝色预警区域天气、植被、火源等有关情况，在林场、村屯、检查站、管护站、交通要道和人口密集区等明显位置，挂置蓝色预警信号旗，蓝色预警信号及时发布到政府网站及森林防火网络信息平台。

**表7-1　森林火险等级与预警信号对应关系**

| 森林火险等级 | 危险程度 | 易燃程度 | 蔓延程度 | 预警信号颜色 | 图标 |
|---|---|---|---|---|---|
| 一 | 中度危险 | 可以燃烧 | 可以蔓延 | 蓝色 | 中度危险 图1 森林火险蓝色预警信号标识 |
| 二 | 较高危险 | 较易燃烧 | 较易蔓延 | 黄色 | 较高危险 图2 森林火险黄色预警信号标识 |
| 三 | 高度危险 | 容易燃烧 | 容易蔓延 | 橙色 | 高度危险 图3 森林火险橙色预警信号标识 |
| 四 | 极度危险 | 极易燃烧 | 极易蔓延 | 红色 | 极度危险 图4 森林火险红色预警信号标识 |

### （二）黄色预警（中）

发布黄色预警信号后，此时可燃物较易燃烧、火灾较易蔓延，各地充分利用广播、电视、报刊、网络媒体、手机短信等媒体形式宣传报道黄色预警信号并启动相应的响应措施。

1．各单位在林场、村屯、检查站、管护站和交通要道等明显位置，挂置黄色预警信号旗。各责任单位停止野外用火，如果有特殊情况需要进行野外生产性用火的，必须经申请批准后严格按照有关规定操作执行。

2．各级森林防灭火指挥部必须严格执行24小时值班和领导带班制度，安排一名副总指挥带班，组织本级防灭火机构加强24小时值班值宿，掌握辖区内防火情况。各级包片领导要到责任区蹲点督办、检查，林场、乡镇主要领导要坚守工作岗位。

3．各林场加强地面巡护工作力度，派出无人机全方位无死角进行高空瞭望巡护。各瞭望塔台要加大观察监测、汇报频次，巡护飞机加大偏远地区空中观察监测，各检查站、管护站要严格控制人员入山，派出守沟巡护人员对防火责任区域或路段进行堵卡、巡护检查，不间断开展“三清”（清山、清沟、清河套）工作。

4．认真检查装备、物资等落实情况。专业森林消防队要集中食宿并做好扑火物资准备工作，接到扑火命令后在10分钟内出发；半专业森林消防队在30分钟内出发；后备森林消防队白天在2小时内出发，夜间在3小时内出发。

5．各相关单位后勤部门要对扑火食品、物资、油料及准备金安排到位。

## （三）橙色预警（高）

发布橙色预警信号后，此时可燃物极容易燃烧、火灾容易蔓延，各地充分利用广播、电视、报刊、网络媒体、手机短信等媒体形式宣传报道橙色预警信号并启动相应的响应措施。

1．各单位在村屯、检查站、管护站和交通要道等明显位置，挂置橙色预警信号旗。各单位巡护人员要加大森林防火巡护力度、无人机要在重要地点加强巡护。各瞭望塔台要切实加强瞭望监测，发现火情及时报告。加大对入山人员宣传教育，“三清”工作组要开展地毯式清理。

2．认真执行《森林防火条例》规定，禁止野外生产用火和居民生活用火，禁止使用可能引起火灾的机械，禁止携带火种入山。该林区森林防灭火指挥部要适时派出检查组，对橙色预警区域森林防火工作进行督导检查，防火检督查员深入重点防火区域检查，彻底排除森林火灾隐患。

3．该林区森林防灭火指挥部总指挥要亲临指挥部办公，副总指挥及成员分别实行工作待命，24小时值班值宿，随时掌握本辖区内防火情况。

4．各级森林防灭火指挥部要了解掌握橙色预警区域内的扑火装备、扑火物资等情况，做好物资调拨准备。

5．直升机组和化灭机群集中待命。该林区森林防灭火指挥部要了解掌握橙色预警区域内的扑火装备、扑火物资等情况，做好物资调拨准备。

6．各专业森林消防队要靠前驻防，时刻进入备战状态。接到扑火命令后在5分钟内出发；后备森林消防队白天在1小时内出发。

### （四）红色预警（极高）

发布红色预警信号后，此时可燃物极易燃烧、火情极易蔓延，各地要充分利用广播、电视、报刊、网络媒体、手机短信等媒体形式宣传报道红色预警信号并启动相应的响应措施。

1．协调有关部门，在中央、省、地电视台、网络媒体报道红色预警响应启动和防火警示信息，在林场、村屯、检查站、管护站和交通要道和人口密集区等明显位置，挂置红色预警信号旗。

2．各级森林防灭火指挥部进入高度戒备状态，采取超常规的防范措施并做好应急响应准备工作。总指挥、副总指挥研究部署森林防火工作，要亲自带班，24小时值班值宿。

3．瞭望员要坚持24小时上塔值班瞭望，及时发现、报告火情。各乡镇、林场、村屯做好应急疏散准备工作，确保人员安全。4级风以上天气时，与供电部门协商采取早8时到晚18时限电措施。

4．发布封山令，禁止所有人员和车辆入山或通行。在全区范围内禁止一切野外用火和居民生活用火，野外作业单位24小时跟班作业，对重点区域要严防死守，各地要增加检查岗卡和巡逻人员，巡护人员没有命令不得离开执勤地段。

5．各级森林防灭火指挥部要立即派出检查组，对红色预警区域内的森林防火工作进行蹲点督导检查，同时开展大规模、全方位“三清”工作，纵向到底，横向到边。

6．赴火场前指工作组、火场督导组、向导组要做好有关准备，随时准备启动扑大火预案。森林消防队伍要集中待命，进入一级战备状态，扑火车辆提前进场，扑火工器具出库装车，备足3天给养，队员整装待发，接到扑火命令后按照《森林火灾应急预案》执行。

7．各级森林防灭火指挥部要熟练掌握红色预警区域内的物资装备准备情况及防火物资储备库存情况，做好物资调拨和防火经费的支援准备，相关单位后勤部门准备好扑火所需的食品、物资、油料等。

8．灭火飞机机组要严阵以待，做好立即起飞扑火的准备工作。

9．专业扑火队要将灭火机具和给养装备事先装车，人员整装集合待命，立即进入临战状态，接到扑火命令后5分钟内出发；半专业扑火队在30分钟出发；基干扑火人员在1小时内出发。

## 三、森林火险预警常用技术方法

森林火险预警与林火预报预测在技术原理上是一致的，均基于可燃物是否被点燃、可燃物被点燃难易程度、可燃物点燃后能否蔓延、蔓延的难易程度等关键指标进行判定，同时综合天气条件因素、人的活动因素、森林植被因素等条件形成火灾发生可能性的预判。林火预报预测是以森林火灾为预报目标物，突出森林火灾发生的可能性预报，而森林火险预警则是以火险高低为目标物，突出火险等级出现的可能性。目前，我国普遍采用的森林火险预警方法是森林火险天气等级评定法，具体包括：降水变量分析法、天气要素分析法、可燃物干湿变化与气象要素相关关系预报法、天气条件和植被状态综合评判法、数学模型预报法等。

## 四、森林火险预警信息发布渠道

第一种是森林防火系统内部发布，主要通过森林防火信息管理网络、传真、电话等发布。为此，应强化传输系统的建设和管理，以免影响高火险响应工作的开展。

第二种是社会公众媒体发布，省和设区市森林火险天气等级发布主要通过电视发布，高森林火险预警号除通过电视发布外，还可通过专门文电、广播、报纸发布，同时可通过电视、广播、通告、警示牌、宣传车、横幅、标语、高音喇叭等形式向社会发布。

## 五、雷电高发期预警响应措施

在夏季雷电（雷击火）高发期，各级林业部门密切关注本区域雷电信息情况，做好落雷信息排查工作，采取严格防范措施并做好应急处置准备工作。

1. 瞭望员要延长瞭望时间，特别是对雷击区域要进行重点瞭望。

2. 管护队加强重点雷击区域的地面巡护，并携带无人机对交通不便的区域用无人机排查落雷信息，发现火情立即上报。

3. 对监测到落雷信息密集的、交通不便的区域安排有人飞机载人巡护，发现火情立即实施机降灭火。

4. 要详细掌握道路、桥涵、河流基本情况，提前落实好道路不通、涉水过河等偏远地带应急处置预案。

5. 要采取“四靠前”措施。将指挥、队伍、飞机、扑火装备部署到雷电信息密集和历史上雷击火频发的区域。

6. 要保证蓄水池蓄水量，提前做好修建应急蓄水池准备工作。

7. 要做好通信保障工作，一旦发现火情必须保障通信畅通。

8. 各级森林防灭火指挥部要熟悉掌握重点雷击区域内的物资装备准备情况及防灭火物资储备库存情况，积极做好物资调拨和扑火准备工作。

9. 专业森林消防队要做好扑火各项准备工作，接到扑火命令后在10分钟内出发；半专业森林消防队在30分钟内出发；群众森林消防队白天在2小时内出发，夜间在3小时内出发。

# 第三节　火情监测

## 一、概述

很多国家对林火监测都极为重视，各国根据自己的森林分布特点、技术经济实力，采用了不同的对策、手段和方法实施林火监测。在20世纪70年代，美国在行政管理上就建立有防火协调中心。在20世纪80年代，技术上建立有与卫星气象、机载红外遥感、雷电监测系统、遥测自动天气站相配套的计算机林火信息管理系统工程，取名为“IAMS”的先期扑救管理系统。在加拿大，除了飞机巡护和瞭望台监测以外，早在20世纪70年代就用机载红外线扫描装置监测林火。进入20世纪80年代，开始对雷电监测系统进行评价。到20世纪90年代初期，遥测自动天气站在一些省组网建立起来。苏联在20世纪70年代就开始了地面背景辐射特征研究，机载红外林火监测和卫星探火的研究，在20世纪80年代开始研究雷电监测系统和遥测自动天气站。而在法国、澳大利亚，除了地面瞭望台以外，还曾试用过地面自动林火监测。

在我国，林少人多。在20世纪50年代使用的是护林员巡视及飞机巡护方式进行林火监测。进入20世纪80年代，采用的是以气象预报为指导，以瞭望台火情监测和飞机巡护机降扑救为主，配合我国风云气象卫星（FY）、美国的NOAA系列和EOS系列等卫星对森林大火宏观遥感监测，林火识别准确率达到90%以上。此外，我国相继在北京、昆明、乌鲁木齐和哈尔滨建立了卫星林火监测站，还积极研究利用北斗卫星导航定位技术进行林火监测，北斗终端可以实时采集火情信息，准确上报，实现了对待测区域的监测，科学有效管控森林，从而推进我国林业高质量、现代化发展。

## 二、主要森林火灾监测平台

目前，世界上许多国家在林火监测上主要还是采取传统的地面巡护、瞭望塔监测和空中巡护三种方式。由于莽莽林海，只靠巡护员监测火情是很不够的，瞭望塔监测又受到很多条件的限制，而靠飞机巡逻观察不仅耗资大，速度也不是最快的，因此，随着科学技术的发展，林火监测的手段和能力也在不断丰富、完善。如今，我国林火监测手段按空间位置可划分为卫星监测、航空巡护、近地面监测和人工地面巡护四个层次。

### （一）人工地面巡护

地面巡护是由护林员、森林防火专业人员在各自防火检查区内，根据森林火险等级预报，针对重点区域进行不同时段、不同空间密度的巡逻，检查监督来往行人和车辆遵守防火制度情况，宣传群众控制人为火源，检查生产用火和生活用火情况等。地面巡护的针对性和灵活性强，可以根据祭祀、农耕和旅游等不同风险点，科学布设巡护路线，适用于人员密集区和森林火灾高火险区等重点区域，是及时制止野外违规用火行为并早期处置火情的有力手段。

地面巡护是火情监测中最为原始的监测手段，最大的优点是具有较强的针对性，防火部门可有针对性地派护林员到易发生火情的敏感区域做好森林防火宣传教育，对当地村民、居民野外非法用火进行制止，及时消除火灾隐患，协助乡、村等有关部门查处火情，减少人为引起森林火灾的发生。但这种巡护方式的缺点也显而易见，耗时长，人力物力消耗巨大，效率低，受林区环境影响大，不易开展全覆盖巡护，也存在人为疏漏。

## （二）近地面监测

1．概述

近地面监测包括瞭望台与视频监测等多种手段。这些监测手段在具体使用时往往相互配合，紧密相连，形成有机的整体。可以为森林火灾的提前预防和监测提供更加完整且细致的服务。其中瞭望台作为林区固定观察设施，分布尽可能以较少的瞭望台保障更高的监测覆盖率。瞭望台监测是通过瞭望台来发现火情、确定火场位置并及时报告，其实时性强，有利于实现火情“早发现”。瞭望台观测主要利用登高望远，位置应在整体布局的基础上选择地势较高、视野宽阔、不受其他干扰或自然灾害的危害。防火瞭望塔在森林防火监测中发挥着重要作用，可以对林区森林火情进行及时的报告。大兴安岭林区的火情监测工作主要依靠瞭望塔开展，瞭望塔建设于施业区内各高山之巅，主要由钢塔、瞭望观察室和生活用房三部分组成。目前分为人工瞭望、人工+电子摄像头瞭望，以及有人机、无人机巡护，高山视频监控等。内蒙古森工集团辖区现有瞭望塔258个、黑龙江大兴安岭林区共有351座，瞭望员2000余人，人工瞭望发现火情率高达90%以上。

瞭望塔

瞭望塔设置密度应根据地形、地势、森林分布、观测方法和可见度等因素确定，瞭望台之间的视线应相互交错衔接。结构应采用永久性钢结构或砖石结构。其成本和技术难度低，长期以来我国以该种方式为主，其不足之处在于：无生活条件的偏远林区不能设瞭望台；瞭望效果受地形地势、观测时间和天气因素的限制，距离近、覆盖面小、存在盲区和夜间观测难等问题；且对烟雾浓重的较大面积的火场、余火及地下火无法观察；另外瞭望员人身安全会受到雷电、野生动物和森林脑炎等的威胁。

林火远程视频监控系统由前端监控设备、烟火识别系统、网络传输系统、监控塔、供电保障系统、安全防护系统、视频监控管理系统及其他必要设备组成。主要应用先进的信息技术和视频图像处理技术对摄像机所获取的图像序列进行自动分析，对被监控场景中的运动目标加以检测识别和跟踪。近年来视频监控也逐渐从模拟信号向数字化和网络化的方向转变，甚至与热红外仪器配合使用形成了全天候的监测体系，其在森林防火监测工作中所发挥的作用更加理想。

2．大兴安岭林区的主要做法。大兴安岭在瞭望塔建设和瞭望塔火情监测对火情的及时发现方面取得了极大进展。近些年，在重点林区广泛建立瞭望塔，用以观察火情、火灾，确定火情发生的地点，对于及时组织扑救有着重要作用。瞭望塔的建设原则，是以每座瞭望塔观察半径相互衔接，覆盖全局，使被保护的地区基本没有“盲区”，形成网状。首先在地形图上按观察半径15～25千米，即台间距离约40千米左右，然后选择交通方便、居民点附近的高地，规划塔位。在一个林区内，塔网要构成统一整体，不受行政、企业界线限制。每座塔的监护面积为6万～10万公顷（平均8万公顷）。瞭望塔的设置可以采用交叉定位原则（Cross Shot）（即由两个不同的方位进行交叉直线延伸，两条直线的交点即为着火点）。

（1）合理布局建塔，力争瞭望无盲区。内蒙古森工集团所辖林区现有瞭望塔瞭望覆盖率可达90.61%，瞭望盲区通过与友邻局互通有无、地面巡护、视频监测来进行弥补，必要时请求飞机巡护，做到无死角监测。

（2）加强瞭望专业技能培训。上岗前所有瞭望员进行集中岗前培训，其间对罗盘仪定位、距离测算、火灾判定以及设备维护、保养等相关专业知识进行系统培训。内蒙古大兴安岭林区地下金属矿藏丰富，根据实地上塔观测，使用罗盘仪、指南针、GPS定位等方法确定的指北方向，均受地面磁场因素影响出现偏差，集团公司派出专业技术人员对各塔进行了统一方向校正，并制定了定位方法，供瞭望员校正使用，确保瞭望质量，规范瞭望设备操作规程。

（3）规范每日观测信息报送。春、秋防火期内，瞭望塔每天定时与防火值班室会晤9次，自早8时至下午5时30分，其间有突发情况随时汇报。为了提升瞭望员工作热情，调动工作积极性，制定《瞭望监测员管理办法》，实行奖惩机制，进行轻奖重罚，对工作中表现突出、上报火情及时准确的瞭望员进行通报表扬并发放奖金，对缺岗、漏岗、瞒报、漏报、未能及时发现、上报以及未按照监测技术瞭望定位发生失误，取消野外作业补贴，并给予经济处罚，情况严重者调离岗位。

（4）加强瞭望人员纪律管理。选派责任心强的队长、指导员和副队长各1名，建立瞭望塔微信工作群，对瞭望中队进行精细化管理。尤其在2020年发生新冠疫情以来，每年瞭望塔上岗前，要求所有外地人员及请假人员，无论是否在疫区，均要提前15天返回，以确保参加岗前培训以及正常上岗执勤。

（5）加强瞭望安全管理。所有瞭望塔每半月检查一次各个部位是否有松动、腐蚀等现象，发现问题及时报告，并做好检查记录。防火期结束后，所有瞭望设备、通信设备、供电设备及生活用品进行统一管理，并封闭塔门，防止其他人上塔损坏设施和发生安全事故。

### （三）航空飞行器监测

航空飞行器监测主要是利用航空护林飞机和无人机进行巡护。目前，我国几个重点的林区已经成立了航空护林站，加强对森林火灾以及其他灾害的提前预防与监测，成为目前我国森林火灾监测最为有效的手段之一。而无人机作为航空监测防范新型技术，通过无线遥控的方式能够形成半自主控制，应用到森林火灾方面，不仅能够降低运营成本，还能够提高运行的安全性。

航空飞行器森林火灾监测方式是指应用护林飞机以及无人机进行林火监测，也是现代森林火灾立体监测网的重要组成部分。护林飞机是航空护林监测的重要手段，护林飞机机型主要包含固定翼飞机、直升机和无人飞行器等，除了进行林火监测与火情探测，护林飞机还可以在森林火灾中辅助进行森林灭火及物资运输，应用范围较为广泛。航空巡护具有监控范围广、反应速度快等优点，可以在短时间内实现大范围快速巡护，并及时投递火情信息，适用于大面积林区及森林火灾高火险区。

当前我国太多地区都有无人飞行器用于森林火灾监测的应用，但受限于无人机的通信控制距离、林区面积较大、无人机数量较少，难以满足森林辖区的全覆盖监测。国际上，美国使用无人机进行24小时监测，虽获得了一定成功，但耗费资金较大。最大的问题还是实时性问题，卫星和飞机都是特定时段探测一次，不能保证实时监控报警，而森林火灾瞬息万变，可能很快发展蔓延。另外，燃油动力的载人飞机或者无人机，一旦操作失误，坠落损毁，就有可能再次引发森林火灾。

### （四）卫星遥感监测

卫星遥感监测作为信息技术成熟发展的产物，主要利用具有热红外波段的卫星影像检测到地表热异常变化，然后以计算机自动识别火点，并结合森林分布图数据库判断是否发生林火。一般来讲，波长越短，对于高温的灵敏度就越高。利用卫星检测的方式，即便在远处也能够及时发现森林中可能出现火灾的情况，能够利用热源点的提取和温度方面的监测，结合森林分布图等背景数据库进行判断是否有林火的发生，对林火的火势进行判断，利用计算机自动识别火点算法可以排除林火意外的常规火源，如炼钢厂等。利用对地观测卫星，探测林火具有判识精度高、连续性强、覆盖范围广、搜集数据快和成本低等优点，可以填补地面巡护、近地面巡护和中空巡护的盲区。

卫星遥感林火监测是指以在空间特定轨道上运行的人造地球卫星、空间站等为平台，配置辐射计、相机、激光和雷达等有效载荷，可从空间轨道上探测森林草原火灾风险、火情和走势等。卫星遥感林火监测可对森林、草原火灾进行大范围、便捷、高效的监测，解决地面和航空监测所面临的盲区监测计算精度低、工作繁杂且费用高等问题。协同应用大气、海洋、陆地遥感卫星系统，能够监测林区的温度、大气相对湿度、风速、火情演变和火烧迹地等参数变化，为森林火灾的风险预测以及火灾扑救提供决策依据。

卫星遥感林火监测手段主要问题在于监测实时性差，像素误差在1～4千米之间，对于林火的早期预警能力不足。而且容易受云层影响，误报率也较高。加拿大和美国都采用了利用高空卫星遥感图像分析森林火灾的方式，一般有效监测面积为100平方米左右的森林火灾，同样存在耗资较大、实时性差等问题。

## 三、森林火灾监测新技术

### （一）现有森林火灾监测存在的问题

目前火灾监测主要有地面巡逻、瞭望台监测、卫星遥感监测以及航空巡护等几种监测方式。随着科技的不断进步和发展，近年来开始将无人机、雷达监测、无线传感器等新技术应用于森林火灾监测体系中，已经形成了地面巡护、高山瞭望、飞机巡航和卫星遥感有机结合的立体火灾监测体系，初步实现了火情“早发现”。但与加拿大、美国等国家相比，我国的森林火灾监测体系仍不够完善，还存在以下问题。

1．林火监测信息化水平低。我国目前有多个区域尚未覆盖通信信号，护林人员的机动通信得不到应有的保障。此外，一些森林防火指挥中心设备老旧，基础网络建设滞后，指挥中心、检查站、瞭望塔和护林人员难以实现信息的互联互通，大大降低了林火预警的工作效率。传统的森林火灾监测主要是应用视频、瞭望塔、人工巡护等方式监控火灾的发生，这种方式在火灾监测、数据共享、监测效率、火险预测等方面存在监测方式独立、监测数据分散、监测不及时、预测不准确等诸多缺点。

2．监测手段单一落后。森林防火监测主要采取地面巡护、瞭望塔监测、航空巡护等手段。地面巡护火情识别率高、定位准确，但受到复杂林区环境影响，效率低；瞭望塔监测覆盖面较大、效果较好，但受瞭望塔数量及人为因素限制，盲区大，监测准确率低；卫星遥感方式探测范围广、搜集数据快，且收集资料不受地形条件的影响，但受重复周期及探测分辨率限制，难以对林区进行连续的高精度监测，机动灵活性差；航空巡护视野宽、机动性大、速度快，但巡护成本高，存在安全隐患、视频图像无法实时回传的难题，同时受夜航和环境因素影响大，难以长时间连续监测；无人机巡护空间分辨率高、应急机动性强、数据实时性强，但尚未形成规模化应用。

### （二）森林火灾监测先进技术的研究与应用

1．空天地一体化监测技术体系。充分发挥各类森林防火技术手段优势，构建空天地一体化的森林防火监测体系，可解决当前森林防火中存在的多源观测数据获取、处理能力不足的问题。空天地一体化监测预警以各项通信系统为基础，实现空、天、地三个角度的数据分析，为相关管理工作提供支持，可扩大监测范围。

空天地一体化在森林火灾防控中的应用，主要体现在火灾信息采集手段和扑救手段的多样化。监控系统检测到火情后，依火灾应急处置系统收集火情要素并指挥扑救，可避免因数据源不完整、信息传递滞后等造成火灾扑救不及时。空地一体化系统需要集成火场要素采集技术系统、消防通信技术系统和消防指挥技术系统。火场要素采集系统采用卫星遥感、航空遥感和地面遥感，实现动态监测和多源遥感数据处理。综合通信系统采用卫星通信、自组网通信、光纤通信等。指挥扑救系统采用大数据综合处理和深度智能学习实现森林火灾综合指挥调度和科学决策支持。

2．无线传感器网络监测技术体系。无线传感器网络监测是指在林区构建无线传感器网络用于林区火灾的动态监测，这种方式除可以实现森林火灾的实时动态监测，还可以动态监测诸如温度、湿度、光度以及各类介质的浓度等，具有灵敏度高、实时性强、精度高等特点，尤其是对于林区重点火灾监控区，无线传感器网络所采集到的数据信息更为精准，能够直观地反映林区、火场各种信息参数的变化情况，但该技术无线终端结点的布设、更换和回收等建设维护成本较高，需要道路交通、电力等基础设施的支撑，且无法实现实时的可视化监测，尚处于技术试验阶段。

3．联合监测预警技术体系。打破现阶段各个地区的防火部门“各自为政”的现象，致力于建设一个全区域范围内由上到下的整体监控网络，有效、成功地进行森林防火预警体系的建立。此外，各个部门也应该排除隔阂，根据团结与合作的“双赢”原则来进行深化交流及信息共享，扩大各个部门所掌握的信息量，加强经验、技术交流和人才培养等。另外，在信息化和大数据时代，网络成为信息交流和沟通表达的重要平台，是重要的情报来源。网络舆情具有传播群体广、传播途径多样、传播速度快的特征，构建有效的网络舆情监测系统对于全面掌握形势动态、做出正确舆论引导尤为重要。

4．智慧森林火灾监测技术。智慧森林火灾监测预警系统能实现森林火灾自动识别，火情自动报警，24小时不间断检测，及时迅速发布火情信息；能全天候全方位进行图像采集，系统结合GIS可实现火点精确经纬度定位。摄像机在云台带动下工作，在自动扫描方式下时，观测人员在监控中心可观测到一定范围内的森林、道路、人员等实况图像，系统可进行全程录像；若遇异常情况，工作人员可及时将摄像机从自动状态下转为手动状态，并对有关目标进行跟踪、定位、放大，以便更加仔细全面地进行观测。

当前大兴安岭林区使用的较为先进的森林火灾监测预警系统主要涵盖以下功能：①森林火灾图像采集、传输及存储。②火情识别报警：当监控摄像机捕捉到林火时，系统具有的火情识别功能，可及时报警并联动报警录像，提醒值班人员察看显示画面，及早发现火情及火点位置。③GIS管理系统功能：以电子地图为基础，实现地图基本操作功能，实

扑打雷击火

现对森林火灾的分析预报，森林防火工作的动态管理，为防火提供直观的规划和决策支持。④火灾定位功能：利用前端采集系统中的数字回显云台，在地理信息系统里将每一个监控点进行地址编码，同时将每一个监控点的坐标直接落实在电子地图上，地理信息系统接收到特定编码的数字云台回传的位置数据，通过建立特定的位置转换数学模型，实现定位功能。同时，系统具备实现人工定位功能。⑤辅助决策功能：GIS信息系统可提供最近扑火队前往火情点最短路径以及通往现场的主要道路和通行能力，提供防火隔离带的位置及赶赴火场的时间等重要信息。

## 第四节　雷击火防控

### 一、概述

雷击火是天然火源，其发生的时间和地点受大气中雷电分布、可燃物状况和气象条件所支配，应对雷击火是目前森林防火领域的一个世界性难题。全球平均每天要遭受50万次雷击，平均每年发生雷击火灾5万余次，美国、加拿大、俄罗斯、中国、澳大利亚是雷击森林火灾多发国家。近年来，我国60%以上的重特大森林火灾由雷击火导致，雷击火主要发生在我国的大兴安岭林区、新疆阿勒泰林区、四川、云南等地。

据统计，1980—2021年，黑龙江、内蒙古大兴安岭林区共发生雷击火1533次（占全国雷击火总数的87.40%），其中：黑龙江大兴安岭798次、内蒙古大兴安岭735次。森林雷击火一般发生在人迹罕至的地区，一旦发生森林火灾就难以扑救，最好的做法是提前主动防御，从而减少森林火灾带来的经济损失。

## 二、雷击火形成机理

雷击引发的森林火是由云地闪电造成的，当雷雨云与地之间发生闪电时，就会在云地之间生成雷击现象，通常云地闪电会产生强大的雷击电流，将能引起雷击，并在直径只有几厘米的雷击闪电通道中，产生高达几万摄氏度的高温。由云地闪电产生的雷击所形成的强大电流会在极短的时间内释放出大量热能，一旦击中地面具备燃烧条件的可燃物，便能直接引起地面可燃物的燃烧进而引起地森林火。

在干燥的气候环境下，特别容易形成干雷暴天气。同时气候处在干燥环境下，森林中植被的含水率会降低，具备燃烧条件的可燃物增多，地表环境温度较高，这时如果雷暴天气中雷击的闪电强度很大，就容易引发雷击森林火灾。

## 三、大兴安岭雷击火防控技术

2021年3月，国家林业和草原局启动了森林雷击火防控应急科技项

处置雷击火

目“揭榜挂帅”。由中国林科院专家牵头组成的项目组坚持需求牵引、聚力科技攻关、强化成果转化，取得了阶段性成效，目前已建成国内首个以全波三维雷电探测网为主体的雷击火监测体系，首个雷击火综合试验基地，研究了雷击火发生规律和机理，开发了大兴安岭林区雷击火感知系统，为大兴安岭林区雷击火处置提供了重要支撑。2022年5月27日，大兴安岭林区发生强干雷暴过程，系统共监测到地闪2015次，当天集中爆发5起雷击火（全部在黑龙江大兴安岭，其中漠河林业局2起，呼中、阿木尔、新林林业局各1起）。雷击发生地的林业局防火部门接收到感知系统推送的预警信息后，迅速发现火情，果断有效处置。经事后验证，发送的闪电定位和5场雷击火位置匹配精度平均为290.6米，监测效率和精准度大幅提升。6月2日、10日，雷击火感知系统监测到黑龙江加格达奇、内蒙古金河地区的干雷暴活动过程，并及时将落雷信息推送到当地有关部门，加格达奇林业局翠峰林场、金河森工公司加大对相应区域的监测巡护，火情快速发现，扑救迅速开展，分别用时72分钟、135分钟即扑灭明火。6月28日8时至29日8时，黑龙江大兴安岭共发生地闪956次，感知系统及时推送闪电信息和预警风险，共推送高风险落雷点7个，中风险落雷点5个。6月29日17时漠河北极村自然保护区发生雷击火，引发雷击火的闪电为6月28日15时推送的2号高风险闪电，提前26小时进行了高风险预警，极大提升了雷击火防控效能。

雷击火处置实战工作中，在高危落雷区采取“四靠前”（即靠前指挥、靠前布兵、靠前设备、靠前飞机）是灭火成功、有火不成灾的关键。2022年7月1日18时40分，内蒙古大兴安岭北部原始林区森林管护局报告飞机巡护发现火情，立即启动应急预案，调动直升机索降12名航空消防特勤突击队员先期处置，并调动驻防队伍150余人向火场徒步开进，21时25分，先期到达的索降突击队扑救火线552米，外线已无明火，火场全线合围，火场面积1.5公顷。火灾成功扑救，主要得益于：一是充分利用靠前部署的航空消防飞机。从发现火情、运送人员到吊桶作业都需要飞机协助，飞机的参与缩短了扑救的过程，提高了灭火效率。二是靠前指挥。从发现火情到扑灭火灾，靠前指挥能够第一时间指导战术、战法，确保森林火情快速扑灭、保障扑火队员生命安全。三是靠前驻防队伍、大型机械设备缩短了运兵半径，能够快速出动到达火场前线，开展扑灭火工作，实现打早、打小、打了。四是地空协同，飞机第一时间吊桶作业，延缓火势，索降队伍抓住有利时机，及时切入火线扑打，使得火场短时间得到有效控制。

---

“天空地”一体化预警监测网络体系建设是做好森林草原防灭火工作的保证。森林草原防火是一项人防、物防、技防的综合性工作，随着科技高速发展，要推进新技术应用和集成，及时发现处理火情，确保实现森林草原火灾“打早、打小、打了”。

当前，全国森林火险预警监测体系尚不完善，缺乏统一的森林火险预警平台，火险预报模型适用性不强，火险要素监测站密度低，建设标准不统一，设施设备运行维护管理不到位。大面积林区瞭望塔数量不足，配套生活设施简陋，林火视频监控系统应用水平不高，林火识别自动报警技术欠成熟，火情瞭望覆盖率仅为68.1%。卫星林火监测时效性不高，空间分辨率仅为1千米，识别能力有待提高。雷击火防范技术研究不够深入，尚无有效措施提前预防化解。

下一步，要推动构建完善的森林火险预警响应体系，综合

---

利用“天基、空基、陆基”监测手段，建成集卫星遥感、高山瞭望、视频监控、飞机巡航和地面巡护的立体林火预警监测系统，提升森林火险预警、火情实时监测能力。一是在全国森林火险预警系统建设的基础上，统一开发基于多源信息融合的森林火险预警模型及配套系统软件，建设全国预警平台，完善预警响应机制，深化与气象部门的合作，推动全国森林火险气象预测预报一体化建设。二是建立林草系统信息调度预警监测中心。以建设国家防火综合平台为龙头，建立健全各级林草系统信息调度预警监测中心，全面普及省市县卫星监测预警，实现由“自上而下核查”单通道向“自上而下、自下而上”双通道转变。三是加大航空飞机防火巡护。推广无人机研发应用，加大森林航空巡护力度，全领域多角度开展航空消防工作，强化航空消防在林区巡护、森林草原火灾预防方面的作用。四是建立健全防火智能视频监控系统。综合运用5G、人工智能、云计算、大数据、高分辨率卫星成像等新兴技术，整合多部门资源，推进预警监测体系建设，加大林火预报预警、智能终端监测部署力度，建立高覆盖率、智能化的防火视频监控系统，全面提升森林草原火灾防控能力。五是组织开展科技攻关，雷击火监测预警课题纳入重大科技项目；综合考虑基础气象数据和森林草原生态系统类型，全面准确监测林区小气候信息、可燃物组成及载量，开展森林草原火灾风险评估和风险等级区划，推动森林草原火险等级和林火行为精准预警预报。

雷水解，君子以赦过宥罪——解卦：“救民于水火，解民于倒悬。”

——《周易》

# 第八章 指挥扑救

## 第一节　预案管理

森林火灾突发性强，为了应对突发的森林火灾，迅速实施有组织的控制和扑救，最大限度地减少森林火灾造成的损失，必须事先制定森林火灾应急预案。

《森林防火条例》第十六条指出：“国务院林业主管部门应当按照有关规定编制国家重大、特别重大森林火灾应急预案，报国务院批准。县级以上地方人民政府林业主管部门应当按照有关规定编制森林火灾应急预案，报本级人民政府批准，并报上一级人民政府林业主管部门备案。县级人民政府应当组织乡（镇）人民政府根据森林火灾应急预案制定森林火灾应急处置办法；村民委员会应当按照森林火灾应急预案和森林火灾应急处置办法的规定，协助做好森林火灾应急处置工作。县级以上人民政府及其有关部门应当组织开展必要的森林火灾应急预案的演练。”

为高效处置森林火灾，大兴安岭林区的森林防火部门按照“林地协同、防扑一体”的原则制定了《大兴安岭林区处置森林火灾应急预案》。同时，针对初发森林火灾处置，制定了《早期森林火灾处置预案》；为应对夏季雷击火，各林业局制定适用于本辖区的《雷击火灾处置预案》；针对道路不畅、偏远山区、交通不便区域，制定《道路不畅、交通不便区域森林火灾处置预案》，以及《集中爆发森林火灾处置预案》《高保护价值森林森林火灾处置预案》《重点火险区森林火灾处置预案》《村屯避险疏散方案》等多项森林火灾处置预案和方案。

## 一、大兴安岭林区处置森林火灾应急预案

大兴安岭林区处置森林火灾应急预案共分9项内容，含各类装备、基础设施、兵力布防、人员联络等图、表。内容主要包括：

1. 总则。包含指导思想、编制依据、适用范围、工作原则、灾害分级。

2. 主要任务。包含组织灭火行动、解救疏散人员、保护重要目标、转移重要物资、维护社会稳定。

3. 组织指挥体系。包含森林防灭火指挥机构、设立森林防灭火指挥部、森林防灭火指挥部和相关人员职责、地森防指领导职责分工、地森防指办公室工作职责、各县（市、区）、林业局森防指设立、指挥部下设应急处置工作组构成及职责、四大战区防灭火指挥扑救体系、四大战区兵力部署、指挥部成员单位职责和任务、专家组职责任务。

4. 处置力量。包含力量编成、力量部署、兵力调动。

5. 预警和信息报告。包含预警、预警分级、预警发布、预警响应、林火监测、火情信息报告。

6. 应急响应。包含分级响应、响应措施、应急响应行动、地区森林防灭火指挥部办公室应急反应、启动预案、设立前指、火灾扑救、扑火原则、扑火力量组织与动员、扑火安全、避难场所分布及疏散安置人员、医疗救护、善后处置、保护重要目标、维护社会治安、火案查处、信息发布、火场清理、应急结束。

地区级层面应对工作分为Ⅳ级响应、Ⅲ级响应、Ⅱ级响应、Ⅰ级响应。

7．综合保障。包含扑火前指保障、队伍保障、运输保障、航空消防飞机保障、通信与信息保障、物资保障、资金保障、技术保障。

8．后期处置。包含火灾评估、费用核算、植被修复、工作总结。

9．附则。包含预案管理、培训演练、预案更新、奖励与责任追究、预案解释、预案生效时间。

因每个预案主要扑火原则等方面内容相同，根据单项具体预案又有针对性添加相应的图表。

## 二、林区水毁道路、交通不畅区域森林火灾处置预案

以黑龙江大兴安岭预案为例，主要包括4项内容，含道路损毁的图、表。

黑龙江大兴安岭林区公路总长度20302.4千米，其中：防火公路长度14823.3千米，瞭望塔塔路长度1433.19千米；国道省道长度2336.51千米，其他道路通乡公路等1709.4千米，总公路网密度为1.7米/公顷。2021年，黑龙江大兴安岭遭遇历史罕见洪涝灾害，为确保森林火灾快速处置，大部分路段、桥梁经过简易修复，可以通车，经统计不能通行的水毁道路32处，127.33千米，水毁桥梁共计49座，水毁涵洞共计52处。

## 三、应对措施

### （一）首用飞机原则

发生森林火灾采取首用飞机原则，调动大中型直升机采取吊桶洒水阻止火势蔓延，降低火强度，同时在火场周边采取索降作业开设临时停机坪，以机降方式输送队伍到达火场，较大森林火灾可利用飞机远程投送扑火机具、大型装备到火场，以便队伍轻装前进，减少队员疲劳，实现快速抵达火场、投入灭火作战的目的。

### （二）地面队伍应对措施

1．一旦水毁道路、桥涵具备修复条件，利用推土机等大型修路机械先对交通不便和易发森林火灾重点路段及时修复，无法完全修复的，大型装备进行靠前驻防。

2．具备人工即时修复或修建临时便道条件的，立即组织人员进行修复，保证扑火队伍及时通过。

3．损毁道路桥涵修复要本着先保障小型扑火运兵车通行，后保障中型车辆通行，最后保障重型车辆通行的原则，先修简易通道，保障扑火队员乘坐小型扑火运兵车向火场开进，然后加宽加厚路面保障中、重型车辆通行。

4．各地配备舟桥跳板、皮划艇、冲锋舟等，如遇无法通行桥涵，采用舟桥跳板铺垫，在保证运兵车可以通过前提下，人车分离通过，队伍继续乘车赶赴火场；如遇不能同行的桥梁，采用皮划艇、冲锋舟等工具协助渡河，渡河后队伍徒步赶赴火场。

## 四、雷击森林火灾处置预案

大兴安岭林区在夏季雷击火多发时段，开展“追雷行动”，依托中国林科院雷电监测和气象部门闪电定位探测子站，定位雷电信息、判别雷电类型、测定雷电强度，筛选易引发森林火灾的云地闪雷电信息，及时精准发布对落雷区域开展“靶向监测、定点巡查、精准施救”。

预案增加了大型装备分布、兵力靠前驻防、取水池、停机坪、雷击火多发区域等相关数据，一旦发生雷击森林火灾确保快速处置。附件含有森林防灭火办组织机构、兵力布防表、向导员名单、扑火设备配备表、大型机械设备统计表、公路图等。

## 第二节　体系建设

内蒙古大兴安岭组建快捷高效的扁平式指挥体制，成立以集团公司主要领导为总指挥的应急指挥部，下设6个战区分指挥部（以下简称分指），由森工集团班子成员包片负责。在实战中，分指成员第一时间赶赴现场靠前指挥，针对不同林型、地形和火场距离，按照细化的应急预案集结队伍、选调装备、确定战法，提升决策效率。根据各地火险形势，采取内部购买服务方式，扑火队伍随季节南北移防，提高防灭火资源利用率。在绰尔、乌尔旗汉、阿里河、根河、满归、北部原始林区设立前线指挥基地，每个基地常备专业扑火队伍300人，集中大型机械设备，储备扑火机具、通信设备、油脂燃料等物资，发挥快速应急、指挥协调、综合保障作用。在东南部林区的温库图、北部原始林区乌玛前指基地设立移动航站，部署直升机，缩短航运半径。成立国内首支林业航空消防特勤突击队，具备较强的空中机载巡护、索降开设机降点和应对突发火情能力，分别部署在根河航站、北部原始林区值班待命。

黑龙江大兴安岭坚持“政府主导，集团落实”的原则，制定了“林地协同、联防联控、防扑一体”的森防工作机制，大兴安岭地区人民政府和大兴安岭林业集团公司双方联合成立森林防灭火指挥部，分别由双方党政主要领导担任“双总政委、双总指挥”，并指定一名具有丰富防灭火经验的林业局（厅）级干部任专职指挥，统一协调林地各部门、调动各方扑火力量以及信息发布和报送。

# 第三节　火情调度

《森林防火条例》第三十一条指出："县级以上地方人民政府应当公布森林火警电话，建立森林防火值班制度。"主要职责如下。

## 一、值班值宿

分三个层次安排带班、值班。

1．集团领导带班。由集团防火办公室调度通知带班领导联络员，由联络员通知带班领导。

2．应急事务部值班领导。由扑救科主管负责排班。

3．应急事务部值班调度员。由扑救科主管负责排班（双班）。

## 二、火情处置

接到火情报告

1．调度记录（值班记录一本、火灾扑救记录一本）。

（1）接报具体情况。报告人、单位、时间、火点（模拟）坐标、处置情况；发现火情单位、人；瞭望塔、群众还是其他方式发现火情。

（2）卫星影像。落图确定具体位置，通知相关公司核查。

（3）航空护林局。落图确定具体位置，通知相关公司核查。

（4）气象部门。落图确定具体位置，通知相关公司核查。

（5）"12119"报警情况。核实具体报警情况，通知相关公司组织扑救。

2．核实火情。接到发生火情报告后，调度负责通知相关单位进行核查，并收集反馈信息，做好记录。

（1）火灾发生具体位置、时间、面积、风速/风向、发展方向、火头数目、火线长度、火灾种类、火势强度、树种组成、扑救情况、扑救建议。

（2）出动时间、带队领导、人数、车辆。

（3）误报原因。

## 三、报告程序

调度员接到火情报告，核实火灾情况后：

1．立即向应急事务部值班领导报告。

2．值班领导向集团带班领导报告；同时向应急事务部部长报告。

3．由应急事务部部长向分管领导报告。

4．分管领导或值班领导向总指挥报告。（特殊情况，在应急事务部部长同意的情况下，可越级报告，采取短信、微信、电话等方式，并记录好报告时间）。

## 四、启动预案

由集团公司带班领导或值班领导下达启动应急预案命令，组织扑救，调度员记录好兵力、飞机、设备等调动情况。

1．启动联防联动作战方案时，调度员记录情况。

（1）单位名称。

（2）出发时间。

（3）带队领导及职务。

（4）专业队、半专业队人数（包括司机和后勤人员）。

（5）车辆、设备种类和数量。

2．援外扑火队伍，调度员记录情况。

（1）单位名称。

（2）出发时间。

（3）带队领导及职务。

（4）专业队、半专业队人数（包括司机和后勤人员）。

（5）车辆、设备种类和数量。

## 五、通知相关领导及部门

根据核实情况，命令调度员通知相关领导及部、办、组。

（1）包片领导。

（2）督导组组长。

（3）专员办。

（4）信息中心调度，并通知三大运营商做好待命。

（5）保障组组长。

（6）森林消防支队主官，告知火灾具体位置，建议支队通知靠前驻防队伍和就近森林消防队伍做好待命。

## 六、内部备战

（1）扑救科、综合科、安全科、预防科、保障科各安排1人。

（2）处于作战状态，随时等待调遣，处理各项业务。

（3）为指挥部做好参谋工作，起草作战方案。

（4）协助安排前线指挥部人员组成，车辆配备，移动通信车辆人员组成。

（5）备品、个人装备、给养等物资组织配发领取，餐厅环境卫生清理、就餐等事宜。

## 七、调度值班

调度员负责接听值班室电话、接收传真，认真做好记录、制作作战信息表，按规定及时报告处理，对领导的命令上传下达，与森林消防支队作训科、气象局等单位定时会晤，互通信息。

## 第四节　力量布防和战术战法

### 一、划分战区

根据地域分布特点、气候状况及火险等级，内蒙古大兴安岭依照“区内相似、区间差异”的特点，本着“防火有界、扑火无界”的原则，全林区共划分六个联防联动战区，一旦发生火灾，就近扑救，联动作战，重兵投入，集团化灭火。其中，第一联动区为阿尔山、绰尔、绰源林业局，第二联动区为乌尔旗汉、库都尔、图里河、伊图里河林业局，第三联动区为克一河、甘河、吉文、阿里河林业局，第四联动区为根河、得耳布尔、莫尔道嘎、额尔古纳自然保护区管理局，第五联动区为满归、金河、阿龙山、北部原始林区管护局、汗马国家级自然保护区管理局，第六联动区为毕拉河、大杨树、温河生态功能区、毕拉河国家级自然保护区管理局。黑龙江大兴安岭将林区划分为四大战区：南部战区包括松岭、加格达奇林业局，东部战区包括呼玛、韩家园、十八站林业局，中部战区包括呼中、新林、塔河林业局，北部战区包括漠河、图强、阿木尔林业局。

### 二、靠前布防

为缩短扑火半径，及时、高效处置森林火灾，黑龙江大兴安岭每年春防期间平均靠前驻防各类森林消防队伍105支3375人，其中：专业队伍99支3025人，森林消防队伍6支350人。夏秋季平均靠前驻防队伍76支

1628人，均靠前部署在重点火险区和雷击火高发区，确保发生雷击火半径30千米内至少有1支靠前驻防队伍，有效缩短进兵距离。内蒙古大兴安岭优化兵力布防，实施“靠前驻防、南北移防”措施，安排驻防兵力6229人，其中春季北兵南调，向东南部地区靠前驻防1245人；夏季南兵北调，向北部原始林区、自然保护区靠前驻防835人，在林区中南部温库图、北部乌玛零千米派出移动航站，确保打早、打小、打了。

### （一）科学调整兵力布防

大兴安岭林区始终坚持指挥、队伍、飞机、扑火装备“四靠前”，按照“差异性”防火理念，春防前期东部、南部森林火险等级较高，实行“北兵南用”，春防后期中部、北部雷击火多发，实行“南兵北用”，实现快速反应，重兵投入。针对夏季雷击火主要发生在中、北部林区的实际，将森林消防支队和地区直属专业森林消防队伍调至雷击火高发的中部林区进行靠前驻防；各地在重点雷击区加大靠前驻防力量，增设扑火外站，缩短扑火半径，为快速扑灭山火提供保障，确保发生雷击火在50千米范围内均有靠前驻防队伍，使得队伍能够快速进入火场，争取在最短时间内将火扑灭。

### （二）扑火兵力调动原则

坚持就近调兵，一旦发生火灾，首先调动靠前驻防的专业队伍和森林消防队伍；其次由近及远，依次调动毗邻乡镇林场的专业队伍、县市区局址专业森林消防大队；需要调动驻防的森林消防队伍和地区直属专业森林消防队伍时，先向地区政府森防指请示同意后，方可调动。被调动的森林消防队伍或者地区直属专业森林消防队出动前必须第一时间向地区政府森防指报告，以便统筹掌握全区兵力调动情况，确保合理用兵。

## 三、森林防灭火战术

战术是指导和进行战斗的方法。主要包括：战斗基本原则以及战斗部署、协同动作、战斗指挥、战斗行动、战斗保障、后勤保障、通信保障和技术保障等。在扑救森林火灾过程中，经过多年实战总结，大兴安岭林区主要采取以下六种战术。

### （一）全线合围、封控周边战术，也称围歼战术

全线合围、封控周边战术是指在短时间内调集多个参战队伍组成主要灭火力量，对火场周围快速展开封控，把正在蔓延的火线变为圈内火，阻止火线蔓延。体现的是先控制后消灭的战术思想，其具体行动包括预设隔离、堵截火头，多路推进、直接灭火，全线封控、以守待扑。此战术适用于灭火力量充足、火势弱、初发火、小火场的森林灭火。

### （二）多点突破、分段速歼战术，也称速决战术

多点突破、分段速歼战术体现的是快速灭火，主要是利用地空两线运送，多点投放力量，同时选择多个突破口，将火线分割若干段，分别歼灭。其具体行动包括一点突破、两翼对进，多点突破、分段消灭，紧贴火线、递进超越，先灭明火、再清余火、后灭暗火，跟进快打细清，巡回看守等。此战术适用于优势力量、火场较大、多点发生火情、便于机动的火场。

### （三）两翼推进、追歼火头战术，也称追歼战术

两翼推进、追歼火头战术可分为两种方式：一是灭火队伍从侧翼火线突入，分别沿两个侧翼向火头实施夹击和合围；二是从火线尾翼突入，沿火烧迹地内侧直插火头，先控制火头，后分两路沿侧翼火线向火尾扑打，最终实现封控。其具体行动方法包括暂避火锋、侧翼迂回，首取要害、攻克火头，两翼并进、呼应合击等。此战术适用于火蔓延速度较快、火场力量不足时使用，也适用于扑打急进地表火。

### （四）烧打结合、以火攻火战术，也称火攻战术

烧打结合、以火攻火战术主要是指人工直接靠近火线采取点烧攻

火与直接扑打相结合的灭火方式直接灭火。此战术适用于火势较弱的火线，也适用于扑打侧翼燃烧较规则的火线，而当火势较猛、灭火人员无法接近火线和扑打下山火或在燃烧火线不规则区段灭火时，应采取间接的以火攻火战术，即利用依托点烧攻火方式，以火攻火达到控制火势彻底灭火的目的。

这种战术既可阻击火势发展又可进行防守，灭小火速度快，复燃率低；灭大火较安全，效果好，但对技术要求高，是灭火战术中的“双刃剑”。其主要行动包括直接点烧、打清配合，利用依托、迎火点，分组实施、多线点烧，攻守结合、全线点烧，打烧结合、边打边烧等。

### （五）打清结合、稳步推进战术，也称稳控战术

打清结合、稳步推进战术是指采取消灭明火与清理余火相结合一次性将火彻底消灭的战术，可杜绝复燃和不打回头火；又可避免火场二次燃烧，形成高危险环境导致灭火人员被烧的问题发生。其具体行动包括边打边清、一打多清，先打后清、彻底消除余火，一般是以实现迹地边缘向内彻底消灭余火暗火残火30～50米为限。这种战术适用于火势平稳的火线或地形较复杂的中幼密林、灌木林森林灭火。

### （六）阻打结合、阻打攻火战术，也称阻打战术

阻打结合、阻打攻火战术是指采取开设隔离带阻火与直接靠近火线灭火相结合的方式灭火。开设隔离带是指在火线前方适当地段利用人工或机械开设生土隔离带，带状砍伐树木，清理地被物或对地面可燃物采取喷水、洒化学药剂、辗轧等办法形成阻火隔离带。具体行动包括机耕、人工或机械开设隔离带，喷洒化学药剂隔火以及烧除法等手段，清除地表可燃物形成隔离带阻火，加之人力直接扑打清理灭火最终达到灭火目的。这种战术适用于地形复杂、植被繁茂，灭火人员无法直接靠近火线灭火的区域和灭树冠火、地下火。

## 四、森林防灭火战法

在扑救森林火灾过程中，经过多年实战总结，大兴安岭林区主要采取十八种战法，其特点、具体战法及注意事项如下。

### （一）上山火顺势打

特点：上山火蔓延速度快，火头燃烧猛烈，难控难灭，危险性大。特别是白天温高物燥，朝阳迎风处的上山火燃烧更为强烈，极易形成强烈的局部热对流和“火爆”。其行为特征表现为：火势直冲云天，浓烟翻滚急上卷，火爆轰鸣火团飞，两翼火线似火龙，火头形态如尖刀，向上跳跃式燃烧。此时迎火头灭火或从山上向山下接近火线，或在燃烧火头发展前方的山脊上、山脊谷地、朝阳平缓坡位上迎火或开设防火隔离带，都是十分危险的。

战法：灭上山火时灭火队员要顺着火势打，严禁顶着火势打，先控制两翼火线，顺着火势跟进火头灭火。即让开火头，避开火锋，顺着火势的发展方向，采取先控制、再消灭的方法，消灭侧翼火，随后跟进消灭火头尾部火。灭火中要与火头保持适当距离，要等火头越过山脊后，或者是当风向变化火头转向、火势降低、燃烧火线形成下山火势时，抓住战机及时调整战法，组织力量重点突击灭火，才能有效将火消灭。

注意事项：灭白天上山火，由于火势快、火势猛、燃烧不彻底，极易出现二次燃烧和大火回烧现象，这也是火场上最容易伤害人的火。一般二次燃烧、大火回烧的范围都距火头较近，距离一般不超过百米左右，灭火作业千万不要随意跟进火头，特别是当火头火焰高度超过3米以上时，尾追火头灭火时要保持百米以上距离，务必等待时机，慎打慎进，千万不可在高危地段灭火。

### （二）下山火堵截打

特点：下山火蔓延速度慢，火势较稳，火头较弱，燃烧彻底，易扑难清。

战法：下山火也称坐火，当火线从山上向山下燃烧时，是最佳的灭火战机，要集中优势力量，严防山上火下沟发展成为沟塘火和越过沟塘重新发展为上山火，要将火消灭在山坡上或堵截消灭在山脚下，如火场小、火线短、力量充足时，可采取从山下向山上找准燃烧火线的薄弱点，采取一点突入、两翼展开、分兵合围、递进超越、分段扑打的直接灭火方式灭火；如火场大、火线长、人力少时，可一线集中用兵，组织攻打重点段火线，或利用点上山火的方法以火攻火，分段点烧，围圈火线，将下山火堵截消灭在下山之前、山坡之上。

注意事项：一定要仔细清理余火和暗火，这种下山火慢，燃烧时间长，燃烧火线上一线较为粗大的可燃物已经开始燃烧，地表层可燃物已烧尽，从而会引发地下腐质层的燃烧，暗火点多，余火量大，会发生局部地下火。因此，下山火的明火好灭，暗火难清，通常采取沿迹地边缘点烧的方法防止复燃火发生。因为，燃烧的火线火势强，在原火线燃烧产生上升热气流的作用下，人为点烧的火线会迅速向原燃烧的火线发展，这时灭火队员再用风力灭火机强风消灭点烧线的外缘火，助燃内线火，加快点烧火向原燃烧的火线方向燃烧速度，迫使在粗大可燃物未燃烧或大部分可燃物未能完全燃烧时将边缘火消灭，从而使熄灭火线边缘在未能烧透状态下就被消灭，这就极大减少了余火的残留量，从而也减少了残存余火的复燃概率。灭下山火一定要选择战机，讲究战法，速战速决，先堵火头，再灭两翼，以火攻火，将火消灭在下山越沟上坡之前。

### （三）白天火分段打

特点：白天火分段打是由林火燃烧特点所决定的。林火白天燃烧的特点是从黎明开始到日出后两个小时，火行为表现为燃烧缓慢、火强度低；从日出后2小时开始到中午，火势逐渐发展，火强度增高，燃烧速度加快；从中午到日落前2小时，火势最猛烈，燃烧速度最快，火强度也最大；从日落前2小时开始到日落天黑，火势发展逐渐降低，燃烧速度下降，火强度也随之减弱。

由此可知，不同时段火场上火的行为表现不同，有强有弱，有火头、火翼、火尾之分，有高温区段、中温区段和低温区段之别。火的这些行为特征表现也为寻找灭白天火的最佳战机提供了条件。实战中可从时间段上抓战机、灭火线、控制火势，还可以从火线燃烧的温度段中抓战机灭火线。

战法：一是从时间段上抓战机灭火线。通常从黎明开始到日出后2小时，从日落前2小时到日落天黑，这两个时段组织力量攻坚和组织全线灭火效果最好，是白天灭火的最佳时机。中午到日落前2小时这个时段，由于温度较高、风大、火猛，不宜组织攻坚和实施全线灭火，这时主要是控制火势，灭侧翼火线和灭弱段火，限制其发展，或利用地形依托开隔离带阻火和间接灭火是最有效的。二是从燃烧火线温度上抓战机灭火线。控火头、打两翼、清火尾，是白天灭火分段作业的重点。白天火虽然火势大、但从火的燃烧强度上看，有高温区火头部分、有中温区火翼部分和有低温区段火尾部分的火，这就为分区段灭火提供了条件，如火场小、力量足，可在高温区火头部分用强兵，运用间接灭火战法控制火势，寻机改变火头的发展方向，待火头下山时抓住战机将火头消灭；中温区段火翼部分用重兵，运用间接或直接灭火战法跟进侧翼火线顺着火势打，消灭侧翼火；低温区段火尾部分用精兵，运用直接分散式灭火战法，消灭明火，清余火，严防复燃，将火消灭。如火场大、力量不足，可在高温区段火头部分用精兵间接灭火，堵截火头，限制火头发展，改变和降低火头区段的火势，尽最大努力控制火头的快速发展，为夜间灭火攻坚创造有利时机；中温区段火翼部分用重兵边打边清，巩固推进，顺势尾追，直接与间接灭火相结合，尾追火头不放松，寻找战机灭火；低温区段火尾部分用精兵，运用直接分散式灭火战法快灭明火，细清余火，稳步推进将火消灭。概括起来讲，白天火应分区段行动，在分区段行动时，重点区段要突出，高温险段要避让，中温区段要警惕，低温地段要突击。此外，白天灭火时灭火队伍应留素质好、装备强的预备队，关键时刻攻坚，突击战时打增援。

注意事项：白天采取以火攻火战术灭火时，作业距离和作业时间必须距离火头前方500米之外或是在火到来之前的半个小时完成，才能确保作业安全。如果过早或过晚，不仅达不到应有的效果，还会增大灭火队员的行动难度和体力消耗，从而影响灭火效率。如果灭火队伍选择灭火位置发生错误，还可能造成人员伤亡。因此，在灭火时间段和灭火区段的选择上，一定要吃透火场情况，一定要避开险时险段。

### （四）夜间火稳进打

特点：夜间通常是北方林区森林灭火的最好时机，夜间温低风小，空气湿度增大，谷风消失，山风明显，燃烧火线受山风影响，上山火的行为表现不强烈，火线火势较为平稳。特别是午夜之后到日出前，由于温度降低和湿度增大，火的燃烧速度更加缓慢，在一些山谷密林和潮湿植被地段，部分明火由于温度低、湿度大而会自行熄灭，形成断断续续的燃烧火线。同时，夜间燃烧的火线火头发展方向明显，利于观察判断，同白天相比，无论是火势还是温度和湿度都很不利于火势发展，而有利于森林灭火。当然，夜间组织森林灭火也有很多不利因素，火势难判定，夜间暗火看不见、地形植被难观察，特别是组织高山灭火时，地形复杂，山高坡陡，十分危险，容易发生滚石、树枝伤人、队员掉队、坠入山崖等事故。夜间灭火要时刻注意安全，为了避免伤亡，可采取稳进稳打灭火战术，抓住夜间的最佳时机。

战法：合理调整力量，集中组织力量攻火头、灭两翼。一般情况下，作战最小单位以10人以上为宜，灭火人员要有照明设备，灭火间隔保持在两米以内，以班组为单位行动，并使用卫星定位仪定位。没有卫星定位仪定位的队伍要沿着火线走，一般不可组织穿插火线，严禁单独行动。当火线全部消灭后，可在火烧迹地原地休息，待天明后及时组织队伍沿迹地边缘向内清理暗火和余火，以防日出后温度增高、风力增大时余火暗火复燃。总之，夜间灭火有利也有弊，但利大于弊。灭火时一定要认真清理余火，特别是要用灭火机强风清理，才能及时发现和消灭暗火。有利的是夜间灭火目标明显，风小湿度大且温度低，火势平稳，复燃性小，采取直接灭火法和以火攻火法效果明显，安全系数大；弊端是行进机动困难，由于夜间火会出现很多不完全的燃烧现象，如果火不能在夜里全部消灭，黎明之前扑灭的火线复燃机会较大，也会导致第二天温高风大时火场出现多个火头，从而增加白天的难度和险度。

注意事项：组织夜间灭火时要充分考虑有利条件和不利因素对灭火效率的影响，一定要周密部署，合理部署，集中力量，重点突出，集中攻坚，稳扎稳打，确保夜间灭火安全高效。

### （五）险境火让开打

特点：险境火是指燃烧在火场高危险环境之内的火。在高危险环境下，火的行为变化激烈，火强度大，火势发展方向多变，极易出现难控火、难打火和打不了的火。灭火队员如误闯入高危险环境中灭火，后果将十分危险。实践验证，90%以上的火场人员伤亡都是误入高危险灭火环境造成的。因此，灭火中一定要正确判定火势发展，正确判定高危险环境区域位置，严防误入高危险环境内灭火。一旦误入高危险环境，要立即采取措施避开险境，来不及避开时要采取机智果断、科学有效的方法避险。

战法：指挥员一定要沉着冷静，正确指挥，果断选择安全避火区和撤退路线，将队伍撤到安全区域。避火行动中，灭火队员要听从指挥，用防护面具或湿毛巾捂住口鼻，在做好自我防护的同时，还要彻底灭掉身边余火和清除避险区周边的可燃物。在避火中要观察周边火势，不能低头避火不看火，不能分散自保，四处乱跑。如果在灭火中突然感到高温灼热，火焰高度超过2米，能见度不足5米，人无法接近火线灭火时，要迅速撤回到安全区避火，等待时机再灭火。一是等待时机打，在高危险环境火燃烧过后或高危险环境火势较稳定时，火线火焰高度降到2米以下，火墙厚度在1米以内，火的热辐射使人在距火线2～3米能够作战的情况下，灭火队员让开火头火锋，集中力量顺着火势，以小组为单位交替扑打侧翼顺风火，避开火头打边缘火。同时，其他作业组要紧随跟进扑打余火。二是险境火必打时。要让开最危险的地段，避开燃烧最强烈的火锋。高危险环境中燃烧的火一旦形成高强火势，即人在3～4米之外无法靠近的火线，这时人力直接灭火是十分危险的。这种情况下，如果坚持扑打，必然出现伤亡。遇到这样的火坚决不能直接打，一定要让开火头，避开火锋，等待火势减弱人可接近时再组织灭火。如果是灭火火焰高度2米以下的火，人可接近火线，也要在主风方向上的风头处集中使用风力灭火机、水枪和灭火弹，集中力量控制一侧火势，减少危害。三是选择地段间接灭火，必须注意的问题是千万不可在主风方向下风口处，实施两翼攻击灭火和顶风灭火。选择地段间接灭火，在危险环境区域外围，在火发展方向侧翼200～300米处，顺着燃烧火线采取人工清除可燃物开设依托线，沿线点烧攻火的方法实施灭火。必须注意的是采取该方法灭侧翼火一定要快，要在火未到来之前完成。尤其是在火头前方迎面开设隔离带堵火时，要距火头500米开外，避开危险区，同时要预设避险区，避险区大小视灭火队员人数多少而定，如10人的灭火队最小避险区应不少于200平方米。

注意事项：在窄沟塘沟堵处、山脊线上山谷处、向阳山坡上的平缓之地凹陷处、石崖植被接合处、乔灌草繁茂混交杂处、幼林和灌木林密集处，尤其是密度在0.8以上的中幼叶林、灌木林、灌草相连和火场小环境风与主风方向不一致的乱流区林火，要做到坚决不扑打，才能确保安全。这些地域遇火燃烧时，必生高危险火势，这种情况下应能让则让、能避则避，万不可逆险而战。

### （六）沟塘火集中打

特点：沟塘火集中打，是指火在沟塘燃烧时要将火消灭在沟塘之内。沟塘火特点是受风影响大，蔓延速度快，发展快，火线较规则，易观察判断，便于集中力量扑打。灭沟塘火时，应采取正面开设隔离带阻火、借助依托以火攻火和内线突进、两翼对打的战法。沟塘火有两种燃烧模式：一是顺沟火，火头顺沟燃烧，两翼火线向两侧燃烧形成上山火；二是跨沟火，一种情况是阴坡下山火烧入沟内，火头向阳坡发展，两翼火在沟内燃烧扩展，另一种情况则反之。火的行为表现是顺沟火快，阳坡火猛，燃烧强烈，易形成火爆；阴坡火慢，上山火稳，燃烧较缓。灭顺沟火时，要先集中力量扑打靠近阳坡的一线火，严防上山火；再阻打顺沟发展火头，将之消灭在沟内；最后扑打靠近阴坡一线的火，从而将火全部消灭。

战法：如果力量充足，靠近阳坡一线的火用重兵扑打，再用强兵扑打顺沟发展的火头，最后用精兵扑打弱段，将火控制和消灭在沟内。灭跨沟火时，要先打或堵截向山坡发展的火线，再扑打沟内两翼火线，特别是对即将形成阳坡和半阳坡上山火时，要想尽一切办法阻止该火上山避免形成上山火；也可以采取两翼夹击、对进攻坚、前方设防的战法将火控制和消灭在沟内。

注意事项：遇有狭窄沟塘，植被厚而干燥，火势变化不定，千万不可盲目组织灭火。当沟塘长且沟宽不足百米时，燃烧火线极易形成烟道效应，切不可进入沟内堵打火头，更不能深入沟底堵截灭火。应采取稳定尾随火线灭火的战法，既不迎火又不突击，而是顺势紧贴火线，不离开火烧迹地边缘追击灭火，待到火势发展减弱时抓住战机集中力量将火消灭。

### （七）树冠火断开打

特点：树冠火都是由强烈地表火引起的，多发生在可燃物垂直与水平分布相连的中幼密林和灌木林内。树冠火的火势发展迅猛，燃烧强烈，能量大，燃烧时火借风势，风助火威，伴有飞火发生。树冠火无法依靠人力直接扑灭，必须采取间接扑打方法来断开扑打，才能将火控制和消灭。

战法：常用的灭树冠火方法主要有以下五种。一是在树冠火发展前方适当位置，充分利用地形、地物，选择不利于树冠火发展的地段，集中力量切断燃烧通道，即砍伐树木，清除可燃物，开设隔离带，断开和改变可燃物的水平和垂直分布，将火引至地表再消灭。二是利用飞机和机械设备向未燃树冠周边上部喷洒化学灭火药剂和水，断开燃烧通道，即利用化学、物理隔离法灭树冠火。三是在林内修枝打丫，强行切断可燃物空中水平连接，并清除地表可燃物，断开燃烧通道，将树冠火引至地表之后再实施灭火。四是集中力量向灌木林内燃烧火线投掷灭火弹，先压制树冠火，再组织力量灭余火。五是在水源充足地方，充分利用消防车和水泵向燃烧的树冠喷水，达到阻火和灭火目的。

注意事项：灭树冠火难度大，作业强度大，危险性大，扑救时一定要先断开可燃物垂直和水平连接。选择位置要选疏不选密、选平不选坡，尽量做到修枝不伐树，清除不挖沟，这既能减少作业强度，又能减少伐木开隔离带对森林的破坏。灭树冠火有效隔离带的宽度一般在中幼林内为20～30米，即树高的1.5倍；幼灌林内为5～10米。在灭火实战中，灭树冠火要充分利用开设的阻火带、自然隔离带和道路等为依托，实施以火攻火是最安全、最有效的灭火战法，即先断、再烧、后清、最终消灭树冠火。

### （八）地表火灵活打

特点：林内火慢、小而稳，林外火快、大而猛。地表火易打易消，复燃率低。林内地表火因林内光照少，相对湿度大，气流平稳、风小，发展速度较林外慢，而且火势也较为平稳。相反，林外地表火因受风的影响作用大，光照强，相对湿度小，气流不稳，发展速度时快时慢，火势时猛时弱。一般情况下，林外地表火的火头火焰高度为2米左右，两翼火线的火焰高度多在1米左右，而林内地表火的火焰高度大都在1米以下，没有明显火头。

战法：一是扑打林外火焰高度在1.5米左右的地表火和林内可燃物较多的燃烧强烈的地表火，灭火效率高，复燃率低，灭火人员也较为安全。作战方式是将灭火队员分为3个组，第一组清理地表可燃物，第二组点烧控制，第三组清理余火。编组原则是清理组多编人，点烧控制组少编人。作业时，第一组距燃烧火线10～20米处，先清除地表可燃物，开出一条宽为1～2米的依托线（阻火带）；第二组在风力灭火机的控制下，用点火器沿依托线迎火点烧；第三组随后跟进清理余火，实现消灭地表火的目的。二是灭低强度稳进地表火。一般在扑救火焰高度在1米以下的地表火时，分两组配合作业，第一组攻打明火，第二组清理余火，也可以多组配合递进超越，分段消灭地表火。

灭火中必须注意的问题是，灭火队员一定要灵活运用战术，紧跟火线灭火。虽然地表火易打易清，但绝不能麻痹大意，无论火大火小都不能单人作战，必须以小组或分队方式集中灭火，各组和分队之间要互相协同灭火，切不可打乱仗，更不能随意以火攻火。

### （九）地下火挖开打

特点：地下火难判、难打、难清、难守，燃烧速度慢，发生时间多在春后、夏初，秋季也较多见。发生地段一般在原始森林、成过熟林、石塘林、塔头甸子及地被物厚度在30厘米以上的区域。地下火隐藏性强，往往只见冒烟，不见燃烧的明火和大量烟雾。地下火在地表层下燃烧时形成炭火区，火在地下窜着燃烧，往往是火区远离冒烟处。

战法：灭地下火要先侦查好火区位置，通常采取“眼看、手摸、用棍捅”的方法，“眼看”，即看有无烟气；“手摸”，即地表火线有无温度；“用棍捅”，即用工具翻开地表看有无暗火。然后沿地下火区的边缘挖沟断开地下火的蔓延带，再扒开地下火区，并将地下火区的火全部消灭，地下和周边无烟、无气、无热时方可确认火已被消灭，队伍才能撤离。

注意事项：灭地下火绝对不能用土埋压法，必须挖开地表层下的火窝子，挑散拍碎暗炭火，才能彻底消灭地下火。

### （十）火头火间接打

任何一个火场如果控制不住火头，火场就得不到控制。

战法：控制火头常用的方法有三种。一是两翼夹击尾追打。森林灭火中，先让开火头，打两翼的火线，再夹击尾部追火头。这种战法一般是在灭火力量较充足的情况下，分两路对较平稳的火势采取的一种灭火方法。即在火头的两翼分别组织灭火分队，采取递进超越式从两翼火线尾追夹击火头，迫使火头改变发展方向，向不利于火势燃烧的地段发展，创造有利机会，在火势减弱时，抓住战机，集中力量，将火头消灭。也可采取借助依托，以火攻火法快速消灭侧翼火，最后消灭火头。二是侧翼攻坚一线打。当火头火势较大，无法接近火头灭火时，灭火队员位于火头火线侧翼的上风头处，分3个灭火组配合作战。第一组位于火头后方侧翼火烧迹地内侧，第二组位于火烧迹地外侧，第三组负责清理余火，紧随火头之后，紧贴侧翼火线，不正面扑打，而是集中优势力量两面扑打。具体方法是：第一组位于火线外内侧靠近火尾，由迹地内向外打压燃烧火线火尾底部火势；第二组位于第一组之后，间距2米左右在燃烧火线外侧，由外向内扑打第一组打过的火线余火；第三组位于第二组之后，距离10～20米清理余火。这种战法也称避强打弱战法，在火头高度不超过2米、火墙厚度在1米之内的情况下，灭火效果好、速度快。必须注意的是，互相配合要密切，第一、二组间距不宜过远，第三组与第二组的间距又不能过近。三是迎面堵截两翼围歼打。这种战法适用于灭火线发展方向的火头和火头不突出的火线及多个火头相距较近的火线火。首先，迎面堵截。先控火头，在火头发展的前方选择较难燃烧和不燃段的地形、地物为依托，点迎面火灭火头，也可采取人工开设隔离带为依托，点迎面火灭火头，将火头堵截住。其次，两翼围歼。当迎面攻火成功后，迅速组织灭火队伍分为3组，其中两组力量分两路灭火头部余火，实现围歼。

注意事项：堵截火头时，作业地段要选择不利于火势发展而利于灭火作业的地段，开设阻火带时要将迎火段的隔离带主线全部开通，不能宽窄不均，更不能有缺口。有条件时，要在迎火面适当距离内，多开几条一定长度的隔离带附线，主线开设一般宽在10米以上，附线宽2～4米之间，长度10米左右，距主线20～30米。此外，必须选好灭火头的时机，在火头两翼的火势比较弱和有人为控制的情况下，才可组织攻坚灭火头，否则可能发生眼前火头消灭了，而两翼的火又会发展成为两个新燃烧的火头，反而会增加灭火难度，还可能使灭火人员被火包围造成伤亡。所以选择时机打火头一定要精心组织，抓住战机，该打则打，该放则放，该避则避，随机应变，时刻警惕，边打边看，不可盲目突击、见火就打。

### （十一）火翼火跟进打

特点：火翼火是指火头两侧燃烧的火线，是火锋向侧翼燃烧，受侧风的影响燃烧速度较慢，部分地段由于受地形和可燃物数量、质量变化的影响，火翼火线还会有自然熄灭段，从而形成段条火。火翼火的火焰高度一般在1.5米且大部分都在1米以下，林内小于林外，便于直接灭火。

战法：火翼火从火场全局而言又处于中温区，较火头高温区段火势要弱得多，利于直接灭火。在灭火翼火时，灭火队员要紧贴火线，跟随火锋尾部沿燃烧火线灭火。一般情况下，灭火翼火应组织两个或多个灭火分队沿侧翼火线，采取递进超越、打清结合、一次作业的战法最为有效。

### （十二）火谷火圈围打

这种方法既省力安全，又能加快灭火速度。必须注意的问题：一是点烧连接时要从已消灭的侧翼火线开始；二是要将火头圈围在点烧线之内；三是要将预计闭合点选择在不利于火势发展的区域内；四是要集中力量重点用兵，确保一次灭火作业成功。

### （十三）火尾火快速打

特点：火尾火是指火场燃烧区域低温段的火。火尾火属于逆风燃烧的火，受风的制约大，火线稳、慢、缓、弱，熄灭段多。灭火中，燃烧火线的低温区段是灭火最容易的区段，灭火时既少受烟呛，又少遭火烤，有利于快速灭火。火尾火快速打也是白天灭大火和强火时，避开强火打弱火，控制火场火势发展组织力量快速消灭火尾火的首用战法。

战法：在人力充足时，采取多点突进、分兵合围战术；人力不充足时，采取一线进攻、递进超越战术。灭火时，灭火队员一定要猛打明火，细清余火，迅速彻底将火消灭。火尾火快速打，是森林灭火中追歼燃烧火头、快灭弱火，有效控制火场燃烧面积，寻求消灭火头战机的最佳战法之一。

### （十四）大风火尾追打

大风火蔓延速度快，燃烧猛烈，受地形和可燃物影响易形成多个火头，而火尾、火翼火线则燃烧较弱，特别是逆风燃烧时火线发展变化比较稳定。根据这个特点，灭火队员对燃烧的火尾和火翼火线，采取让开火头和强火、扑打弱火的直接灭火方法，即让开火头，避强打弱，最大限度地控制火场燃烧面积。

大风火的火场形态一般呈“尖刀形”，火场燃烧不彻底，火线自然熄灭段多。如果风速达到六七级以上，火尾火能自然熄灭60%左右，侧翼火能自然熄灭30%左右，这是组织力量直接灭尾翼火和侧翼火的最好时机。就火场而言，大风情况下只有火头方向的火又快又猛不能直接灭火，其他方向的火是可以组织扑救的。

这时只要灭火队员能够避开火头，借助地形沿火尾跟进灭火，尾追向前发展的火头，当火头遇有自然地形、河流、道路、防火隔离带的阻挡时，火头火势必然降低，蔓延速度也必然减缓，灭火队员即可抓住这一战机，一举将火头消灭。

### （十五）微风火集中打

特点：微风火一般是指在3级风以下燃烧的火。微风火强度低，火势平稳，燃烧速度慢。微风火受地形、可燃物和火场“小气候”的影响大，燃烧火线自然熄灭段火少，火场形态呈椭圆形，没有明显的火头，燃烧火线的火焰高度一般不超过1米，火墙厚度一般不超过0.5米。实践证明，一天中微风火出现在午夜之后到日出后两个小时这个时间段内。

战法：灭火实战中，微风火是最容易控制和消灭的，只要灭火队员抓住火场风的变化特点和火行为变化规律，抓住微风火弱时的有利战机，集中扑打就能取得灭火胜利。

注意事项：灭微风火也应按先灭低温区火线，再灭中温区火线，最后再灭高温区火线的顺序组织实施。这是因为，虽然微风火的行为变化特点不明显，火稳、燃烧彻底，但火行为变化受地形、植被及火场局部小气候的影响大，火在高危险环境区燃烧时，极易出现高危火势，突然间形成局部火爆、火旋风，增大灭火难度和危险。在灭微风火中队伍不能被一些局部地段的火行为所迷惑，更不能在情况不明时急于实施包围战法，应采取先灭弱火、再打强火的战法，才能确保安全将火消灭。

### （十六）密林火四面打

特点：密林火主要发生在中幼林内，细小可燃物分布密集，不利于灭火作业，加之密林火燃烧强度较大，往往是地下火、地表火、树冠火同时燃烧，火场形态一般无法判定。灭火作业时，灭火队员很难了解掌握周边燃烧的火线情况，只能根据眼前的火势变化灭火，时刻存在着危险，不利于安全灭火。扑救密林火一般不能采取直接灭火手段，必须采取间接灭火手段扑救。

战法：常用的方法是在密林火的四周，充分利用自然依托，结合人工开设隔离带阻火攻火，将火包围在一定的区域内，然后再按先阻火头，然后灭树冠火，再打地表火，最后灭地下火的顺序灭火。即在有火头发展前方，采伐密林树木，断开可燃物连接，清除地表可燃物，开设隔离带，先将树冠火控制在阻火隔离带内，再组织力量扑打燃烧主要方向的地表火，而后扑打侧翼火、尾部火和清理林内地表余火，最后消灭地下火，从而将密林火彻底扑灭。

如果人力充足，采取四面同时作业效果更好。必须注意的问题是，密林灭火不利于指挥观察，不利于判定火势，也不利于灭火队伍机动，所以进入密林灭火，一定要高度重视燃烧火线的清理工作，既要防止余火复燃，更要防止火烧迹地二次燃烧和附近隐蔽火的袭击。扑救密林火时，要设火场安全观察员，时刻注意观察周边火势，随时报告火势发展变化过程，防止意外情况。灭火队员作业时，一定要做到灭一段、保一段、安全一段。

### （十七）疏林火散开打

特点：疏林火火势蔓延较快，但燃烧较为平稳，灭火时利于观察判断火势，利于灭火队伍机动，便于机械化灭火作业。疏林地由于树木密疏不一，呈丛状、块状、条状分布，林间空地多，火行为表现多为地表火，树冠火发生很少，地下火也只是局部才有个别发生。因此，一般在火焰高度不超过1.5米、风力二三级且火场面积较小的情况下，灭疏林火时灭火队伍可散开打。

战法：最小灭火单位可以班和分队为主（班为10人、分队20人左右），灭火头方向火要用3个班（组）以上的分队，灭侧翼火线要用2个班（组）以上的分队，灭火尾火（即火的尾翼火线）要用1个班（组）或分队。同时，各班（组）或分队之间要相互配合，间隔距离保持在100米之内。灭火可运用对进式、递进超越式或两翼封控式等方式进行。扑救疏林火，由于便于观察火势，便于灭火队伍机动，也适用于工程机械灭火，如组织实施得力，灭火效率会成倍增加。

### （十八）灌林火清开打

特点：灌林火燃烧强度大，火行为表现基本与密林相同，不同的是灌林火强度比密林大，或蔓延速度比密林快，燃烧火势比密林火好判定。灭灌林火作业难度大，不宜采取直接灭火方法，而应采取先清后打的方法，即在火头的发展前方或侧翼火线适当位置，选择灌林较稀、地势不利火势发展的地段，组织机械和人力作业，开设隔火带、清除可燃物，再向两侧延伸封控火场。

战法：一是砍伐灌木，清除地表可燃物，开设一条1～2米宽的隔离带阻火；二是边砍、边清、边迎火点烧；三是砍伐灌木、清除可燃物、开隔离带时，要避开地形复杂、植被茂盛、可燃物干燥且载量大的地段，同时隔离带不能留缺口，既要避免阻隔灭火作业失败又要时刻注意灭火全程安全。

## 五、应用战术战法注意事项

### （一）初发火、小火往往更易伤人

一是从思想认识上看。与较大森林火灾相比较，扑救小火从组织领导上对安全工作重视程度往往不高，各级指挥员主官臆断成分较大；灭火人员自身警惕性不高，存在麻痹思想。二是从组织指挥上看。小火可以尽快控制不酿成大灾，在组织上层次简单，随意性较大，战术组织和战法运用不明显。三是从参战人员和灭火装备看。初发火、小火一般由发现者、肇事者或附近村民、地方专业半专业扑火队第一时间处置，普遍存在灭火知识经验匮乏和灭火工具缺乏等问题。特别是肇事者和与火灾区域林地所有权或经营权有关系的村民，只顾及减轻责任和减少经济损失而不顾安全。四是从基本原理上看。小火弹性大，极易随风力风向、地形、植被变化而突变，存在的隐患反而不可大意。

### （二）复燃火更危险

1．火场温度高，火线周边可燃物受热辐射影响含水率极低，一旦复燃燃烧速度快、强度大，其燃烧速度和强度要远远高于正常林火燃烧。

2．对灭火人员意志力和战斗力考验大，灭火人员对重复劳动普遍会有抵触情绪，再组织已经就地休息或已经撤离的灭火队伍难度增大。

3．灭火人员在初次灭火中体力消耗大，警惕性下降，发生全线复燃速度快，极易发生“反包围”，如发现或处置不及时极易酿成大祸。

### （三）慎用点烧战术灭火

1．点烧对气象条件要求高，气温低、风力小、风向要相对稳定。

2．点烧对地形条件要求高，地形要便于展开和控制。

3．点烧对依托条件要求高，使用点烧战术的前提是有足够的依托地形或者是人工开设的隔离带。

4．如果点烧失利，会加剧火灾燃烧，扩大面积，甚至失控，会带来巨大危害。

### （四）不能轻易脱离火线

一方面，一线指挥员脱离火线不利于观察火情和把握灭火进程，如始终沿火线推进，当发生险情时，火线上人员进退选择余地较大，一般可选择进入火烧迹地内避险。

另一方面，火线边缘过火的迹地与未燃烧区域之间的区分和人为行动所留下的痕迹明显，人员不易走失。特别是夜间灭火不能轻易组织穿插行动。

### （五）接近火场阶段安全风险最高，高度警惕12—16时林火

1．林间无法通视火线情况，一般观察范围仅几米至十几米，林火发展态势不易把握。

2．接近火线时，如林火突然发生变化，反应时间短，机具装备准备不充分，易陷入“进退两难”境地。

3．人员接近火场会产生气流改变，影响火线燃烧自然状态，一般灭火人员感觉的“人来疯”，实际就是火场气流改变所致。

4．灭火人员如打开突破口，正常推进扑打，如遇特殊情况，能够迅速进入火烧迹地内避险，一般不会出现腹背甚至四面受敌的情况。

12—16时气温高，风力大，风向多变，历史上90%以上发生人员伤

亡（特别是群体性伤亡）的火灾都集中在这个时段。

**（六）必须搞好火场勘察，每个灭火分队必须派出观察员**

一看地形。主要是看火场及周边有无明显“九种危险地形”。二看植被。主要看植被种类、分布及林下可燃物载量，尤其要重点掌握易燃针叶树种、密灌连续分布情况。三看气象。主要是看风力、风向、风速，重点要把握火场主风向变化的特点规律。四看火线。首先要看好内线和外线火。之后看火线长度、蔓延速度、火焰高度、火墙厚度。五看烟雾。主要看烟的远近、色彩、浓稀、走向、速度等，这也是判断火势大小及其发展变化的主要依据。六看战斗力。主要看参战单位、人数、装备、机构组成、配属关系及各类保障等。

# 火灾案例

## 黑龙江大兴安岭呼中林业局<br>2010年“6·26”雷击火战例评析

### 一、案例摘要

2010年6月26—28日，黑龙江大兴安岭地区呼中林业局施业区因雷击相继引发26起夏季森林火灾。为扑救森林火灾，黑龙江省防指在全省范围内总计调动25458人参加扑火战斗，其中：武警森林部队4258人、专业森林消防队11028人、武警内卫2000人、解放军2332人、后备森林消防队5840人。扑火期间，共投入消防车120台、推土机135台、运兵车等其他车辆2084台；共投入飞机10架，累计飞行200小时25分，机降44架次743人，吊桶作业114架次570吨水，运送给养16架次18.4吨，侦察火场55架次。

经过全体指战员7个昼夜的奋力扑救，在7月3日将26处火场全部扑灭，创造了在气候条件极端异常、地形地貌十分复杂、运兵给养异常困难、地下火地表火树冠火立体蔓延的情况下，主要依靠人力成功扑救大面积雷击火灾的典型案例。经调查，26处火场过火总面积13497.62公顷，其中：有林地11737.62公顷，占过火面积87%；荒山、草地、裸露岩石1760公顷，占过火面积的13%。

火灾扑救过程主要经历了三个阶段：

第一阶段：重兵围控阶段（6月26日15时30分至28日8时）。6月26日上午，呼中瞭望塔发现黑龙江与内蒙古两省区的交界位置附近有烟（12°28′48″/51°18′23″），大兴安岭地区防火办立即派飞机机降3架次40人实施机降灭火。同时，大兴安岭森防指立即组织1005人赶赴交界处从地面增援火场。由于火场形成了高强度树冠火，林火继续向呼中区呼源林场施业区蔓延。大兴安岭地区森林防火指挥部立即启动《大兴安岭地区处置重特大森林火灾应急预案》，成立了火场前线总指挥部，地委书记、行署专员任火场前线总指挥，第一时间派出由14名处级干部带队的500人专业队和1112名群众扑火队员急赴火场。鉴于火场发展态势，地防指又陆续从其他区局及森林部队调集兵力3900人参加扑火。

第二阶段：扑救攻坚阶段（6月28日8时35分至7月3日10时30分）。6月28日上午，原来火场（亚里河1号火场）还没有得到有效控制，呼中区又连续出现多处雷击火点，火点、火场总数最多达26处之多，呈现大面积集中爆发态势，火情十分复杂，形势十分严峻。为此，地区森林防火指挥部立即向省森防指请求增援，省森防指向省森工总局、省森林部队、黑河、伊春等地市下达命令，要求集结人员准备增援扑火。国家林业局局长贾志邦，省委书记吉炳轩、省长栗战书、副省长吕维峰相继赶到火场前线，与当地扑火前指共同研究灭火作战方案。按照省委书记吉炳轩“吃大、围中、看小、控猛”的要求，制定了直接扑打和开设隔离带并举的扑救方案。省森防指陆续增派外援扑火力量14632人，其中专业森林消防队6500人、武警森林部队3000人、武警内卫2000人、公安消防800人、人民解放军2332人。采取“打、堵、清相结合，直升机吊桶洒水灭火，集中兵力打歼灭战”等实用战术，于7月3日上午10时30分火场全线合围，明火全部扑灭。

第三阶段：清理防守阶段（7月3日10时30分至6日16时）。7月3日10时40分，火场转为清理阶段，重点开设生土隔离带，沿火边向外开设出4米宽的生土隔离沟，并向火场纵深处清理200米。划分责任区，分段划片落实，砍标立界，落实清理责任，整个火场在7月6日16时前全部达到了“三无”，火灾扑救取得了全面胜利。

## 二、主要经验

### （一）及时预警，迅速反应

雷击火发生的当天，火险等级为四级橙色预警，各地均启动了相应的预警预案，各扑火队伍处于一级战备状态，瞭望塔、巡护队加大瞭望监测力度。雷暴天气过后，瞭望塔第一时间发现火情，第一时间上报情况，第一时间赶到火场。正是由于发现及时、出兵迅速、科学扑救，从而有效地遏制了火势的发展，避免了雷击火集中连片爆发的危险态势，确保了“首战成功、首战必胜、首战必捷”目标的实现。

虽然对防范夏季火做出了安排和部署，但对这次爆发点多、线长、面广的雷击火还缺乏足够的经验，面对如此大规模的火灾准备不够充分，以至于雷击火频繁爆发后，在兵力调配、后勤保障等方面有些措手不及。

### （二）决策有力，策略科学

针对火场的严峻形势，地森防指全力组织扑救，果断决策，立即启动了《大兴安岭地区处置重特大森林火灾应急预案》，成立了林火扑救前线总指挥部。确定了“吃大、围中、看小、控猛，集中兵力打歼灭战”的扑火原则，并针对火场情况成立了7个火场分指挥部，负责各防区的火线扑救工作。根据火场态势，科学制订扑救方案，采取多种手段相结合的战略战术。呼滨61支线4号火场前指采取“五点进入，十面扑打”

的办法，以武警森林部队、专业森林消防队为第一梯队扑打火线，群众队伍跟进清理、看守，有效控制了火势蔓延；亚里河1号火场实施“打南、保东，合围西北线”的扑火战略，采取“打、烧、开”的办法，结合“跳跃式扑打、递进式扑打”等战术，利用油锯、割灌机对具备条件的地带采取点烧的方式开设隔离带，对所有火险边缘开设2米宽的生土隔离带，从根本上扭转了南线的危险局势；保护区1246高地火场地处国家级自然保护区腹地，林火直接威胁到整个保护区的安全，火场分指组织先期到达的扑火队伍直接穿插火场展开扑救；自然保护区2号线加拉河23号火场火势向南发展，如果火线突破保护区2号线公路，向东发展形成上山火，火场局面将难以控制，后果不堪设想，火场分指制定了“打西、控东、守北、保南”的扑火战术，全力扑打西线，控制东线，阻止了火势的蔓延；飞虎山火场分指按照“先重点、后一般”的原则，根据火场实际情况，集中优势兵力，对森林资源较好、火势强的火场进行重兵围剿，并在东线以道路为依托、北线以冻板道为依托，用推土机和人工割打的方式开设隔离带，使火场在较短时间内得到控制；亚里河23号线火场分指组织所属扑火人员沿公路迅速开设防火隔离带，阻隔火势，防止蔓延成片，并成立东、西两线指挥部，以公路为依托，从北线向东南线、西南线两线进兵。火场各分指针对火情发展态势，灵活运用各种扑火战略战术，对扑救多起雷击山火起到了至关重要的作用。

### （三）领导重视，亲切关怀

雷击火发生后，国务院总理温家宝、副总理回良玉高度重视，作出批示要求迅速组织力量予以科学扑救，并且要求保障扑火人员安全；国家林业局局长贾治邦时刻关注火势发展，对扑救工作多次作出批示，并亲临前线向扑火指战员表示慰问；省委书记吉炳轩第一时间作出批示，并每天打电话询问火情，指导火灾扑救工作，鼓励前线指战员；省长栗战书多次打电话要求全面掌握火场态势，慎重决策，科学指挥。贾治邦、吉炳轩、栗战书等领导先后赶到火场前线，慰问前线扑火指战员，领导的重视和关怀，不仅极大地鼓舞了全体参战人员的斗志，而且对夺取扑救工作的全面胜利起到了根本性的保障作用。

### （四）靠前指挥，决策果断

国家林业局，省委、省政府领导相继赶赴火场一线，与总前指共同研究制订作战方案，确定了科学的扑救原则和战略战术；省副省长吕维峰坐镇前指，统筹安排火场扑救工作；国家武警森林防火指挥部和省森警部队靠前指挥森警部队实施扑救；省军区司令员深入火场一线，派1642名解放军战士支援火场；国家森防指办公室主任杜永胜在总前指指导火灾扑救；省林业厅厅长蔡炳华、副厅长李树铭第一时间赶赴总前指，分别在总前指和火场一线指挥扑救；大兴安岭地委书记接到火灾报告后，立即从漠河乘直升机赶赴扑火第一线。黑龙江省政府成立了以吕维峰副省长为组长的火灾扑救工作领导小组，领导指导火灾扑救工作。大兴安岭地委、行署迅速成立了火场前线总指挥部，抽调11名地级领导、100多名处级干部到火场一线指挥扑救工作。根据火场实际，前指确立了打堵清相结合、客火当主火打、有雨当无雨打、集中兵力打歼灭战的方针，重点实行“吃大、围中、看小、控猛”的原则，根据每个火场的特点和火情发展，适时制订和调整扑火方案，确保了扑火工作的顺利进行。

### （五）密切配合，通力协作

国家林业局、省委省政府和大兴安岭地委、行署、林管局，以及区内外各部门、各单位紧急调动人员、物资和装备投入扑火工作，为成功扑救雷击火提供了坚强保障。国家森防指、省森防指在短时间内迅速调集了14632名外援力量，承担重要扑火任务；国家林业局紧急调动1000

余混合台（套）的油锯、割灌机和风力灭火机等急需物资，支援扑火工作；黑龙江消防部门从全省调集了124辆消防车驰援火场，有力促进了火场扑救工作；东北航空护林中心调集了10架飞机，每天安排飞机侦察，开展灭火作业，发挥了航空消防快速高效的作用；国家、黑龙江省气象局抽调16台人工增雨作业车，指导开展人工增雨灭火作业，抓住有利天气条件，实施飞机增雨作业5架次、火箭联合作业3次，总作业影响面积达到16100平方千米，为快速、彻底地扑灭林火创造了有力条件；铁路部门全力以赴，开通12趟专列，确保了火场兵力和物资紧急运送；交通、公安部门紧急部署，抽调450名交警在火场各个要点指挥交通，确保人员调动和物资运输的交通顺畅；交通、煤矿、农垦等部门紧急调动推土机、挖掘机等大型机具设备，推设阻隔带，共开设防火阻隔带67.5千米；商务、卫生部门紧急筹集食品和药品，确保了一线扑火人员的给养供给和医疗保障；民政、财政、建设、应急办、测绘、通信、粮食、新闻宣传、航空安全、航空油料等部门都积极参与扑火救灾工作，大兴安岭地区专门指派得力领导干部负责后勤保障工作，确保给养、油料和机具设备及时发放到位。省内各系统各部门和大兴安岭地区各单位各部门顾全大局，团结协作，众志成城，为扑火工作提供了强有力的保障。

## 三、教训及下步打算

### （一）火场信息反馈慢

扑救过程中，因多个扑火队伍参战，共用一个信道通信，抢用信道现象严重，通信联络不够畅通，各队伍不能及时将火场情况和扑救情况上报，导致前指火场情况和扑救情况统计汇总不够及时。

### （二）航空消防基础设施不足

虽然已在呼中重点雷击区建设几处直升机吊桶取水池，但由于取水池蓄水量不足，并且数量不够，不能满足大型直升机吊桶灭火作业的需要。

### （三）公路运输不畅

由于道路网密度低，火场周围十几千米没有道路，人多、车辆多，尤其是大型、大吨位扑火车辆增多，造成一些桥涵受损严重，影响了扑火进兵和物资给养运送。

### （四）后勤保障不及时

由于火场较多且距离较远，山势陡峭，路况不好，特别是自然保护区个别火场根本没有道路，给养和物资只能靠人担肩扛。因此，火场急需的机具、油料、给养等有时不能完全及时运送到位，给扑火工作带来一定的困难。

几点建议：

（1）加强雷击火发生规律的研究和雷暴天气监测。针对雷击火发生的特点，进一步完善防范大面积、多点位雷击火爆发的扑火预案。同时，与科研部门和专家研究探索在雷击火易发地区建立避雷设施的可行性，争取国家对雷击火防范立项、投资。

（2）加强森林防火基础设施建设，提高专业扑火队伍机械化扑火能力。重点加强以水灭火的实战能力，增加蓄水池的数量，提高建设标准，确保干旱枯水期蓄水量能够满足大型飞机吊桶作业需要。配备以履带式多功能森林消防车、隔离带开设机和大吨位轮式消防车为主的大型机械化森林扑火设备，重点扑救高强度树冠火、地下火以及山高林密处人员难以到达区域的林火。

（3）建立完备有力的后勤和技术保障体系。一是以各支专业、半专业、群众队伍为基本单元，构建起地、县（区、林业局）、乡镇（林场）的三级保障体系。二是根据当地可燃物种类，扑救、清理工作实际需要，应适当增加适用机具的储备。三是在油料储备、物资和给养供应上时刻做好扑火准备。在油料供应上各级各类专业、半专业队伍日常要储备充足的油料，保证车辆和机具供应。四是确保运输畅通。在全面踏查的基础上，做好破损桥涵、公路的维护和新建。同时，做好应急预案，准备好推土机、装载机和翻斗车，一旦发生火情即随队伍一同开赴火场，不仅保证公路畅通，也可开设临时停车场和会车线，实时做好扑大火的准备。五是做好医疗保障。按照扑大火预案要求，火场前指和队伍均应配备医务人员和医疗卫生急救用品。前指和分指应建立紧急医疗救护站，备足备齐医药用品，为医疗救护提供有力的保障。六是做好技术保障。首先是通信保障，通过通信指挥车、临时中继站，组成火场二级通信网，确保通信畅通；加快数字通信的火场实用测试，实现分级通话，彻底解决信道拥堵、人为干扰现象。其次是利用地理信息系统，无线传输系统，实现文本和图像传输，为火场指挥提供辅助决策。最后是通过专家咨询组提供技术指导和帮助，发挥航空观察员、空中指挥员的作用，为前指出谋划策，使地空协调配合作用得到有效的发挥。

# 内蒙古大兴安岭毕拉河林业局<br>2017年“5·2”森林火灾案例评析

## 一、案例摘要

2017年5月2日12时15分，内蒙古大兴安岭重点国有林管理局所属毕拉河林业局阿木珠苏林场因管护站司炉工倾倒燃烧剩余物残渣引发森林火灾。此次火灾扑救累计调集兵力9430人（其中：林业扑火队员6140人，森警部队3290人），调动飞机15架、各种车辆813辆、各类扑火机具

6570台套。5月5日10时30分，火场实现全线合围，外围明火全部扑灭，扑救工作取得决定性胜利； 5月10日12时，清理守护120小时以上，火场达到“三无”，火灾实现彻底扑灭，确保了火灾威胁的周边30多个村屯、2个乡镇、2个国有农场、3万多名人民群众的生命财产安全。此次草甸森林火灾过火面积1.148万公顷，受害森林面积8281.6公顷，受害较重的森林面积2862.5公顷。在扑火过程中，致使6人不同程度被烧伤。火灾肇事者被刑事处罚，相关责任人按干部管理权限进行党政纪处分。

## 二、主要经验

这起森林火灾具备了与1987年“5·6”大火类似的气象、地形、植被条件，当日气温高达28.6℃，瞬间风力10级以上，纵深几十千米沟塘草甸植被干枯茂密，火借风势、风助火威，瞬间呈燎原之势。但由于领导重视、处置得力、作战英勇、各方协同，在较短的时间内完全依靠人力取得扑火救灾的彻底胜利，没有重演1987年“5·6”大火的悲剧，主要经验如下。

### （一）领导高度重视，一线指挥得力，确保了灭火作战有序展开

火灾发生后，党中央、国务院，自治区党委、政府，国家林业局高度重视，习近平总书记、李克强总理、汪洋副总理、李纪恒书记、布小林主席、张建龙局长等领导多次作出重要批示，为战胜火灾指明了方向，提供了基本遵循。国务院、自治区工作组和两级森防指领导及时赶赴火场，国家森防指张建龙总指挥、李树铭副总指挥，自治区李纪恒书记、布小林主席亲赴一线，科学调度，具体指导，确保了火灾扑救工作科学规范开展，有力有序推进。

### （二）组织指挥科学，战法运用灵活，掌握了灭火作战主动权

在国务院、自治区赴火场工作组的具体指导下，内蒙古大兴安岭管

理局快速启动应急处置预案，本着“宁可备而不用，不可无兵可调”的原则，调集重兵扑救。各参战单位昼夜兼程、多点向心，分梯次投入灭火行动，保证火场各个方向都有重兵扑救、重兵把守，为成功扑灭大火提供了坚实的力量支撑。前指按照 “大外围、小内线”和“封外围、控内线、保安全”的战略部署，准确判断火场发展态势，权衡利弊，在战略上划定围控区域，预设隔离，全线封控，对受火场威胁较大的村镇、农场、林场进行紧急布防，制订人员疏散预案，随时准备撤出火险区域，命令扑火人员紧急避险，确保人身安全，调集周边大型机械设备做好开设生土隔离带准备，制订以火攻火方案；在战术上采取“打、烧、隔、围、堵”等手段分段围歼，多点突破，多路合围；在战法上采取“机降运兵、全地形车辆输送、地空配合、立体作战、军民协同”的作战方式，明确突破火线位置、兵力配置、任务区分、战术运用、协同动作等事项。一线指挥员坚持从火势发展与战斗行动两个动态因素无规律变化入手，选取有利地形，选择最佳灭火时机，选择最佳突破位置，灵活运用“边打边清、打烧结合、空中灭火”等战法，牢牢掌握了灭火作战的主动权。

### （三）发挥“五联”优势，整合力量资源，提高了各方协同作战效能

火灾发生后，武警森林部队按照“五联”机制建设要求，跨区域就近调集兵力，建立运行高效的联合指挥系统，构建科学协同模式，形成整体合力，攻坚克难，充分发挥了主力军和突击队的作用；航空护林有效实施观察、运兵、吊桶、化灭、运送给养的作业，累计飞行197.5小时，140架次，机降3300人，空投给养15吨，实施化学灭火153吨，吊桶灭火353.5吨，充分展示了飞机机群灭火的优势；地方、林业协同配合，军警民共同参战，森警部队、林业专业扑火队员共赴火场，医疗、航空、气象、通信、运输、电力等后勤保障部门协同一致，充分体现了一方有难、八方支援，众志成城、战胜灾害的社会主义优越性。

## 三、教训不足及下步打算

### （一）火源管理有漏洞

林区多年未发生大的森林火灾，出现了一定的麻痹思想和侥幸心理，个别单位防火意识有所淡化，火源管理存在死角。一是毕拉河火灾属林业内部职工因处置锅炉燃烧剩余物不善引发森林火灾，出现了低级错误；二是在高火险形势下，管护站职工依然生产作业，留守人员数量少、年龄偏大、多为后勤职工，不会使用风力灭火机，在极端气候条件下，突发火情难以妥善处置；三是虽然下派了督查组，对发现的问题进行了反馈，但反馈整改不及时；四是计划烧除工作受环保部门要求没有开展，林内可燃物载量严重超标，具备发生大火的可能性。火源管理是森林防火工作的重中之重，涉及预防工作的方方面面，引申来看，说明一些单位在思想认识、宣传教育、内部管理、责任制度、督导检查等方面存在一定问题。

### （二）应急准备存在薄弱环节

处置突发重特大火灾的措施不够完善，缺乏打大火、打恶仗的充分准备。一是个别单位应急预案与实战要求存在一定差距，平时演练培训不够，造成火灾扑救初期个别环节、工作流程衔接不畅；二是综合基础设施配套建设不完善，如在前线指挥部选址上，虽考虑交通、兵力集结、办公、靠前指挥等因素，但通信不畅，附近区域又没有更为合适的地点，不得已设在达尔滨罗森林公园接待中心，离火场较近；三是对火场小气候、风向突变、风力加大、出现特殊火行为估计不足，缺少高性能的个人防护装备。

### （三）通信联络不畅通

一是林区地广人稀，10.67万平方千米中移动、电信、联通等公网通信只能覆盖林业局局址、少量铁路沿线林场和部分景区，绝大部分的生态功能区没有公网信号；二是林区森林防火通信系统建设先天不足，通信覆盖率低，受投资少、建设周期长、更新换代快、缺乏顶层设计等因素影响，主要采用超短波模拟无线通信方式，设施设备老化，存在频道少、抗干扰能力差、设备型号不统一、功能少等无法克服的问题，特别是异地扑救森林火灾所携带的通信设备不便于加入当地的通信网，无法实现全林区异地及火场漫游，造成森林防火联络不畅、政令不通而贻误战机；三是缺少森林防火通信专业技术人员，培训不够，一些基层带队领导不能熟练使用常规通信设备，信道、频率、电池准备不足，造成与前指通信时断时续，给命令下达执行、兵力调动布防带来极大困难。

### （四）兵力运达不及时

一是林区道路（桥涵）大多建于20世纪五六十年代，密度低、等级差、断头路多，缺少维护资金，损毁严重，扑火兵力有些区域只能靠飞机投送；二是航空灭火大中型直升机机源短缺，配套基础设施不完备，野外停机坪、蓄水池数量不足，难以发挥机群灭火优势；三是缺乏大型运兵、开设隔离带机械设备，林区河流、湿地众多，水系发达，有些区域沼泽遍布，偏远无路，人员、车辆难以通行，有些火场需涉河扑救，缺少越野性能强的全地形运兵车辆，只能靠运力有限的飞机投送，一旦天气恶化，飞机无法飞行，扑火队伍必须徒步开进，在很大程度上影响了扑火速度。

### （五）专业队伍能力下降

近年来东北、内蒙古一直是人口净流出地，呼伦贝尔近十年减少了19万人，受整体社会环境、地区人口减少的影响，林区职工队伍普遍存在老龄化现象，截至2016年末，林区共有在岗全民职工46728人，职工平均年龄在46岁左右。近年来国有林区改革政策明确，人员只出不进、机构只减不增，林区职工虽然人数较多，但适龄扑火人员不足。受此影响，林区现有专业森林消防队伍21支、3675人，半专业森林消防队伍5450人，虽然防火期要求每个林业局都要达到200人，但与国家专业队伍配备标准还有一定差距，专业森林消防队员老化、数量不足、待遇偏低、更替乏力，造成扑火能力下降。

下一步将深刻反思，举一反三，认真汲取火灾教训，全面落实森林防火责任制度，大力加强扑救指挥体系建设，着力解决林区道路损毁、通信不畅、大型设备缺乏、人员老化等短板问题，由“人防”向“技防”转变，努力提高林区防扑火综合能力。

# 内蒙古大兴安岭汗马国家级自然保护区管理局2018年“6・2”特大雷击森林火灾案例评析

## 一、火灾摘要

2018年6月1日19时，内蒙古大兴安岭汗马国家级自然保护区由于雷击引发特别重大森林火灾，过火总面积4577公顷，受害森林面积达4500公顷，6月6日10时合围扑灭，出动扑火人员3620人（其中森警1680人）。

6月1日19时，大兴安岭航空护林局直升机巡护发现汗马自然保护区北部腹地出现火情，起火点坐标（122°38′27″/51°40′41″）。该区域地处未开发的原始林区，大兴安岭北部主脊地带，区域平均海拔1200米以上，火场山坡植被以偃松为主，树干分枝伏卧、交织成网、油脂含量极高，扑救难度极大；火场距最近自然路直线距离约15千米，地表塔头湿地星罗棋布，植被茂盛、地形复杂，大型履带运兵车开进困难，徒步开进每小时最多只能前进1千米，火灾形势极为严峻。火灾发生后，重点国有林管理局高度重视、高效应对，第一时间启动扑救森林火灾应急预案，成立汗马火场分前指。鉴于当晚飞机不能飞行，前指果断命令阿龙山、金河靠前驻防150人、森警100人和周边蟒式运兵车、NA-140全道路运兵车各2台连夜由陆路向距火场最近的阿北林场开进。6月2日4时30分，起飞条件具备后，立即派出直升机侦察，确定火场面积约6公顷。并派M-171直升机载根河航空特勤突击队15人索降至火场，在附近开设临时机降点3个，随即以根河航站为中心，紧密开展机降作业。13时，由于火场风向突变风力加大，原机降点卷入火烧迹地，前指迅速命令开辟新的机降点，继续吊运扑火队员，当日累计投入兵力730人（森警100人，林业扑火队员630人）。6月3日结合火灾扑救实际，国家森防指启动了国家森林火灾应急预案Ⅲ级响应，自治区森防指在启动森林草原火灾应急预案Ⅱ级响应后紧急调整为Ⅰ级响应，管理局相关部门人员赴前线指挥汗马、阿巴河火灾扑救工作。6月4日由于极端天气导致汗马火场形势严峻，烧入黑龙江省大兴安岭境内，国家森防指决定将森林火灾应急Ⅲ级响应升级为Ⅱ级响应，并派出由国家森防指领导带队的火场工作组赴火场一线协调指导火灾扑救工作。11时受天气影响，飞机航路受阻，14时陆续恢复通航，当日投送兵力1070人。同时，结合火场实际，研究制订了“守西、封北、打东”的扑火方案，西南线810人继续清守；西线570人兵分两路，南北相向扑打；北线以森警为主集结重兵封堵并组织大型设备开设隔离带；东线680名突击队员沿东部火线向北扑打，290名林业扑火队员后续跟进清守；另有60名森警机降至黑龙江交界处，由外向内扑打。6月5日经过一夜奋战，火场西线态势平稳，东线基本封控，前指开始调集重兵合围北线。火场总兵力达到3640人（其中林业扑火队伍

1960人，森警1680人）。同时结合气象条件，开展了人工增雨作业。6月6日10时，汗马火场全线合围，外线明火全部扑灭，整个火场全面控制，扑火救灾工作取得决定性胜利。火场过火面积4577公顷。森林公安机关第一时间现场侦查，结合起火点火情蔓延轨迹、现场雷击木取证及气象雷暴监测记录，确认为雷击火。

## 二、主要经验

这次火灾发生在春末夏初。特别是5月中旬以来，呼伦贝尔境内8个国家气象监测站日最高气温达到或超过5月极端高温阈值，并有6个国家站突破历史同期极值，最高气温突破38℃；林区降水较常年同期最多减少12%。长期干旱少雨、高温低湿，使林区具备了与2002年北部原始林区“7·28”大火类似的气象、地形、植被条件。主要扑救经验如下。

### （一）领导高度重视，一线指挥得力，确保了灭火作战高效有序

火灾发生后，党中央、国务院、中央军委高度重视，李克强、栗战书、韩正、王勇等党和国家领导多次对火灾扑救工作作出重要批示指示。国家森防指、自治区党委政府迅速启动高级别应急响应，国家森防指、应急管理部、自然资源部、国家林草局领导多次就火灾扑救工作提出明确要求。应急管理部党组书记黄明、国家林草局局长张建龙密切关注灾情动向，多次致电、批示指导扑救工作；国家林草局森林公安局局长王海忠坐镇前指对火灾扑救进行具体指导。武警森林指挥部司令员徐平多次致电询问指导火灾扑救，参谋长彭小国一直靠前指挥森警作战，积极协调黑龙江、吉林森警部队驰援火场。自治区政府及相关部门等领导第一时间赶赴火场，对火灾扑救给予了强有力的帮助指导。上级领导的高度重视、科学调度，精准指导，确保了火灾扑救工作科学严密开展，高效有力推进。

### （二）组织指挥科学，战略得当、战术精准，掌握了灭火作战主动权

重点国有林管理局认真贯彻党中央、国务院、中央军委领导的指示精神，按照自治区党委、政府和国家林草局的统一部署，快速启动应急处置预案，本着“宁可备而不用，不可无兵可调”的原则，调集重兵扑救。各参战单位昼夜兼程、多点向心，分梯次投入灭火行动，保证各个火场和火场各个方向都有重兵扑救、重兵把守，为成功扑灭大火提供了坚实的力量支撑。前线指挥部及时准确贯彻落实中央、自治区领导重要指示批示精神，准确判断火场发展态势，全面把握火场局面，及时调整战略战术，组织调动人员，制订扑救方案，始终将火灾置于控制之中。在扑救方式上，因地制宜、分类指导，一个火场制定一个具体扑救办法，综合采取了重兵投放、连续攻坚、机降运兵、全地形车辆输送、吊桶灭火、人工增雨、隔离阻火等措施，结合实际明确突破火线位置、兵力配置、任务区分、战术运用、协同动作等事项，在火场高温干旱、风向变化无常、地形复杂交通不便的不利条件下，取得了扑火作战的全胜。一线指挥员服从命令、听从指挥，精准有效贯彻前指的战略意图，坚持从火势发展与战斗行动变化入手，选取有利地形，选择最佳灭火时机，选择最佳突破位置，灵活运用“打、烧、隔、围、堵”等各种战法，牢牢掌握了灭火作战的主动权。

### （三）充分调动各方力量，整合资源、团结一致，提高协同作战综合效能

火灾发生后，内蒙古大兴安岭林区全面发动、支援扑火。他们视火情为命令、视火场为战场，第一时间轻装出动，与广大森警官兵配合紧密、并肩作战，灭火头、控火线、清火场，浴血奋战、攻坚克难，坚决打赢扑火攻坚战，守卫绿色家园。森警官兵在森警部队机构改革的关键时期，全心全力投入，充分发挥特别能吃苦、特别能战斗的光荣传统，

打头阵、攻险段，打硬仗、战必胜，发挥了突击队和主力军的作用，体现了强烈的政治担当和大局意识。管理局信息中心多方组织协调，与中国电信、中国移动密切合作，连夜通过飞机空投、徒步背负等方式赶赴火场一线，第一时间在汗马、阿巴河火场开通VSAT小站卫星链路，在原始林区腹地首次全程为火场提供区域电信信号服务，并派2辆应急通信车开通火场指挥专用超短波通信中继站，有效提升了火场通信质量，确保了扑火作战各个环节有效沟通。大兴安岭航空护林局充分发挥护林飞机的空中优势，在偏远无路的原始林区作战中发挥关键作用，第一时间发现火情，第一时间提供全面准确火场信息，第一时间吊桶洒水控制火头火线，第一时间开辟机降场地保障运兵，第一时间空运兵力抵达火场，第一时间运送补充给养，架起了扑救火灾的“空中通道”。呼伦贝尔市委、政府对火灾扑救给予了大力支持，在地方防火压力巨大的情况下，抽调9台装甲车、500名地方扑火队员支援火场，及时协调调运航空燃油70吨，并向前线运输了急需的给养和物资。呼伦贝尔市气象局及时派人赶赴火场一线协调气象服务，实时发布气象预警，提供火情天气预报，组织人工影响天气作业。大兴安岭森林公安局调查取证，迅速查明火因，实事求是形成火因调查报告。各级媒体及新闻工作者深入火场一线，从不同视角采写了一批有温度、有热度、有深度、感人至深的新闻，及时播发了大量反映林业职工及森警官兵在火场拼搏的感人场面，鼓舞了人心、提振了士气、振奋了精神。黑龙江省党委、政府高度重视，主动了解情况，上下联动、不分区域，调集重兵堵截入境火，共同打赢扑火歼灭战。管理局防火办统筹调度、昼夜运转，将指挥部各项决策部署落实到位。参加扑救的各林业局迅速动员、自带给养，尽全力支援扑火作战。综合文秘组认真履行职责，及时汇总上报火灾情况信息32期，按上级要求认真起草各项文字材料和情况报告。此外、属地医疗、通信、电力等后勤保障部门协同一致、全力以赴，充分体现了一方有难、八方支援，众志成城、战胜灾害的社会主义优越性。

## 三、损失评估调查

火灾发生后，森林公安部门组织干警第一时间赶赴现场开展侦查工作。通过现场勘查，在内蒙古汗马国家级自然保护区37林班内发现雷击木位置，经GPS测定为东经122°38′41.7″，北纬51°40′54.8″，经火因调查组综合分析，起火点为此雷击木处，过火面积4577公顷。随后调取了呼伦贝尔市气象灾害防御中心监测信息：2018年5月31日17时至6月1日17时汗马自然保护区域内有19个雷电过程。经综合分析认定此次火灾因雷击引发。

## 四、责任追究及灾害处置情况

根据管理局2018年绩效考核责任书规定“非人为火灾受害森林面积超过1000公顷的予以一票否决”，取消汗马自然保护区管理局评优资格，扣罚其主要领导及班子成员绩效奖励资金；根据管理局森林防火奖罚办法，扣罚其主要领导抵押金2万元，单位无火灾年限从下年起重新计算。为最大限度对森林火灾所受的林木损失进行恢复，一般采取人工更新、人工促进天然更新、天然更新等恢复措施。由于此次森林火灾发生在地域偏远、山高林密的原始林区，按照营林规程，25°以上坡度采取天然更新或异地补植补造措施予以植被恢复。同时，对发生森林火灾的火烧迹地内的枯死木、衰弱木及其周边2千米范围内的未过火健康林地全面地进行林业有害生物监测，特别是次期性蛀干害虫的动态监测，准确掌握树木发病情况。对发生次期性蛀干害虫的火烧迹地及其周边2千米范围内未过火健康林地应及时启动应急预案，适时开展综合治理措施，确保森林健康，减少灾害损失。

## 五、存在问题及建议

这次扑火救灾中也暴露出一些问题，特别是一些长期积累的深层次问题，突出反映在：一是森林防火基础设施建设滞后。汗马、额尔古纳、毕拉河三个国家级自然保护区至今没有国家森林火灾高危区综合治理建设项目投入，区域内防扑火基础设施非常薄弱。二是林区公路建设滞后，道路密度低、等级差、危桥危涵多，缺少维护资金，损毁严重，有些区域扑火兵力只能靠飞机投送，一旦天气恶化，扑火队伍只能是长途跋涉，徒步开进。三是航空灭火大中型直升机机源短缺，配套基础设施不完备，难以发挥机群灭火优势。四是防扑火装备科技含量较低，缺乏大型运兵设备，林区河流、湿地众多，水系发达，有些区域塔头沼泽遍布，偏远无路，人员、车辆难以通行，有些火场需涉河扑救，缺少越野性能强的全地形运兵车辆，在很大程度上影响了扑火速度。五是专业队伍能力下降。目前林区职工平均年龄在48岁左右，近年来国有林区改革政策要求“人员只出不进、机构只减不增”，林区专业森林消防队员年龄老化、数量不足、待遇偏低、更替乏力，造成扑火能力下降。针对存在问题，提出如下建议。

### （一）加强通信基础设施建设

结合近期扑火实际，明确了“完善超短波、实现全覆盖，扩大商用网、升级增渠道”的原则。一方面用足用好国家、自治区已批复的森林防火卫星通信、机动通信、超短波通信、应急通信指挥等项目资金2.8亿元，改善森林防火应急通信条件。另一方面积极协调三大运营商继续加强林区通信基础设施建设，同时建议上级考虑在后期运营维护中，以政府购买服务的方式，由中央财政预算每年给予运营商费用补贴，维护林区通信基础设施的正常运转。

### （二）加强防火应急道路建设

林区现有公路18796千米，其中自建自养道路14185千米，基本上为砂石路。现有各类桥梁2587座、涵洞16093座，其中：危桥1112座、危涵3101座，严重影响防火装备运输和人员转运，存在较大交通安全隐患。鉴于林区全面停止天然林商业性采伐后，没有育林基金用于道路建设维护，建议上级给予资金或项目支持，逐年解决。

### （三）加强航空护林能力建设

林区地广人稀、林密路少，森林航空消防的作用无可替代。但由于历史条件等限制，林区航站数量少、密度低，基础设施薄弱，飞机数量配备不足，大中型飞机机源短缺的矛盾十分突出。当前，国家、自治区大力支持林区购置航空护林飞机，下一步将继续做好飞机选型和购置相关工作。建议考虑林区面积大、飞机少的实际，在保障安全的前提下，适当延长飞机飞行时数，同时继续加强林区中心航站建设，改善基础设施，延伸巡航半径；结合购买服务方式，引进续航能力强、载量大的大中型飞机，解决机源不足问题。

### （四）设立雷击火科研监测基地

雷击火灾成因复杂，常规措施无法预防，且多发生在人迹罕至的原始林区，一旦成灾，危害巨大，属于世界性难题。本次火灾扑救中，深刻认识到目前对雷击火的规律、危害、防范措施以及灾后恢复还缺乏系统研究，亟须提升综合能力。汗马为从未进行过人为干扰的原始林区，具有典型性和代表性，是研究林火与生态演替关系的最佳基地。建议落实科研专项资金，组织有关科研院所、大专院校及林业相关单位的专家和科研人员，开展雷击火特点、规律、危害、扑救技术以及过火地区森林植被恢复等方面的研究，不断提升预测、监测、预防和扑救雷击火灾的科技水平，填补国内空白。

## （五）加强扑火专业队伍建设

当前林区专业森林消防队平均年龄47岁，年龄最大的57岁，45岁以上约占2/3，战斗力下滑比较严重。建议统筹考虑，允许重点国有林管理局结合生态保护建设特别是森林防扑火工作需要，有计划地引进、考录高校毕业生、复转军人和林业子弟等，优化人员年龄结构，增强扑火作战力量。

---

森林火灾突发性强、危害性大，扑救起来具有较大危险性。习近平总书记反复强调“生命至上，人民至上”，针对四川两起“3·30”火灾的两次重要批示，都把“切实保护好人民群众生命财产安全”放在最终落脚点。因此，森林草原火灾的指挥扑救要牢牢确立保护人民群众生命财产安全这一首要战略目标和作战原则，及时调集足够扑火力量，采取科学有效措施，尽快控制火场态势。

当前，各地在火灾处置过程中还存在缺少专业指挥，盲目上阵的情况，特别在火情初期快速反应不够，火情预判不准确，扑救力量投入不足，导致火场蔓延扩大，难以控制。

各地在火灾扑救工作中，要充分认识扑救工作的复杂性和严峻性，充分做好各项应急准备。一是及时启动灭火预案。1987年“5·6”大火初发时，风力并不很大，由于没能在火灾初期将火势有效控制住，火头迅速蔓延，火场爆发性扩大，造成了这场震惊中外的特大森林火灾。因此，思想上千万不能有丝毫麻痹，工作上不能有丝毫松懈，心理上不能有任何侥幸。

---

应针对本地防火形势和气候变化特点，及时修订完善相关扑火预案，持续加大关键领域和薄弱环节补短板力度，增强预案的针对性和实效性，并进行必要的演练，从而提高灭火应急能力。二是强化力量配合。火场地形地势复杂，要科学调配部署灭火资源，因地制宜地采取开设隔离带、人工直接扑打、飞机吊桶作业、点烧以及人工增雨等多种方式相结合的战法，有条件的情况下要加强飞机和地面扑火队的配合，充分发挥立体作战的优势，最大限度地提升战斗效能。三是提前做好灭火保障。进入防火期，专业扑火力量应进入临战状态，严阵以待；人员、车辆、机具要随时做好开赴火场准备。要加大扑火物资储备，特别要增加以水灭火装备的配备。要及时储备火场给养，加大自热食品等储备。各重点林区还应筹集一定数额的森林防火备用金，以备扑火急用。

# 国际篇

岂曰无衣？与子同袍。王于兴师，修我戈矛。与子同仇！岂曰无衣？与子同泽。王于兴师，修我矛戟。与子偕作！岂曰无衣？与子同裳。王于兴师，修我甲兵。与子偕行！

——《秦风·无衣》

# 第九章 国际交流合作

进入21世纪以来，林火管理得到了国际社会的极大关注，各国政府和有关组织，为寻求有效的管理途径和国际合作，做出了积极探索和努力，组成了全球野火网络和若干区域网络，提出了一些建设性行动建议，林火管理的国际合作有所加强。中俄、中蒙之间拥有数千千米边界线，绝大多数位于东部交界处，边境地区被广袤森林覆盖，春秋两季林火频发，境外火灾很容易蔓延到国内，给大兴安岭林区森林火灾的预防扑救带来很大挑战。因此，国际合作防控森林火灾发生与越界蔓延也是大兴安岭林区森林防火工作的一项重要任务。近年来，我国黑龙江省、内蒙古自治区、大兴安岭林区相继与俄罗斯、蒙古就森林防火事务进行了密切合作，对境外森林火灾扑救工作进行了无偿援助，并多次组织召开了双边森林火灾联防会议，就边境森林火灾预防扑救、火情交流机制、边境防火隔离带建设等进行了多次磋商，形成了良好的合作氛围。

## 第一节 边境防火情况

黑龙江为我国与俄罗斯的分隔界江，黑龙江大兴安岭林区的7个县

（市）、林业局与俄罗斯隔江相望，边境线总长度约786千米，平均江面宽度在300米以上，俄方与大兴安岭林区隔江相邻地区为原始森林，基本没有人员活动。每年春季4—5月，秋季9—10月两个时期，俄罗斯开展计划烧除工作，从卫星热点图片和大兴安岭沿江瞭望塔监测情况看，俄方计划烧除面积巨大，且防护措施有限。因此在俄方进行计划烧除期间，大兴安岭林区必须加大瞭望监测力度，每日安排地面巡护队员沿江巡护，并在重点地段进行靠前驻防，一旦发生险情，及时处置，严防俄方飞火引发大兴安岭林区森林火灾。

根据资料记载，2000年以来，内蒙古森工集团北部原始林区管理局乌玛林业局伊木河林场曾发生3起有较大影响的边境森林火烧入：一是2006年5月31日，俄罗斯森林火灾越界烧入伊木河林场，我方投入兵力1195人，动用飞机4架，于6月3日扑灭，过火面积6606公顷；二是2014年4月30日，俄罗斯林火越过界河烧入内蒙古大兴安岭北部原始林区乌玛林业局伊木河林场境内，来势凶猛，蔓延迅速。经1400余名林业专业扑火队员、武警森林部队官兵59个小时的奋力扑救，于5月2日23时火场合围扑灭，过火森林面积2703公顷；三是2017年4月30日，北部原始林区管护局瞭望塔发现疑似火情，经飞机观察确定火场位于伊木河林场124林班，经过1346余名林业专业扑火队员和武警森林部队官兵近18个小时的奋力扑救，火场合围扑灭，过火面积769.5公顷。

从长期来看，大兴安岭边境地区的森林草原火情总体呈现境外火威胁长期存在、烧入境内较少的现象，这主要得益于境内堵截措施及时有效。大兴安岭林区在防范入境火方面主要采取了以下措施：一是加强预警监测。充分利用智慧林火等多个信息平台进行卫星热点监测工作，对比发现境外热点信息，密切关注风向变化，例如阿木尔、图强、漠河林业局一旦风向为北风或西北风，风力达到5级风以上，瞭望塔要加大瞭望密度，对边境地区重点监测，做到有火第一时间发现，及时处置。在俄罗斯烧荒期间，各边境地区林业局立即派出快速突击小队携带机具前往边境区域进行核查工作。二是加强兵力前置。在俄罗斯易于发生火情边境区域部署专业消防队伍靠前驻防，将防控阵地前移，配足各种防火物资、设备和器具，深入重点隐患地段开展载人载机具巡护工作，并利用无人机实施空中侦察，全时监控边境实时情况，及时消除火灾隐患。三是加强工作调度，掌握过境火防范动态，联系气象部门及时掌握近期气象形势，严密部署，密切预警监测，时刻保持战备状态，提前做好应急处置准备。一旦发生俄方“飞火”入境，做到迅速出击、重兵扑救，坚决把火情控制在萌芽之时、成灾之前。四是加强联防协作。各沿江、沿边林业局按照“区划有界、扑火无界”的原则，加强联防协助，一旦发现火情，做到相互通报、就近调兵、报扑同步，坚决消除空白区。

与此同时，大兴安岭林区结合地理位置实际，积极推进边境地区的防火隔离带建设工作。根据1995年签订的《中华人民共和国政府和俄罗斯联邦政府关于森林防火联防协定》，中方在联防区内连续15年沿中俄境界开设和维护边境森林防火隔离带，初步形成了宽度50米、总长度达540千米的森林防火阻隔系统。2010年，黑龙江省森林防火指挥部组织省林业监测规划院开展了中俄边境森林防火隔离带规划设计工作。对中俄边境防火隔离带的地类、位置、长度以及施工措施进行了细致调查，调查工作历时20天，完成了共计50个标段累计长度290.2千米的边境防火隔离带现地勘测工作，完成了《黑龙江省中俄边境森林防火隔离带规划设计调整报告》。2011年，黑龙江省中俄边境森林防火隔离带开设维护工程全面完成任务并通过质量验收。

# 第二节　联防协定与对外援助

近年来，我国相继与俄罗斯、蒙古等多个邻国就森林防火事务进行了密切合作，多次组织召开了双边森林火灾联防会议，就边境森林火灾预防扑救、火情交流机制、边境防火隔离带建设等进行了多次磋商，并对境外森林火灾扑救工作进行了无偿援助，形成了良好的合作局面。

## 一、森林防火联防协定情况

### （一）中国与俄罗斯

1960年，我国与苏联签订过《护林防火联防协议规定》，共同防护区域涉列大兴安岭呼玛和漠河连崟，规定了7条责任和义务，后由于苏联解体，此协议失效。1995年6月26日，为了进一步加强中国和俄罗斯人民的友谊，改善中俄两国边境地区的森林防火工作，交流森林防火工作的经验，互相帮助预防森林火灾，减少森林火灾损失，中华人民共和国政府和俄罗斯联邦政府签订了《中华人民共和国政府和俄罗斯联邦政府关于森林防火联防协定》（以下简称《森林防火联防协定》）。1996年12月20日，林业部办公厅下发了《关于建立中俄森林防火联防联络站有关问题的函》，规定联防联络站的任务是：认真贯彻“预防为主、积极消灭”的方针，积极做好联防地区的森林防火、扑火工作，负责有关联防联络事实，包括通报火情、会谈、会晤、参加例会、交流森林防火工作经验等，文件明确了大兴安岭林区的呼玛和漠河连崟（五处水路站）要建立森林防火联防联络站。

1．中俄第一次边境联防会议。1997年，两国林业部门在俄罗斯布

边境线巡查

拉戈维申斯克市举行了第一次联防联络会晤，确定了双方联络站定期会晤、紧急会晤制度。此后，部分联络站定期召开联防会议，通报森林火险情况，交流工作经验和信息，协商边境森林防火联防工作。2010年6月，国家林业局应邀派团赴俄参加了跨国境森林火灾国际会议，观摩了俄罗斯森林防火演习，收获颇丰。

2．中俄第二次边境森林防火联防会议。2011年7月12日，中俄第二次边境森林防火联防会议在黑龙江省哈尔滨市召开。国家森林防火指挥部副总指挥、国家林业局副局长孙扎根会见了俄罗斯联邦林务局副局长契卡尔约克。双方回顾了近年来中俄林业及森林防火方面的合作与交流，并表示将进一步加强经验交流、信息共享和定期会晤，强化森林防火联防机制。中俄双方签署了会议纪要，在《森林防火联防协定》的框架下，明确了定期会晤及紧急会晤机制，双方森林火灾、火情、用火信息及火灾监测信息的交换机制，边境地区联防联络机制和部门间技术合作与交流机制。按照中俄边界联合委员会第五次会议的要求，会议还拟提请中俄政府对《森林防火联防协定》进行修改、补充和完善。会后，中俄双方代表联合考察了黑龙江省森林防火装备建设和队伍建设，并议定在俄罗斯举行中俄第三次边境森林防火联防会议。

3．中俄第三次边境森林防火联防会议。2014年7月23日，中俄第三次边境森林防火联防会议在俄罗斯海参崴召开。会议的主要目的是落实《森林防火联防协定》内容，切实加强和改进双方森林防火联防工作。会议由国家林业局副局长张建龙和俄罗斯联邦林务局副局长共同主持。国家林业局森林公安局、防火办、国际合作司，内蒙古、吉林、黑龙江三省区森林防火指挥部以及有关边境地市林业部门负责同志参加了会议。俄罗斯联邦林务局、各边境省区林业部门、紧急情况部、外交部、航空护林局等单位派员出席了会议。双方特别就协调发挥外事和边防部门参与应急联络、联合开展边境扑火演习等重要事项达成了共识。

4．中俄第四次边境森林防火联防会议。2016年11月16日，中俄第四次森林防火联防会晤在北京举办。会晤的主要目的是落实《森林防火联防协定》内容，切实加强和改进双方森林防火联防工作。国家林业局副局长李树铭和俄罗斯联邦林务局副局长潘菲洛夫·亚历山大分别致辞并全程参与会晤。会上，中俄双方介绍了自2014年第三次联防会晤以来森林防火联防工作的开展情况，并就如何加强边境火源管理、增设森林防火联防联络站、完善联防机制等进行了充分讨论，达成了多项共识。双方一致认为，本次会晤对促进中俄两国边境地区森林防火工作具有重要意义。军委国防动员部、外交部、公安部和农业部的有关同志，国家森林防火指挥部办公室、国家林业局森林公安局、国际合作司有关负责同志，内蒙古、吉林、黑龙江、新疆四省区的森林防火指挥部及相关边境地市防火办负责同志，俄罗斯森林消防中心、紧急情况部、驻华使馆和边境省区有关单位派员出席了会晤。

5．2018年12月，中国外交部在俄罗斯莫斯科与俄罗斯就加强两国边境安全签订备忘录，就中俄自然灾害边境地区防控工作达成共识，中俄两国林务合作得到进一步加强，国家林业局森林公安局局长、国家森防指办公室主任王海忠参加签约仪式。

### （二）中国与蒙古国

1999年7月15日，为了发展中蒙两国人民的友好关系，预防、扑灭和相互通报两国边境地区的森林、草原火灾，并减少可能出现的损失，中华人民共和国政府和蒙古国政府在乌兰巴托签订了《中华人民共和国政府和蒙古国政府关于边境地区森林、草原防火联防协定》（以下简称《森林、草原防火联防协定》。

1．中蒙第一次边境地区森林防火联防会。2012年4月，中国国家森林防火指挥部、国家林业局与蒙古国紧急事务管理局在内蒙古自治区呼伦贝尔市召开了中蒙第一次边境地区森林防火联防会议，是为具体落实《森林、草原防火联防协定》和《森林、草原防火联防协定实施细则》精神，由国家森林防火指挥部、国家林业局主办，内蒙古自治区森林防火指挥部具体承办。会上，中蒙双方介绍了各自森林防火工作的经验和做法，探讨交流了双方共同关心的问题，并就建立联络站、建立会晤制度、建设防火隔离带、建立信息通报制度、落实紧急跨境支援和强化合作交流等具体事宜达成了一致。国家森林防火指挥部专职副总指挥杜永胜和蒙古国国家紧急事务管理局副局长特·巴达日拉共同签署了会议纪要。本次会议，对于强化中蒙双方边境森林防火工作具有十分重要的推动作用。

2．中蒙第二次森林防火联防会议。2014年8月5日，中蒙第二次边境森林防火联防会议在蒙古国首都乌兰巴托召开。会议的主要目的是落实《森林、草原防火联防协定》和《森林、草原防火联防协定实施细则》，切实推进双方火灾联防工作，共同保卫边境地区森林资源和国土生态安全。会上，双方就继续推进边境防火隔离带建设、将国家级联防会的周期固定化、探索建立中俄蒙三国间的森林火灾联防机制、加强双方互访交流、加强部门之间的协调、落实联络站间的沟通联络、建立务实高效的应急快速过境扑火工作机制、加强对蒙方的扑火物资装备援助以及推进蒙方境内中资企业参与防扑火工作等9个方面重要事项达成了共识，签署了会议纪要。

发挥沿江村民作用

3．中蒙第三次森林防火联防会议。2016年11月22日，中蒙第三次森林防火联防会晤在北京举办。本次会晤是按照《森林、草原防火联防协定》和《森林、草原防火联防协定实施细则》的精神，由国家森林防火指挥部、国家林业局主办的双方第三次森林防火部门高层会晤。国家林业局副局长李树铭和蒙古国紧急事务管理局副局长阿荣宝音·官布扎布分别致辞并共同签署了会议纪要。会上，中蒙两国介绍了各自森林防火工作中好的经验和做法，探讨交流了双方共同关心的问题，并就修订联防协定、指定联络人、建立信息共享平台、增加联防站、完善跨境扑火机制和加强对蒙方的扑火物资装备援助等具体事宜达成了一致。双方一致认为，本次会晤非常务实、很有成效，进一步促进了中蒙双方边境森林防火工作的快速、持续、健康发展。外交部、公安部和农业部的有关同志，国家森林防火指挥部办公室、国家林业局国际合作司有关负责同志，内蒙古、新疆两区的森林防火指挥部及相关边境盟市防火办负责同志，蒙古国各边境省区紧急救灾部门的负责人出席了会晤。

### （三）其他地区边境联防情况

1．中国与越南。2010年3月，云南省江城县与越南奠边省勐念县人民委员会代表团在江城县举行边境森林防火联防会谈，双方共同签署《中国云南省江城哈尼族彝族自治县人民政府与越南奠边省勐念县人民委员会关于森林防火联防会议纪要》，共同维护两国边境森林资源安全。协定规定，双方共同遵守《中华人民共和国政府和越南社会主义共和国政府关于处理两国边境事务的临时协定》，共同执行两国有关森林防火的法律、法规。同时，加大对两国边民的森林防火宣传教育，增强边民的防火意识，共同研究森林防火措施，建立联动机制。2019年1月，中国外交部在越南靓港市与越南共和国签订两国合作备忘录，就两国边境地区森林防火联防工作达成共识，国家林业局森林公安局局长、国家森防指办公室主任王海忠参加签约仪式。

2．中国与缅甸、老挝等国。目前，中国与缅甸、老挝等国没有国家间森林防火联防协定。但是我国边境地区县乡镇人民政府结合实际工作需要，经上级人民政府批准，与老挝、缅甸邻近县市签订了县乡级边境森林防火联防协议，边境乡镇人民政府、自然保护区管护机构积极以边境防火为切入点，组织双方边民定期进行森林防火、资源保护相关的交流互动活动，有效防范了过境火的发生。

## 二、对外援助情况

### （一）援助俄罗斯

2010年7月，俄罗斯大部分地区迎来了历史上少有的高温干旱天气，引发了严重森林与泥炭火灾，导致50多人死亡，超过3500人无家可归。俄罗斯发生森林大火后，中国政府向其提供了100万美元现汇援助和价值2000万元人民币的人道主义救援物资，并迅速组建了300人的支俄中国国家森林消防队，随时根据俄方需要提供入境支援。俄方对此高度评价，俄总统专门致电中国国家主席胡锦涛表示感谢，并派工作组到中国考察学习森林防火工作。

### （二）援助蒙古国

2012年4月20日，中蒙边境蒙方一侧发生草原火灾并威胁我国边境，国家森防指迅速协调内蒙古自治区有关方面按照中蒙第一次边境地区森林防火联防会议商定的渠道和程序与蒙方取得联系，及时交换了火情，并派出120人进入蒙方境内支援森林火灾扑救，有效阻止了火灾蔓延入境。

# 第三节　国际交流

## 一、赴加拿大“森林火险预警技术培训团”报告

根据国家外国专家局2010年出国培训项目计划，经国家林业局引智办批准，由国家森林防火指挥部办公室组织的“森林防火预警技术”培训团于2010年10月30日至11月19日赴加拿大进行森林防火技术培训，重点学习了加拿大森林火灾预警预报、林火管理、装备研发等内容。全面了解了其先进的林火预警系统运行管理模式、预警响应机制和防扑火体系建设情况。

### （一）主要培训内容

此次培训团由国家森防指办公室组织，国家林业局森林防火预警监

测信息中心王元法副主任带队，计财司、科技司、宣传办、森林防火预警监测信息中心、中国林科院、南京警院、武警森林指挥部以及辽宁、浙江、福建、江西、安徽、湖南、广西、四川八省区防火办的技术和管理业务骨干共计21人组成。按照培训计划安排，培训团先后在加拿大安大略省、魁北克省和不列颠哥伦比亚省进行了森林防火技术培训、座谈和实地考察。主要内容包括：

1．由加拿大林业部北方林业中心下属的火情信息中心主任Bruce Macnab进行森林火险预警技术专题培训，介绍了加拿大林业及森林防火基本概况，并重点对加拿大现有森林火险预警技术和系统应用培训。通过学习和交流使全团学员对加拿大森林防火概况、火灾损失情况，尤其是森林火险预测预报技术应用、预警系统运行管理有了全面、深入的了解。

2．由多伦多大学林学院Shashi Kant教授进行加拿大森林火灾技术及科研概况专题讲座，系统介绍了加拿大森林火灾技术研究及森林防火对林业管理和林业经济发展的技术支撑作用。其间，还参观了多伦多大学森林防火实验室和技术研发应用中心。通过培训和参观，对加拿大森林防火科研体系、主要研发方向以及相关林产技术应用有了基本了解。

3．在魁北克省Maniwaki地区防火中心学习、交流。其间参观了该地区一个防火物资储备库和一个森林防火博物馆。全面了解了魁北克省的森林防火工作概况，森林火情反应机制和火灾处置流程，防火物资储备库的基本功能、管理程序，扑火物资的配备及相关设备的使用。进一步了解了加拿大特别是魁北克省森林防火工作的发展历程。

4．赴不列颠哥伦比亚省自然资源管理部森林防火监测中心学习、参观。了解不列颠哥伦比亚省日常火情接报、火灾处置基本过程，系统学习了该省森林火险预警系统运行和管理情况，参观了相关森林火险气象站的设备生产基地，详细了解了设备的技术原理、功能以及安装、使用。

整个培训期间，每位团员认真听取相关情况介绍，积极交流、探讨，收集有关资料。通过培训，开阔了视野，学习了先进理念和技术，找到了差距和不足，必将对完善我国森林火险等级预报体系，提高森林火险预测预报水平，健全森林火险预警机制，全面提升森林火灾预警能力发挥重要作用。

### （二）加拿大森林防火工作概况

1．森林火灾发生情况

加拿大地处北半球温带和寒带地区，大部分地区为大陆性亚寒带针叶林气候。加拿大是一个多林国家，森林资源丰富，森林面积为34771万公顷，占世界森林面积的10%，森林覆盖率占国土面积的35%左右，其中，93%为公有林。全国拥有几十家大型伐木和木材加工企业，以及众多的直接或间接依靠林业为生的大公司，是世界木材和林产品出口最多的国家。加拿大也是森林火灾损失较为严重的国家。每年的4—11月是加拿大森林火灾的高发期，平均每年发生林火8000次左右，毁林面积约210万公顷。

加拿大森林火灾原因同许多国家一样主要有两大类，即自然火（主要为雷击火）和人为火。每年炎热干燥季节，遭雷击后，林区内厚易燃层易发生地面火灾，进而扩散到干燥的树冠，就全国来说，雷击火的次数通常占火灾总次数的1/3左右。由于此类火灾大多发生在偏远地区，蔓延、扩散极快，易形成难以扑灭的大片森林火灾，其成灾面积通常占森林总过火面积的90%以上。由于各省的地理环境不同，所以雷击火和人为火的比例在各省之间相差也很悬殊，一般中西部地区雷击火所占比例较高，而东部地区以人为引发的火灾为主。人为引发火灾的主要原因有野营娱乐用火、居民生活用火、铁路、森林工业、其他工业，以及故意纵火等方面，其中，野营娱乐用火引发森林火灾占大多数。加拿大许多人住在森林附近，每年进入森林里的旅游者多达数千万人次，尽管有关部门大力宣传防火常识，并采取了许多防范措施，但因吸烟、野炊、燃篝火而引发火灾的情况还是屡见不鲜。加拿大各省的防火部门对火因调查都很重视。火灾发生后，绝大多数能及时查明原因。火因不明者一般只占5%以下。

2. 森林防火管理体系

加拿大是联邦制国家，共由10个省和3个直辖区组成，93%的森林资源归国家所有，其中绝大部分归各省管理。联邦政府环境保护部下设国家林务局。国家林务局在森林防火方面，主要负责重点科研项目和高级专业人才的培养。具体的森林防火工作由各省政府直接组织管理。为了协调各省间的防火关系并加强协作，1982年组建了全国联合防火公司，该公司属于半企业性质的民间团体组织，总部设在曼尼托巴省的省会温尼伯市。全国联合防火公司对各省防火部门只是业务上的指导和协调，无上下级的领导关系。

多数省政府都设有自然资源部，负责本省的森林防火协调、管理工作，一般下设一个省级森林防火指挥管理中心，负责森林防火全面工作。各省的自然资源部还下设若干地区自然资源局，在各地区自然资源局内，都下设有负责本地区森林防火工作的地区防火中心。同省自然资源部一样，各地区的自然资源局除设立本级的森林管理、防火中心等部门外，还下设若干分区。每个分区都设有防火指挥部，但分区防火中心的人、财、物却不归分区管理，而统一由地区防火中心掌管。

各级森林防火机构的职责和任务：

（1）全国联合防火公司。收集和反馈全国的林火信息；协调各地的扑火力量；统一购买、掌握和使用贵重的防火设备；同美国进行联防；培训林火管理人员；建立国家防火设备管理系统，统一各省防扑火设备的规格、型号、标准。

（2）省级森林防火指挥管理中心。制定全省林火管理规划；审批各地区防火中心上报的各种防火费用的预算和决算；负责为全省各地区租用飞机；负责主要扑火设备的购置和分配；负责自营飞机的管理和使用；掌握全省林火动态，收集和反馈有关信息；组织扑救特大森林火灾；协调扑火力量；负责组织全省业务人员的培训；从事有关方面的技术研究。

（3）地区防火中心。制定全地区林火管理规划；负责掌管全区范围内与森林防火有关的所有人员的任免、调动和使用；编制全区防火经费的预算和决算，负责全区防火经费的使用；负责全区防扑火物资的购置、分配、保管、维修和使用；掌握全区林火动态，并将其上报下达；制订防火灭火方案；组织、指挥、调用本区灭火队、飞机、车辆及各种灭火机具进行扑火；培训各类专业人员；制订各种有关的规章和管理制度。

（4）分区防火指挥部。负责区域范围内防火物资的保管、使用和简易维修；执行地区防火中心每日下达的防扑火方案；按照地区防火中心下达的防火方案，组织空地扑火力量进入规定的战备状态和位置；按照地区防火中心值班员的指示，调动分区防火指挥部的扑火力量；向各级扑火指挥员传达防火方案的有关指示和天气预报；组织本区域内小火场的扑救；向地区防火中心报告各种动态和信息；管理所管辖范围内防火气象站的工作。

加拿大的各级防火机构，最突出的特点是集扑火设备和扑火力量为一体，这样无论在领导或指挥上，都具有绝对的权威性，从而使扑火效率得到显著的提高。

3．森林火险预警系统

加拿大森林火险预警技术的研究和应用已有几十年的历史，森林火险预测预报作为一项重要有效的预防措施，已成为加拿大森林防火的基础工作。加拿大早在1920年就已经开始研究森林火灾预防技术，1924年在林区建成多个空中火灾监测站。20世纪80年代以来，他们按照“尊重自然、管理规范、技术先进、重点布局”的方式，建立了国家级林火预警系统，该系统通过对多种火险预测预报因子建立数学模型和分析方法，充分运用计算机技术、通信、网络技术及遥感、地理信息系统等技术的支持，开展日常业务运行，指导各省的森林火灾预防工作。

（1）森林火险预警系统组成。加拿大森林火险预警系统主要包括前端监测系统（包括林火自动气象站、林内要素探测系统）、数据传输系统、火险预测预报系统、信息发布系统等。

①林火自动气象站。林火自动气象站由太阳能供电，可以自动设置观测频次，主要采集温度、湿度、风力、风速、雨量、太阳辐射等气象要素，探测精度达到专业级别要求，但造价相对较高，每套2.5万美元左右（不包括软件系统）。同时，该设备具有语音数据发布和广播功能，利用当地的对讲机拨入指定的电台频率，可以收听指定站点实时气象观测结果。部分地区在火灾扑救现场和其他特殊用途中还配备移动气象站，该站在供电方式、观测气象要素种类与林火自动气象站基本相同，但具有体积小、易搬运、安装方便（无须任何工具，15分钟安装完毕）的特点，价格在1.7～2万美元。此外，在重点地区还建设了林内要素探测系统，实时采集林区气象要素和林内可燃物要素信息。

②林火自动气象站布局。目前，全国建有联邦和省级林火自动气象站1500个左右，其中约半数属于各级气象部门和环境部门，其余主要属于各省级林业部门和国家森林公园，一般200平方千米设置一个站点，部分高火险地区20平方千米设置一个。

③数据采集、处理。林火自动气象站一般在防火期内工作（目前正在向全年进行监测的转化过程中），每一小时观测一次数据，实时观测数据通过美国GOES卫星传送到各级防火指挥中心计算机系统，经过处理生成各类预报成果。所有气象站观测数据和预报结果均联网共享，并共享部分美国境内的气象站观测数据。此外通过专用网络接入系统可手动输入

各类数据和调阅相关预报结果（多在火灾扑救现场采用此类方式）。

（2）森林火险预警系统运行管理。联邦及各省森林防火中心实时接收各气象站观测数据，综合气象部门提供的其他基本气象信息，通过各类火险预测预报模型，每天两次制作未来不同时段的森林火险等级预报及实时火险等级监测。目前主要预报系统包括：实时火灾分析系统、短时（小时）、短期（天）、中期（周）和长期（15～30天）的火险等级、火发生和火行为预报系统，此外还有雷击火预警系统。各类预报结果通过多种平台向有关部门和公众发布，各林火管理部门根据预报结果进行火灾的预防、巡护、扑救等相关准备工作，各林区均悬挂当日和实时火险等级标志，提醒进入林区人员。其森林火险预测预报工作的主要特点是除基本气象信息外，森林火险预测预报模型、林区主要气象预报因子和林内可燃物预报因子均为自行研发和采集。

各级森林火险预警系统的建设和日常维护均由相应政府投资，以不列颠哥伦比亚省为例，该省总计建有225个联网林火自动气象站，建设经费300万加元左右，每年运行维护费用约60万加元。

（3）森林火险预测预报技术。加拿大林务局于1968年提出以模型的形式研究国家级林火预报系统，随后不断发展、完善，形成了加拿大森林火险预测预报系统核心——“加拿大森林火险等级系统”（CFFDRS），该系统由四个子系统组成：火险天气指标系统（FWI），火行为预报系统（FBP），火发生预报系统（FOP）和火灾负荷子系统。加拿大森林火险等级系统包括两个部分：林火天气指标系统和林火行为预测系统，预测结果分为四个等级（低度火险、中度火险、高度火险、极端高火险）。重点研究天气与可燃物湿度、可燃物湿度与燃烧性之间的关系，对一定气象条件下森林发生火灾概率、森林起火后的火灾蔓延速度及火灾蔓延后控制林火的难度等做出预测。

加拿大火险天气指标系统由六个部分组成：三个基本码，两个中间指标和一个最终指标，其各部分组成的关系见下页图。三个基本码即三湿度码，反映三种不同变干湿度的可燃物的含水率程度，两个中间组合分别反映蔓延速度和燃烧可能消耗的可燃物量。系统只需输入每天中午空气温度、相对湿度、风速和前24小时降水量的观测值即可运行。

每部分具体含义为：

①细小可燃物湿度码（FFMC）。它反映的是林中细小可燃物和表层枯枝落叶含水率变化，其取值范围为（0～99）。其代表的可燃物为：枯枝落叶层1～2厘米厚度，负荷量为5吨/公顷左右。

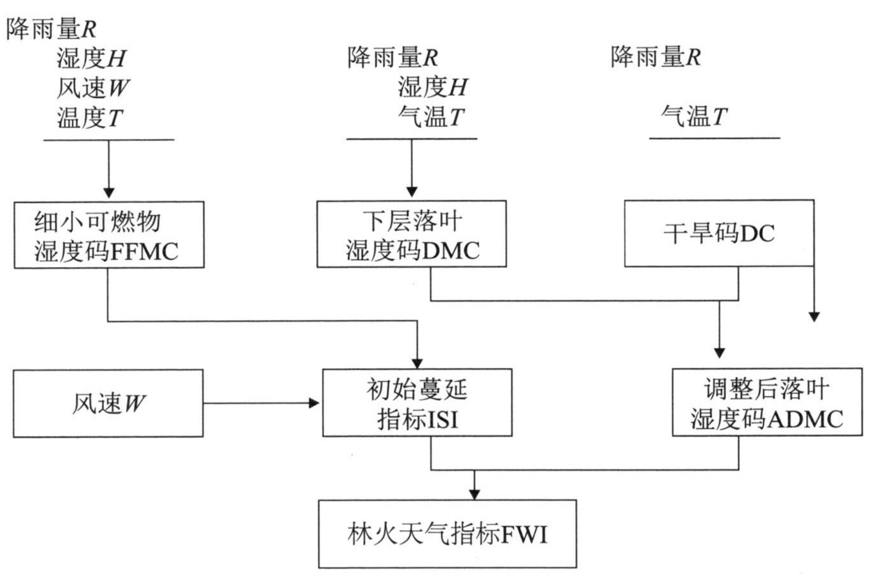


加拿大火险天气指南系统图

②干旱码（DC）。干旱码反映深层可燃物含水率。这一层土壤10～20厘米厚，结构比较紧密，负荷量约为440吨/公顷。其水分变化不大，往往随季节变化。开始设计时以土壤中水分状况来表示，通过研究得到：其水分损失呈指数关系变化，所以也很适用于代表某些粗大可燃物，如倒木等。

③初始蔓延指标（ISI）。初始蔓延指标是加拿大火险天气指标系统的一个中间指标，由细小可燃物湿度码和风速共同决定，能表示在可燃物数量不变情况下林火蔓延速度，它也是加拿大林火预报系统的一个子系统中林火蔓延模型的最基本参数。ISI的计算是由细小可燃物函数和风函数的结合来实现的。

④调整后的枯落物下层湿度码（ADMC）。ADMC是枯落物下层湿度码和干旱码的结合。它既能提供DC一个有限的变化权重，又能保持DMC的作用。特别是当DMC接近0时，DC不影响每天的火险状况。

⑤火险天气指标（FWI）。火险天气指标（FWI）是由初始蔓延指标和调整后的枯落物下层湿度码（ADMC）的结合而产生的，也是系统的最终指标。

4．林火监测

加拿大火灾监测系统主要以飞机巡护、地面瞭望台瞭望、卫星监测和民众报火组成。森林火灾监测技术和手段发展也比较迅速。虽然全国建有1000多座瞭望塔，但目前主要的火灾预防、监测方式为飞机巡护。一般每个省的林业部门都在防火期内组织足够的巡护和灭火飞机，遇到发生重大森林火灾时还要租用私人飞机，增加巡航和扑救力量。

加拿大还利用NOAA和MODIS系列卫星全天候监测全国各林区气候，并通过模拟设备直接察看各林区上空是否有云雾、烟雾。一旦发现某一林区上空有烟，从烟的浓度参数便可计算出火灾状况，立即采取针对性灭火措施。由于卫星信息存在误差，加拿大还通过飞机配合卫星监测来降低误差。直升机和卫星地面站及消防指挥中心保持热线联系，随时报告林区上空温度、地面温度、风向和风力等与火灾有关的重要信息。为了使火灾信息尽可能准确无误，卫星和直升机提供的林区火灾信息还要经过私营或国营森林防火科研机构专家认真分析，从中得出切实可靠信息。

加拿大民众素质较高，防火意识较强，一般发现森林火灾都会主动拨打报警电话，因此，民众报火也是及早发现森林火灾的重要手段。

5．防火培训与宣传

加拿大各项防火管理措施十分规范和标准，其中对于扑火队员和各级、各类指挥员的培训十分严格。全国建有众多的专业培训中心，编写了规范的教育和培训教材。在加拿大从小学开始就要接受森林火灾相关知识的教育，了解森林火灾危害、火灾的预防、火灾中自救措施等基本常识以及其他相关林业知识。要想成为林区消防和护林人员首先要经过条件较苛刻的资格审查，被录用者需经过6个月的基本消防和医护知识培训，还要经过长时间高科技消防知识训练，最后考试合格后，才能正式参与相关护林工作。

加拿大从国家到地方都非常重视森林防火宣传工作。通过广播、电视、报纸等媒介不断宣传相关法律法规和森林防火基本知识，道路两侧和林区都竖立醒目的宣传牌和实时火险等级指示牌，提醒民众注意防范火灾。在防火重要时期和重点地区采取多种形式对民众进行防火知识、火灾扑救和逃生技能的讲解、培训。电视台还设立专门的天气频道，全天不间断播放各地实时天气和火险状况、不同时段的天气和火险预报，提醒有关防火部门和民众做好相关防范措施。

## （三）体会和建议

通过此次培训，加拿大的森林防火工作给每位团员都留下了深刻的印象，获益匪浅，体会较深的有以下几点。

1．完备的法律法规和管理机制

加拿大通过多年的实践和不断的完善，针对森林防火已经建立起严谨的法律条文和惩办措施，并形成了科学、规范的森林火灾预警、扑救、经费投入等运行管理体制，使森林防火各项工作有法可依、有章可循，各部门、各环节互相促进、紧密协调。

2．扎实的理论研究基础

加拿大开展森林防火理论研究较早，拥有大批专业科技人员，森林火险预测预报技术水平和预警响应处于世界前列，并且广泛开展国际间交流合作，不断把新技术、新成果应用到实际中，对实际工作具有较强的指导性，有利于促进森林防火工作快速发展。

3．高素质的从业人员

针对不同的工作岗位制定严格的岗位标准和科学的培训计划，从日常管理者、各级指挥员到专业扑火队员、志愿者，除了自身拥有较高的文化素质外，还经过严格的专业技术培训，考核合格后才能上岗工作，从而拥有了一批专业技术能力强、工作效率高的优秀从业人员。

4．先进的技术设备

加拿大注重基础设施和灭火设备等的研发和建设。在森林火灾的预警、监测和指挥扑救等各方面都进行大量的资金投入，配备先进的软硬件设备。

5．社会的普遍关注

加拿大政府一向认为，森林资源是宝贵财富，因而从中央到地方都十分重视和加强森林防火工作。每到高火险时期，上下左右形成森林防火站网，在主要交通干线和林区道路上设置专门的告示牌、标语牌和宣传画。各省在森林火灾的预防和扑救中高度协作、密切配合、互相支援。各部门对森林防火工作给予大力支持和配合。社会公众自觉遵守各项森林防火法律法规，并积极投身到志愿者行列。

与加拿大相比，我国在森林火灾预警工作上许多地方还存在不小的差距。为加强我国森林火灾预警工作，更好地为我国森林防火事业服务，特提出以下建议。

（1）加强法规制度建设和强化管理机制

加拿大严谨的法律法规和规范的运行管理机制确保了其森林防火工

作的科学、高效。我国在新《森林防火条例》颁布后，应结合自身工作实际和以往的工作经验，从火灾预防、火险预警响应机制、森林消防监督和管理职能、扑火机具的管理使用、火案查处、防火培训等方面制定相应的配套性规章制度，坚持依法施政、依法治火，逐步形成森林防火法律法规从上到下、从点到面的完善体系。同时，进一步加强宣传普及防火法律法规，提高全民的法治意识，切实把森林防火法治建设提高到新水平。

（2）加快森林火险预警系统建设

加拿大经过几十年的研究和发展，已经建立了一套完整、先进的森林火险预警系统。我国随着林业事业的快速发展，对森林火灾的预警工作越来越重视，2007年开始进行全国森林火险预警示范系统建设，目前，各项建设内容基本完成，即将进入试运行阶段。但受到资金限制，建设规模较小，远远不能满足实际应用需要。应按照全国森林防火中长期规划，加大监测站点及相关配套设备的建设工作，尽快建立起完整的森林火险预警体系，满足森林防火工作需要。

（3）深化森林火险预测预报产品应用

加拿大森林火险预报产品丰富，准确率高，应用的指导性极强，所有火灾预防和扑救工作均依据森林火险来开展。各地森林防火部门均根据火险状况进行飞行巡护、火情监测、扑火方案制订、扑救力量和物资调配等的科学预防和指挥。应依据我国国情，考虑各地森林防火工作特点，进一步规范、完善各级森林火险预警响应机制，加大森林火险预测预报产品应用领域，真正发挥预警系统效用，促进我国森林火灾预防工作的科学化、规范化。

（4）加强理论技术研究

加拿大从20世纪20年代就开展森林火灾预防技术研究，已经从火险等级预报发展到火发生预报、火蔓延和火强度预测等多个方面，对于森林火灾的扑救工作具有十分重要的指导意义。与硬件建设相比，我国在森林火险预测预报基础理论研究和技术应用方面显得更加薄弱。对于森林可燃物分类及燃烧特性、可燃物燃烧能量等级等研究处于刚刚起步阶段，许多领域处于空白，还没有系统地开展火发生、火蔓延、火强度预测理论研究。虽然与气象部门进行多年合作，不断完善火险预测预报模型，但由于缺乏林内可燃物信息的提取，仍然停留在火险天气预报阶段，存在着预报因子单一、预报技术手段相对落后、预报结果及服务无法满足森林防火实际需要的缺陷。应进一步加大火险预警科研经费投入，鼓励从事基础理论研究和先进设备研发，加快技术成果的转化应用，全面提升我国森林火灾预警工作的技术含量。

（5）注重专业人才培养

在培训期间，给大家最深刻的印象就是加拿大在森林防火方面雄厚的专业技术人才储备和完备的人才培养体系。参考加拿大的成功做法，一方面应该完善我国高校和科研机构森林防火学科设置，加快各类防火专业人才的培养，同时，创造优厚条件，吸引相关学科高级人才加入森林防火科研、教学和管理队伍；另一方面应尽快制定、完善森林防火各类岗位培训制度，规范培训内容，形成标准化的培训体系，全面提升森林防火从业人员综合素质。

（6）积极开展国际交流与合作

培训期间，几乎接触到的所有加方机构都表达了希望与中方进一步加强交流与合作的意愿。学习、借鉴先进国家的成功经验是快速提高我国森林火灾防控能力、缩小差距的一条捷径，建议积极采取技术交流、中长期培训、合作项目研发、先进系统和设备引进等方式开展广泛的国际合作，促进我国森林防火工作的快速发展。

## 二、赴美国调研采购K-Max直升机情况报告

为学习和借鉴美国先进森林航空消防经验，推进我国森林航空消防事业快速发展，应美国康涅狄格州州长丹尼尔·P·马洛依先生邀请，以国家森林防火指挥部办公室王海忠带队的4人调研组，于2014年6月23—28日，对美国进行了为期6天的调研考察。其间，与卡曼直升机公司相关人员进行了座谈，参观了工厂，现场观摩了K-Max直升机飞行和洒水表演，详细了解了该直升机的性能参数以及对海拔、水源、野外起降等作业条件要求，并咨询了该直升机购机成本和运行成本。此外，调研组一行还与康涅狄格州政府官员会谈交流；与耶鲁大学森林与环境学院教授、专家进行学术交流；与美国联邦林务局官员就森林防火、森林航空消防等问题进行了座谈交流。

### （一）K-Max直升机简介

6月24日上午，调研组一行前往美国卡曼直升机公司调研考察，卡曼公司非常重视，卡曼宇航公司董事长Greg Steiner、卡曼宇航公司业务发展部部长Terry Fogarty、卡曼宇航公司飞行部经理Bob Manaskie、卡曼直升机公司董事长Jim Larwood、卡曼直升机公司首席执行官Neil Keeting、卡曼直升机公司联络官Elaine Dabrowski、卡曼直升机公司出口控制部门经理Jeanne Young等人参与座谈，分别介绍了公司发展历程、运作情况及K-Max直升机的结构特点、性能参数和主要用途。另外，卡曼直升机公司还特别邀请了Swanson Group 通航公司总经理Don先生和飞行部主管Doug先生，从用户角度介绍了K-Max直升机的飞行使用情况。随后，调研组一行参观了工厂，现场观摩了飞行和洒水表演。

美国卡曼直升机公司是卡曼宇航公司的子公司，成立于1945年，位于康涅狄格州的布鲁菲而德。该公司研制的单座单发并列双旋翼中型起

重直升机，是目前世界上唯一采用双旋翼并列布局、专门为执行外部吊挂任务而设计的直升机。

该原型机于1991年12月23日首飞，第一架生产型直升机于1994年1月12日首飞，并于同年8月获得美国适航证，随后又在加拿大完成了适航注册。K-Max直升机可以完成伐木、灭火、架线、设备吊装和建筑构件吊装等多种任务，并且可靠性高，截至目前，该型机已累计飞行25万多小时。目前，使用K-Max直升机的国家除美国外，还有日本、加拿大、瑞士、德国和列支敦士登等国。

1．K-Max直升机的结构特点和优势

K-Max直升机有以下结构特点和优势：一是采用并列双旋翼式结构，无尾桨、无传动和液压系统，机动性能好，更易操纵，飞机噪声小。二是动力装置为一台涡轮发动机，取消了常规直升机复杂而笨重的液压式桨叶操纵系统；起落装置为前三点固定式起落架；吊挂系统能够前后滑动，可保持飞机平衡，确保飞行安全。三是实用升限高，高原、高温性能好，高原减载少（详见K-Max直升机载重性能）。四是采用铝复合材料机体结构，重量轻，机体小，停放方便，野外起降场地要求不高（25米×25米），且机体灵活，转弯半径小，悬停能力强，爬升速度快，在高山峡谷中取水和洒水非常灵活，操纵方便。五是安装有可视系统，外挂探头，可遥控监视火场及灭火情况，有效提高洒水准确度；还可根据需要加装特殊装置，如水炮、水箱及能吊装15人的吊篮等。六是耗油量低，小时耗油量为85加仑（323升），每次可加228加仑航油（866.4升），飞行近3小时。七是机体无寿命，不需要定检，可全天候待命，出勤率高，故障率低。八是购机成本较低，目前购机成本为850万美元，使用成本为每小时870美元（未含燃料）。

表9-1　K-Max直升机载重性能（海平面、15℃）

| 飞行高度（英尺） | 飞行高度（米） | 载重（磅） | 载重（千克） |
| --- | --- | --- | --- |
| 海平面 | 海平面 | 6000 | 2722 |
| 5000 | 1500 | 5663 | 2574 |
| 10000 | 3000 | 5163 | 2347 |
| 15000 | 4500 | 4313 | 1960 |

## （二）K-Max直升机与K-32和M-171直升机主要性能参数对比

表9-2　K-Max、K-32、M-171直升机主要性能参数

| 机动性能 | K-MAX | K-32 | M-171 | MI-26 |
| --- | --- | --- | --- | --- |
| 发动机马力（千瓦） | 1800×1 | 2200×2 | 2100×2 | 11400×2 |
| 空机重量（吨） | 2.18 | 6.8 | 7.24 | 29.5 |
| 最大起飞重量（吨） | 5.27 | 12.7 | 13 | 56（外载荷54） |
| 最大有效载荷（吨） | 2.72 | 5 | 4 | 20（吊桶15） |
| 最大载人量（人） | 1 | 13 | 25 | 82 |
| 巡航速度（千米/时） | 185 | 230 | 220 | 200 |
| 实用升限（米）（标准大气压，额定起飞重量） | 7620 | 6000 | 6000 | 6000 |
| 机舱空间（米） | — | 4.52×1.24×1.30 | 5.25×2.34×1.8 | 11×2.9×2.85 |
| 最大吊挂载荷（吨） | 2.7 | 5 | 3 | 20 |
| 水带长×宽（米）（80千米/时，真高50米） | 30×10 | 180×20 | （60至80）×（5至10） | （120至580）×（9至15） |
| 吊桶最低取水深度（米） | 2 | 2 | 2 | 3 |
| 最低起降场地长×宽（米） | 25×25 | 50×30 | 60×40 | 160×50 |
| 最大航程（千米） | 490 | 430/600 | 1105 | 600 |
| 续航时间 | 2小时41分 | 2小时30分 | 4小时20分 | 3小时30分 |

K-Max直升机与K-32和M-171直升机主要性能参数对比后可以看出：

1．K-Max高原性能优越。在海拔3000米，K-Max可吊2.3吨，K-32可吊2.5～3吨，M-171可吊1.2吨左右，外挂能力和K-32相当，高于M-171。实际工作中，海拔3500米以上，K-32和M-171基本没有吊挂能力，而K-Max在4500米海拔仍可吊1.96吨（有待实际工作中验证）。从这一点看，我国海拔4000米以上的高原林区，有望实现空中直接灭火。

2．K-Max只使用一台霍尼韦尔T53-17涡轮发动机，燃油经济性较高，单位小时耗油量只有K-32和M-171的一半。

3．K-Max采用无寿命机体设计，维护简单，出勤率较高，且不需要定检，能随时待命。而K-32和M-171按照维修大纲，需分别进行50小时、100小时、300小时、600小时定检，定检工期分别为1天、3天或12天不等。

4．K-Max购机成本较K-32和M-171低得多；因结构简单，日常维护简单，加之机组只有飞行和机务各一名，运行及维护费用也较K-32和M-171低得多。

5．K-Max与K-32和M-171相比，存在以下不足：一是机舱内只能容纳一名飞行员，航护飞行观察员无法跟机工作；二是洒水的水带较短，但单位水量增加；三是续航时间较短。

### （二）与康涅狄格州政府官员会谈交流

6月24日下午，调研组一行前往美国康涅狄格州州政府，与政府官员进行了友好的会谈交流。我方介绍了我国高海拔林区扑救森林火灾的艰巨性、复杂性，谈到当前我国高度重视生态文明建设和森林防火工作，希望通过中美交流加深了解，在直升机引进、环境保护、林业建设和应急救援等方面有更加广阔领域的深化合作。政府官员介绍了卡曼公司在该州的发展历史、与该州政府和联邦林务局的合作以及直升机服役及应用等情况，表示愿意携该州公共服务部门和相关企业为我方提供支持。双方表示将进一步加强沟通交流，促进国际合作，提升政府公共管理水平，保护森林资源和生态环境。

### （三）在耶鲁大学森林与环境学院学习交流

美国耶鲁大学森林与环境学院成立于1900年，时称耶鲁林学院，主要研究资源管理与环境管理，培养了很多优秀的林业人才。随着环境问题的增多，学院的发展方向也发生了变化，1972年学院改名为森林与环境学院。目前，主要研究商业与环境、环境法律与政策、绿色化学与工程、工业生态、城市生态、城市资源规划、可持续林业、热带资源等。

调研组一行于6月25日上午在耶鲁大学森林与环境学院进行了学习交流，与教授、专家共同探讨了中美两国林火发生规律和燃烧机理，探讨火灾对环境造成的影响，探讨进一步加强学术交流的可能性。双方一致认为，火灾对环境造成影响的研究，是提示政府做好对火灾的预防，应遵守社会、经济和生态三条底线。

### （四）美国的森林航空消防工作

调研组一行于6月26日上午拜会了美国联邦林务局官员，就森林防火、森林航空消防等问题进行座谈交流。

美国是世界上森林资源丰富、林业技术发达、林火管理先进的国家，也是世界上森林火灾较为严重的国家，同时还是森林航空消防能力较强的国家。美国非常重视森林航空消防工作，自1915年8月，美国联邦林务局第一次使用飞机侦察森林火灾至今，森林航空消防工作已有近100年历史。

目前，美国利用飞机完成各种林业工作任务，包括业务人员运输、科研、植被恢复、执法支持、空中摄影、森林病虫害防治、红外探火、森林火灾预防和扑救。其中，森林病虫害防治包括林木病虫害侦察、病虫害遥感和空中勾绘病虫害发生区域等；森林火灾的预防和扑救包括伞降、索降、运送扑火队员和扑火物资、巡护飞行、火场侦察和化学载液灭火等。飞机租赁主体有三个：一是美国联邦林务局通过合约方式共租用飞机500架，其中171架为森林消防专用；超过250架是按火灾需要临时租用；军队的飞机在必要时也会随时提供增援。二是美国联邦内政部，即联邦政府的土地管理和自然资源管理部门（含矿产、海洋和森林）也有合约租用的灭火飞机。三是各州及州内直辖市也有合约租用的灭火飞机。如加州就租用可携带3600～5400升灭火剂的灭火飞机23架，小型灭火飞机13架，直升机9架和红外扫描预警飞机1架。美国还专门培养了一批航空跳伞灭火人员，任何地方发生火灾，林务局都能在一天之内调动数千名消防人员赶到火场。为保证灭火飞机能在20分钟内到达任何一个着火点，将火灾扑灭在萌芽状态，美国将全国划分为9个大区，分别建有96个直升机基地，4个固定翼飞机基地，7个伞降灭火基地，44个航空化学灭火基地（其中有20个全功能基地），所有基地都设有卫星林火监测中心。由于美国消防飞机较多，发生森林火灾时，不论飞机的归属部门，都按“就近调机”原则进行调派，地面消防队员都能得到空中灭火飞机的迅速和有力支援。

美国90%的消防飞机都是租用私人企业，以支持私人企业发展。租赁费用由联邦林务局、联邦内政部、各州及州内直辖市分别按合约直接支付。租用的飞机指派有专人管理，监督合同执行情况；每架飞机都有执行合同的管理者。在国家层面上，大多数飞机的使用都由联邦林务局协调，以提高应急响应速度和扑救能力，降低成本。

目前，美国开展森林航空消防有以下新机型和新技术：一是新一代大型灭火飞机。有涡轮动力、载重3000加仑（11356.24升）以上、速度超过每小时345英里（555.22千米）的飞机；还有美国长青国际航空服务公司，于2009年将波音747飞机改装成灭火飞机，成为世界上最大的灭火飞机，可载2万加仑（约80吨）阻燃剂，机身上安装有4个喷嘴，不但可以集中射向一个着火点，而且可以像下雨一样洒向地面，覆盖3英里（4.83千米）长。这种巨无霸“超级水箱”飞机在扑救森林大火中发挥着巨大作用。二是用于侦察火情的无人机。三是使用夜视镜技术的夜航飞机。四是使用机载红外线和相机传感器技术的飞机，能标绘火情，锁定火灾地点，为地面扑救提供实时火情信息。

由于美国有切合本国实际的管理方式、充足的经费保障、健全的预警机制和较多的航空消防基地，因此，依靠先进技术和设备、大量使用飞机开展森林消防，已成为美国预防、发现和扑救森林火灾的重要手段。

### （五）体会及建议

在美国调研考察期间，当地发达的航空工业以及较强的森林航空消防能力和行之有效的管理方式等给我们留下了深刻印象。美国等发达国家都把空中直接灭火作为扑救林火的主要措施，处置森林火灾时，充分利用飞机的空中优势，灭火效率高，手段先进，损失少，伤亡低。可以说，森林航空消防能力的强弱，已成为一个国家森林防火水平高低的重要标志之一。

与美国等发达国家相比，我国的森林航空消防工作受航空工业滞后以及航行管制、作业条件、飞机性能、飞行经费等客观因素制约，起步晚，基础差，飞机少，发展慢，远远不能满足森林防火需求，扑救林火仍主要依靠人力直接扑打，处于比较原始落后状态，灭火效率低，安全隐患大，在飞机的使用上常常面临“巧妇难为无米之炊”的尴尬，森林航空消防能力捉襟见肘。因此，学习借鉴美国等发达国家一些好的经验和做法，引进适合我国国情的先进机型，对加强和改进当前我国森林航空消防工作具有非常重要的意义。为此，调研组提出如下建议。

1．加强国际合作，引进先进机型，提升我国森林航空消防能力。

为改变当前我国森林航空消防能力不足的现状，要通过增加经费投入、加强国际合作、引进先进机型来增加我国的大中型直升机数量，广泛应用空中直接灭火来提高灭火战斗力，促进我国扑救林火由人力直接扑打转向空中直接灭火，尽快缩短与先进国家间的差距。

通过此次调研考察，鉴于K-Max直升机的结构特点和优势，调研组一致认为，该机型结构简单，容易操纵，机动性好，吊挂能力强，高原、高温性能好，并具有较高的安全性；加之机体无寿命，不需要定检，日常维护简单，购机、运行及维护费用较低，是一款非常适用于我国、特别是南方林区扑救森林火灾的机型。建议加快引进，采取企业引进、政府使用并保证使用期限和飞行时间的方式，鼓励国内通用航空公司购买，以缓解机源十分紧缺的局面，解决当前日益繁重的森林防火任务与森林航空消防力量弱之间的矛盾。

2．加强森林航空消防管理，加大协调配合力度，促进事业健康发展。要借鉴美国等发达国家的经验，加强森林航空消防管理，同时加大协调配合力度，争取各方面的支持和帮助。一是对全国的航护工作进行统一规划，根据不同特点，分区施策，进行分类指导，合理布局飞机，增强航护工作的针对性，逐步建立符合森林防火实际的科学化、标准化、规范化、现代化森林航空消防体系，提高综合能力。二是加快推进低空空域管理改革，加强低空空域应急保障能力建设，建立完善配套的法规标准，提供灵活高效的空域环境和空管服务，促进航护事业发展。三是对提供飞机从事森林消防的通用航空公司给予政策扶持，调动参与抢险救灾的积极性，从而激活通用航空市场，使之形成良性循环，从根本上解决航护用机问题。四是进一步加强地空配合，完善组织实施预案，提高扑火效率。

3．加快科技发展，加强基础设施建设，增强航护发展后劲。加快科技发展是森林航空消防的必由之路。要提升航护能力，增强航护发展后劲，就必须加大科技投入，提高科技含量，加大基础设施建设，以重点项目建设带动事业的快速发展，提升保障能力。一是加快技术创新，加大航护高新技术应用推广，加大航空灭火新手段的研究，在不可替代上做文章，更好地为森林防火工作服务。二是加快全功能直升机航站项目建设，建设自己的直升机场，提升航护保障能力，以解决使用军民用机场而制约航护飞行的问题。三是结合国家航空应急救援体系建设和森林航空消防规划，统筹研究，合理布局，有序在重点林区建设直升机临时起降点，使重点林区实现航护全覆盖，以备发生火灾后，直升机能前移到火场附近作业，提高扑火效率，并能满足应对各种突发事件的航空应急救援需要。

4．加强教育培训，加快人才培养，提高航护队伍整体素质。建设一支高素质的航护队伍，是发展航护事业的根本。要加强素质教育，有计划、按步骤地采取请进来、送出去等形式进行学习培训，开拓视野，加强学术交流，并严格管理，严格考核，持证上岗，从制度上确保航护队伍的业务素质，造就适应航护发展的业务人才，适应航护事业发展的需要。

## 三、关于赴韩国参加第六届世界林火大会的报告

2015年10月12—16日，第六届世界林火大会在韩国平昌召开。应大会组委会和韩国山林厅邀请，国家林业局森林防火指挥部专职副总指挥杜永胜率领中国林业代表团出席了会议。大会期间，我方介绍了中国林业和森林防火建设成就，并先后与韩国山林厅、美国林务局和全球林火监控中心等国家和国际组织代表会谈，就深化双方森林防火合作，增进技术交流等交换了意见。其间，代表团还现场观摩了韩国山林厅组织的森林火灾灭火联合演练，参观了各国政府机关、国际机构和企业的森林消防宣传海报和产品展示。

## （一）会议概况

第六届世界林火大会由联合国国际减灾战略署主办，韩国山林厅和江原道道厅承办。会议以“林火的过去与未来”为主题，下设三个分议题：全球自然和文化火灾遗址、保护全球自然和文化遗产免遭火灾、全球火情统一管理战略。会议包括全体会议及林火工程、林火与社会、林火管理技术等平行会议，森林火灾灭火联合演练，森林火灾论文发表会等。来自73个国家的政府、国际机构、学术团体和企业等的3500余名代表参加了会议。联合国秘书长潘基文、韩国国务总理黄教安、全球火灾监控中心主任、联合国国际减灾战略署东北亚地区部长分别为会议致开幕辞。

此届会议的主要目的在于，一是为来自全球的林火管理者、官员、专业人士、研究人员和从业者展示新技术、新产品和新方法提供交流平台和沟通场所。二是建立森林防火管理网络，为与全球林火网络的相互联系提供帮助。三是强化信息交流，讨论加强区域和全球林火合作。

会上，与会代表广泛交流了林火管理、林火研究、可燃物管理、火灾紧急救援、森林消防法律法规制定等方面的最新研究成果和经验，并就建立国际林火管理组织机构、火灾事故指挥系统、国际林火管理合作未来发展战略等问题进行了深入讨论并达成初步共识。会议通过了成果文件《平昌宣言——林火管理与可持续发展》。

大会通过决定，第七届世界林火大会将于2019年在巴西举办。代表下届大会承办国，巴西代表Lara Steil总结了参加此次会议的心得体会，并诚挚邀请各国代表积极参加下届在巴西举办的世界林火大会。

## （二）中国代表团工作情况

1. 发表主旨演讲

13日举行的平行会议上，中国代表团发表了演讲，介绍了近年来中国林业“双增”和森林火灾“三下降”成绩，指出中国政府历来高度重视生态建设和资源保护工作，希望深化森林防火国际合作，携手各国共同推进全球森林火灾治理体系和治理能力建设，为创造一个更为安全、美丽的地球家园做出应有的贡献。与会代表对中国林业和森林防火成绩给予了高度评价，认为中国为全球生态建设和环境治理做出了突出贡献，发挥了示范作用。

2．参加亚洲区圆桌会议

12日下午，代表团出席亚洲区圆桌会议，中国、尼泊尔、俄罗斯、伊朗、哈萨克斯坦5国代表分别在会上做了PPT演示，着重介绍本国林业概况、森林火灾现状、历史重大火灾情况，特别是本国森林防火工作的经验做法及趋势对策。在讨论环节，与会各国均表示，此次世界林火大会为亚洲各国提供了很好的沟通交流平台，收获很大，亚洲国家应加强在森林防火领域的交流与合作，共享经验和信息，共同保卫森林资源免遭火灾破坏。

3．会见全球林火监控中心主任

13日下午，代表团与全球林火监控中心主任Goldammer先生进行了会谈。双方表示，愿意建立紧密、持久的合作关系，共享信息，增进交流与合作。全球林火监控中心于1998年成立于德国，是联合国粮农组织的专家团队之一，该中心不仅对全球各大区林火情况进行卫星监测，更长年致力于为世界各国特别是不发达国家提供森林防扑火经验、技术、信息的交流平台。近年来，该中心逐步扩大服务范围，已经在蒙古国建立了分支机构。

4．会见美国林务局及韩国山林厅

13日，代表团一行分别会见了美国林务局及韩国山林厅有关负责人。双方分别介绍了各自森林防火工作的组织管理情况，回顾了中美、中韩森林防火合作的成果，并就中方关心的航空护林管理体制等业务问题与中方进行了具体交流。韩国山林厅森林航空科有关人员表示，韩国愿意与中国在航空护林技术培训和技术交流方面开展深入合作，双方商定会后通过邮件交换具体合作意向，并签订合作备忘录。

### （三）工作建议

1．继续深化国际交流

2000年前后，国家森林防火指挥部办公室相继与加拿大、澳大利亚建立了合作机制，并互派代表团十余个，为双方交流提供了很好的平台。会议期间，全球火灾监控中心主任Johann G. Goldammer 博士表示：“全球范围森林火灾的强度及频率随着气候的变化不断增加，有必要强化国际协作，导入国际森林火灾联合管理体制。”同时，美国、加拿大、澳大利亚等国均表示希望继续加强与中国的交流与合作。鉴于此，建议继续加强与韩国、美国、加拿大、澳大利亚等国的联系，强化森林防火培训交流，了解各国森林防火体制建设、扑火指挥调度、森林航空消防和森林防扑火装备等方面情况，加强在森林火险预警、监测、预报等方面的技术研究合作。同时，要加强与国际防灾减灾战略署、全球林火监控中心、亚澳防火机构理事会、国际野火联合会等国际森林防火组织的联系与合作，扩大中国森林防火在国际上的影响力。

2．进一步完善森林航空消防管理体制

航空灭火是森林火灾扑救的重要手段。此次韩国森林火灾灭火联合演练，充分体现了直升机的空中灭火优势。韩国在森林航空消防领域有着非常先进的管理模式，600多万公顷的森林面积配备有各类航护飞机多达150多架，空中直接灭火能力十分强大。建议我方继续与韩国森林航空部门进行沟通接触，尽快签订合作备忘录，在业务培训和技术交流等方面建立合作机制，学习借鉴韩方管理经验，进一步提升我国的森林航空灭火能力。

3．择机申办世界林火大会

承办世界林火大会，不仅有利于宣传我国多年来的森林防火工作成就，提升我国林业和生态文明建设在全球范围内的影响力，还能进一步提高全社会对森林防火工作的关注度。为此，建议请国际合作司牵头，国家森林防火指挥部办公室配合，向联合国防灾减灾署等有关部门了解相关情况，待时机成熟时提出申办世界林火大会。

## 四、赴巴西参加第七届世界林火大会总结报告

### （一）会议内容总结

第七届世界林火大会于2019年10月28日至11月1日在巴西南马托格罗索州大坎普市举行，本次会议主题为“在不断变化的世界中应对火灾，通过综合的火灾管理来减少人类和景观的脆弱性”。本次会议吸引了来自37个国家的政府公务人员、科学家、火灾管理行业从业者、私营企业和社会团体，联合国有关机构以及其他国际和地区组织参与其中，与会人数超过1200人。

世界林火大会最早于1989年在美国举办，在此之后依次由加拿大、澳大利亚、西班牙、南非以及韩国举办。本次巴西世界林火大会总结了该会议30年来在推进国际合作方面所取得的成就，这次会议为全球林火科学研究、政策制定、行业从业者创建了交流平台，在缩小全球火灾管理能力以及对火灾认知领域差距方面做出了巨大贡献。

本次会议指出为了应对不断爆发的火灾以及烟气排放对人类健康的影响，世界各地的人们开始越发关注野火的发生。与会者就野火对社区、自然文化、农村和工业基础设施构成越来越大的威胁达成共识。随着人类社会、经济和生态不断变化（土地使用变化、人口结构变化、生态系统退化）以及气候变化所引起的影响，火灾威胁正在日益加剧。而

当前的火灾管理机构和策略不足以应对这一日益增长的趋势，急需跨国家以及国际组织机构合作来共同应对火灾这一全球难题。

会议指出必须改变由单一国家和非连续的合作应对火灾预防和扑救的模式，需要通过综合跨区域和组织的火灾管理才能够在未来更好地应对野火这一全球所面临的困境。综合的火灾管理必须要有统一整体的规划，做到统筹兼顾。综合的火灾管理模式将致力于加强社会、环境及经济的弹性以应对火灾的影响，努力解决如下问题：火灾风险治理和所有火灾防控责任落实； 火灾普及知识交流，包括传统火灾扑救知识与本土知识间交流；女性在森林火灾扑救中的作用，加强性别多样性以及包容性；社会经济创新在农村用火中的应用；加强当地的火灾防控的行动能力建设；建立有火灾防治弹性的生态系统和社区。

会议指出综合的火灾管理模式在解决这些问题过程中所有的决策必须以事实为基础，并需要得到相关监测和评价系统的支持。政策实施应连贯、有凝聚力和协调一致。上述跨部门和组织的综合的火灾管理方法将支持可持续发展目标、巴黎协议的目标和《2015—2030仙台减少灾害风险框架协议》，综合的火灾管理方法将通过联合国相关文件的形式进一步强化。预计在未来几年内，将在火灾管理策略等领域取得切实成果，并预期在2023年由葡萄牙举行的第八届世界林火大会上进行系统报告。

### （二）出访会议取得成果

这次会议是我国防火机构改革、职能调整后林草部门参加的世界林火会议，对于林草系统强化火灾预防工作具有较强的学习借鉴意义。

1．共同建设国际林火监测中心

全球火灾监测中心（The Global Fire Monitoring Center）是位于德国弗莱堡大学校园内的马克斯·普朗克化学研究所的一个科学研究机构。自2001年以来，全球火灾监测中心一直作为协调机构参与联合国国际减灾战略（UNISDR）下设的火灾咨询小组和全球火灾网络建设的工作当中，该网络是一个全球自愿网络，提供林火管理政策建议和科学技术转让，使各国能减少火灾对森林生态系统的负面影响。目前该中心在全球不同区域已经建设了14个分中心。参与国际林火监测中心建设能够提高我国森林和草原火灾研究在国际上的影响力，为未来开展国际交流与合作搭建重要的合作平台。

2．召开东北亚区域森林火灾研究论坛

本次会议研讨由中国牵头，联合俄罗斯、蒙古、塔吉克斯坦等国家共同举办“东北亚区域森林火草原灾研究论坛”。希望通过本次会议可以更好地推动在火灾管理方面国际创新资源流动和共享，应对气候变化等导致的森林、草原火灾频发这一全球共同挑战，也是实现联合国2030年林业可持续发展议程目标的重大战略需求；通过与俄罗斯、蒙古、塔吉克斯坦等“一带一路”国家进行林火学术交流，符合我国“一带一路”建设内容，有利于促进我国与“一带一路”国家共同参与生态环境保护合作。发挥我国在森林草原火灾领域的国际引领和支撑作用，是实现“一带一路”国家互利共赢的重要途径。

## （三）出访会议启示

1．坚持“预防为主，积极消灭”和“打早、打小、打了”的基本方针和原则

本次会议内容议题集中体现出国外在森林和草原火灾防控投资和人员投入不足以及政府统筹社会资源集中力量抗击灾害能力欠缺等特点。目前，习近平总书记“山水林田湖生命共同体”的最新论述赋予了林业和森林防火工作新的使命和任务，为森林防火工作科学发展指明了方向，我国已将森林防火工作摆到建设美丽中国的国家战略高度，充分发挥全社会重视、全社会参与的优势，一旦发生森林火灾，各方面力量广

泛参与，最大能力投入扑救，将火灾造成的损失控制在最低，展现了高度集中统一的社会动员能力，体现了防灾减灾的中国力量，彰显了中国特色社会主义制度的优越性。目前我国火灾发生率、森林受害率已连续多年低于发达国家，这些优势应该在未来森林和草原管理政策中得到进一步的贯彻实施。

2. 完善我国森林和草原火险预报系统体系

在20世纪70年代，以美国、加拿大以及澳大利亚为代表的国外研究在综合考虑气象因素、可燃物含水率和火行为的基础上首先形成了国家级的火险预报系统。本次会议林火预防发达国家进一步提出将火灾预防、监测、扑救和火后生态系统恢复相结合的“综合管理防火模式”。林火预防后发国家包括巴西、智力和印度等，由国家主导已经初步构建完成国家级森林防火预警系统，并且有计划地进行逐步完善。而国内对森林火灾预测预警技术研究较晚，主要是在借鉴国外发达国家森林火灾预测预警技术上，结合我国实际情况进行研究。全国性的林火预报系统仍处于研究的初级阶段。因此，进一步完善我国森林和草原火险预报系统体系符合我国的实际需求，同时顺应未来世界森林和草原火灾防控技术的发展趋势。

3. 加强我国森林和草原火灾防控领域的国际合作研究

本次会议指出过去30年全球气候变化所导致火灾对人类和环境的影响是超乎想象的，必须要加强国家之间和国家与国际组织之间的合作，共同应对森林和草原火灾这一人类所面临的共同难题。本次会议报告中欧盟国家之间、南美洲国家间以及东南亚国家间在森林和草原火灾领域的区域合作研究已经成为区域合作的典范。我国应进一步加强在森林和草原火灾防控领域的国际合作研究，我国在火源管理和扑救策略上具有突出优势，而以美国和加拿大为代表的林火管理先发国家其优势在于预警，双方通过相互的合作交流具有显著的优势互补性。加强我国森林和草原火灾防控领域的国际合作研究将能够完善我国森林和草原火灾防控体系建设，为区域乃至全球森林火灾防治贡献中国智慧和力量。

4．提高我国对于森林和草原火灾科学知识的普及

本次会议突出强调森林和草原火灾科学知识向青少年的普及。通过开展一系列喜闻乐见的活动使青少年从小树立对于火灾的科学认识，掌握森林和草原火灾预防、扑救以及避险常识。我国应进一步提高对于森林和草原火灾科学知识的普及，增强森林和草原火灾管理文化建设，实现森林和草原火灾管理软实力的提升，为未来森林和草原火灾管理打下良好的群众基础。

### （四）出访会议建议

通过本次会议证明我国森林火灾管控措施不仅具有中国特色，同时也彰显了国家力量和制度的优越性。在近年来世界森林火灾频发、防火形势日益严峻的情况下，我国森林火灾管理措施最大限度地减少了火灾的发生，保护了人民群众的生命财产安全和国家生态安全，应该进一步得到贯彻落实。但也必须意识到，我国森林和草原火灾在预警体系建设上的不足，综合防控能力与发达国家还存在差距，无法应对趋势性提高的森林和草原火险，缺乏应对重特大森林和草原火灾管控能力。因此，建议未来在森林和草原火灾防控领域应着力开展以下研究。

1．开展全国尺度可燃物空间数据库动态更新平台与调控技术研究

以我国森林草原火灾为研究重点，研究我国森林草原可燃物分类方法和分类标准，实现多尺度森林草原可燃物划分，完成我国森林草原可燃物类型空间分布数据库的构建；针对每种可燃物类型建立可燃物模型，研究我国森林草原可燃物载量动态模拟和更新演替方法，完成我国森林草原可燃物空间数据库以年为周期的业务化更新平台；研究我国森林草原可燃物载量综合高效管理技术，实现森林草原可燃物载量的科学

调控。

2．开展高新技术森林草原火灾监测预警技术研究

基于多元遥感大数据实现区域森林和草原燃烧性的实时监测。构建全国尺度的基于森林和草原可燃物含水率连续观测的火险预警体系，使我国由基于气象因子的林火预警向基于可燃物含水率火险预警的转变。基于室内外点烧研究林火行为预测模型，研究无人机林火监测和火行为反演技术。聚焦人工智能技术解决森林草原火灾防控，研究火灾现场复杂环境下机器人侦查、作业技术以及无人机林火探测技术，结合区域防控资源和扑救装备实现研发具有中国自主知识产权的森林和草原火灾预警和防控系统。

## 五、关于赴葡萄牙参加第八届世界林火大会情况的报告

### （一）基本情况

第八届世界林火大会于2023年5月16－19日在葡萄牙波尔图市举行。国家林草局森林草原防火督查专员王海忠率团一行6人参会。本次会议由葡萄牙政府主办，得到了联合国粮农组织、联合国减少灾害风险办公室、热带木材组织、美国林务局等机构支持。会议主要目标是为展示荒地火灾当前工作成果搭建平台，为专业人士、学者和政府机构之间建立协作联系提供机会，促进相关知识分享，研讨解决当前问题的对策等。来自90多个国家荒地火灾防控专家、科研工作者、政府官员、企业和社会团体等，约1300名代表参会。期间召开了全体会议、专题会议、口头交流、海报展示、研讨会和行业会议共60多场次，有270多人发言。同时会议期间还有40多个参展商展示了防灭火产品和技术等。联合国秘书长古特雷斯、欧盟环境专员，葡萄牙、阿根廷环境部长，经合组织、欧安组织负责人在开幕式和全体会议上以视频方式或到现场致辞。

世界林火大会最早于1989年在美国波士顿举办，此后，大致按照每4年举办一次的频率，先后在加拿大、澳大利亚、西班牙、南非、韩国以及巴西举办过。

### （二）主要内容

此次葡萄牙世界林火大会，以“治理原则：旨在建立国际框架”为主题，围绕火灾综合管理以及风险治理，就优化制度安排和公共政策，降低全球范围内环境、社会经济变化以及气候变化对森林火灾风险发生及火灾管理的影响进行了深入交流和讨论。会议肯定了过去三十多年来通过持续举办世界林火大会，推进国际合作方面所取得成就。会议指出，当前每年有超过3亿公顷的土地被烧毁，景观火灾呈现出越来越极端的特征，对人类和自然生态系统造成严重的影响。火灾产生是土地利用方式变化、经济发展、火的使用与社会动态变化的多种因素综合作用的结果。为了更好地实现可持续发展目标并降低火灾造成损失，此次会议期间，与会者进一步探讨提出了景观火灾治理框架（详见附件1），旨在促进政府、企业、学术界、和民间社会成员共同制定平衡各方关切与技术支持的解决方案，应对日益加剧的荒地火灾情景。与会者还认为景观火灾治理框架作为加强火灾防控的重要指导文件，应提交联合国、国际及区域政府间组织予以认可。会议强调，随着全球森林火灾成为一个复杂的社会与生态问题，亟需健全国际合作机制机构，提升国际合作透明度以及加大世界各国参与野火管理的参与度。此次会议为全球林火科学研究—政策制定以及行业从业者创建了交流平台，在缩小全球火灾管理能力以及对火灾认知领域差距方面做出了巨大贡献。此次会议发布了《波尔图宣言》（详见附件2）。

### （三）代表团参加的主要活动

我局代表团一行在全程参加大会活动的同时，重点开展并参与了以下方面活动：

1．在国际合作专题会议上作主旨发言

受大会主办方邀请，代表团团长王海忠代表中国国家林业和草原局于17日下午的“国际合作”专题会议上，介绍了中国在森林防火方面的经验与实践，并向各与会代表发出合作邀请，表示中方愿与更多国家交流互鉴，共同推进全球森林防灭火国际合作，筑牢人民生命财产底线，共建美丽地球家园。

2．与葡萄牙森林火灾综合防治局举行双边会见

葡萄牙森林火灾综合防治局（AGIF）是此次大会组委会主席，也是葡萄牙森林防火工作主管部门。代表团一行与葡萄牙森林火灾综合防治局局长奥里维拉及分管国际合作的副局长举行双边会晤，围绕当前全球火灾现状、主要火灾隐患、葡萄牙森林防火体系构建、火因形成等议题交换意见，代表团诚挚邀请葡方赴中国考察交流防火工作。

3．与西班牙生态转型部生物多样性、森林及荒漠化总司代表举行非正式会晤

代表团与西班牙生态转型部生物多样性、森林及荒漠化总司森林防火领域主管进行非正式会晤，详细了解西班牙方面几年来火灾发生情况、森林防火工作部署及开展国际合作情况。同时向与会的西班牙专业防灭火设备、器材生产厂商进行咨询交流，考察最新防护服、救援帐篷等产品情况。

期间，代表团一行还与美国森林防灭火航空公司，智利、韩国、德国等代表团成员进行业务交流，介绍了中方在火灾预防等方面成熟经验成果，探讨了今后双方开展林火国际合作的可行性等。

### （四）出访启示及建议

1．坚持“预防为主、积极消灭、生命至上、安全第一”工作方针

不动摇

此次会议内容议题集中体现出国外在森林和草原火灾防控投资和人员投入不足以及政府统筹社会资源集中力量抗击灾害能力欠缺等特点。习近平总书记“山水林田湖生命共同体”的最新论述赋予了林业和森林草原防火工作新的使命和任务，为森林草原防火工作科学发展指明了方向，我国已将森林草原防火工作摆到建设美丽中国的国家战略高度，充分发挥全社会重视、全社会参与的优势，一旦发生森林草原火灾，各方面力量广泛参与，最大能力投入扑救，将火灾造成的损失控制在最低，展现了高度集中统一的社会动员能力，体现了防灾减灾的中国力量，彰显了中国特色社会主义制度的优越性。目前我国森林草原火灾发生率、受害率已连续多年低于发达国家，这些优势应该在未来森林和草原管理政策中得到进一步的贯彻实施。

2．继续加强并完善我国森林草原火灾预警防控体系建设

根据此次会议报告内容建议继续加强并完善国家森林草原火险等级预报基础数据库，包括地理信息基础数据库、林火气象基础数据库、森林火险因子数据库、林下可燃物数据库等。在此基础上加快研发、完善适合我国国情、林情、山情、社情和气候特点的，满足森林防火工作需要的森林草原火灾预警防控系统。建立符合我国火险天气、林分构成、植被含水率等综合因素的森林草原火险指标体系。要依据森林防火工作的实际需要，探索适合各种不同立地条件下的火险预报模型和预报方法。尽快实现我国由单一的森林火险天气预报到逐步开展森林火险预报、森林火发生预报、森林火行为预报的转变。

3．继续强化森林防火应急道路及阻隔体系建设

此次会议森林可燃物管理是重要议题，应在充分利用自然阻隔带的基础上，进一步统筹规划好林火阻隔系统建设工作，重点在森林资源保护价值高、重要保护目标等部位加强建设，构建自然阻隔带、工程阻

隔带和生物防火林带为一体的林火阻隔系统，采用创新技术手段提升林火阻隔体系建设的科技水平，逐步树立“可燃物管理与改培型生物防火林带”工程建设，通过实施维护防火通道，机械粉碎可燃物、清林、修枝、除草、补植造林和林下种植林药、林菜、林菌、难燃植被等措施，大力发展生物防火林带建设，结合各地实际情况在发挥森林阻隔功能的同时，进一步发挥生态、社会与经济效益。

4. 继续加强我国森林草原火灾防控领域的国际合作

此次会议指出当前全球气候变化所导致火灾对人类和环境的影响是超乎想象的，要减少森林火灾造成的危害，必须要加强国家之间和国家与国际组织之间的合作，共同应对森林草原火灾这一人类所面临的共同难题。此次会议报告中欧盟国家之间、南美洲国家间以及东南亚国家间在森林和草原火灾领域的区域合作研究已经成为区域合作的典范。我国应进一步加强在森林草原火灾防控领域的国际合作，通过国家间的相互合作，实现优势互补，从而进一步完善我国森林草原火灾防控体系建设，为区域乃至全球森林火灾防治贡献中国智慧和力量。

5. 提高我国对于森林草原火灾防控科学知识的普及

此次会议突出强调森林和草原火灾科学知识向青少年的普及。通过开展一系列形式多样、喜闻乐见的活动，使青少年从小树立对于火灾的科学认识，掌握森林草原火灾预防、扑救以及避险常识。我国应继续加大对于森林和草原火灾科学知识的普及力度，增强森林和草原火灾管理文化建设，着力实现森林和草原火灾管理实力提升，为未来森林草原火灾管理打下良好的群众基础。

附件1

# 景观火灾治理框架协议内容

1. 景观火灾治理框架（下面指框架）是一套不具法律约束力的自愿性指导原则、目标和治理建议，用于在全球范围内调整战略、政策和景观火灾管理，以应对全球挑战。

2. 在该框架下，综合火灾管理被认为对于可持续景观管理、开发应对风险和涉及不同利益相关者的治理模式至关重要。提出了国际指导原则，为进一步加强野火风险管理指明方向。

3. 该框架无意压制或忽视国家或地方的选择，而是聚焦于一个共同目标的观点，即显著减少野火造成的损失，又增加专业知识在加强风险方面治理应用。

4. 需要采取行动加强治理模式，协调所有火灾利益相关者以应对日益复杂火灾形式的挑战。同样，重视农村地区土地利用管理，减少其暴露于野火中并降低该区域应对火灾的脆弱性。同时需要进行必要的培训以减少这些地区因计划外和不受控制的火灾发生造成的损失。

5. 本次会议提出的治理模式要求进行火灾风险评估，明确社区和当地文化如何看待火灾风险和影响。这种看法推动了风险管理并有助于清晰地沟通。利益相关者的参与对于治理至关重要，让利益相关者参与决策有助于在不确定的情况下监督和持续改进火灾风险管理规划。

6. 该框架治理模式认识到火灾具有更广泛的利益链，而不仅仅是预防、扑救和灾后恢复，因此需要利益相关者之间采取综合行动和良好沟通，因为他们必须了解挑战是什么以及如何应对这些挑战。

7. 为更好地实现利益相关者的整合和清晰的沟通，建立政治和技术授权的综合治理机构以期能够有效促进国内协调和国际合作。

8．国际合作受益于以上机构的建立，将提高跨境合作效率，同时也为野火管理的各个阶段进行监督与交流创造了良好的平台。

9．面向未来，在此框架的基础上，邀请各国通过促进跨机构和跨部门对话的治理方案补齐现有差距，促进综合火灾管理，并共同努力加强国内和国际网络和专题资源中心分享。在联合国的框架下，该框架也可以成为进一步具有约束力的协议的基础。

10．寻求在联合国框架下建立一个国际机制，以促进全球综合火灾管理计划的实施，并促进全球综合火灾管理行动的融资。

11．综合火灾管理需要从单纯的管理转向稳固的治理模式和利益相关者的参与，明确其在管理过程中所扮演的角色，并进一步加强国际合作。

附件2

# 《波尔图宣言》

第八届世界野火大会，波尔图，葡萄牙

2023年5月19日

第八届世界野火大会于2023年5月16日至19日在葡萄牙波尔图举行，主题为“治理原则：旨在建立国际框架。”为进一步优化制度安排、制定公共政策，降低全球范围内环境、社会经济变化及气候变化从自然、文化和城市工业层面，对火灾制度、系统性森林火灾风险及火灾管理的影响，本届会议围绕相关治理原则和指导方针进行了充分讨论。

大会吸引了来自世界各地的消防管理专家，其中包括政策制定者、科学家、行业及技术人员等。与1989年至2019年间的历次大会相同，此次大会同样成为了政府机构、政府间组织、非政府组织和其他利益相关方代表互相分享经验的契机和平台。大会主要议题涉及治理原则应用，重点讨论了基于生态系统的解决方案等综合火灾管理，以及利益相关者如何更好参与和融入、火灾预防与准备、应急响应和灾后恢复等。此次大会围绕在全球范围内预防和减少野火对环境、社会及安全的影响，促进土地管理中环保且无害的妥善用火问题，详细阐述了应当采取的相应措施。

根据第六届和第七届世界林火大会声明及本次波尔图会议的筹备工作，专家、政府和非政府机构共同拟订、探讨并发布了《为应对全球变化的荒地火灾治理框架-调整战略、政策和管理指导原则》文件。与会者在大会上重申该文件，认为该框架应提呈联合国、国际及区域政府间组织，并作为加强综合消防管理的指导框架，提请上述机构予以正式认可。

国际联络委员（ILC）会作为世界林火大会管理者，会协调并制定一份全球声明作为会议成果。这些历次会议的声明已被用于联合国重要文件，如《仙台减灾框架》与《巴黎气候协定》，ILC可以在此范围内对《荒地消防治理框架》进行管理。ILC成员内的个人及组织将在荒地火灾咨询小组和全球森林火灾网络的支持下，努力取得联合国粮食及农业组织（FAO）、联合国环境规划署（UNEP）和联合国减灾办公室（UNDRR）等联合国相关机构的认可。

# 中国森林草原防火工作实践与成效

## ——在第8届世界林火大会上的发言提纲

中国国家林业和草原局　王海忠

（2023年5月）

谢谢给我这个发言机会！

女士们、先生们，下午好！

中国幅员辽阔，高森林火险每年在南北方交叉出现，形成全年防火局面，防控任务十分繁重。1987年中国东北的大兴安岭发生特大森林火灾，持续燃烧28天，伤亡439人，烧毁森林100多万公顷，直接经济损失高达5亿元人民币。此后，中国政府持续加大森林火灾防控力度。2018年政府机构改革后，森林草原防火由应急和林草部门共同负责，林草主管部门负责森林草原火灾预防，开展防火巡护、火源管理、日常检查、宣传教育、防火设施建设和火情早期处理工作；应急部门负责综合指导各地和相关部门防控火灾，牵头开展火灾预警监测和信息发布，组织指导协调火灾扑救工作。相关部门和地方政府密切配合，火灾防控能力和水平得到进一步提升，森林火灾发生次数由先前的每年万余起下降到千起以下，取得了在森林面积和蓄积量持续“双增长”情况下火灾发生数量和损失“双下降”成果，有力保护了人民生命财产和生态资源安全。

中国森林火灾防控主要做法：一是始终坚持“预防为主、积极消灭、生命至上、安全第一”的工作方针，将减少火灾发生、降低灾害损失，确保人民生命财产和生态资源安全放在最重要位置。二是积极建立部门协同、信息共享、联防联控的防灭火一体化运行机制，形成“防、救、查”分工明确、协调顺畅、配合紧密、调度有序的工作体系，充分发挥工作合力。三是强化属地责任，对早期火情“打早、打小、打了”。建立网格化责任体系，及时发布火险预警、隐患提示。四是强化基层防灭火力量建设，加快组建基层专业消防队伍，加强业务技能培训，提升队伍正规化、标准化、专业化水平。五是加强重点地区林火阻隔系统建设，推进蓄水池、拦水坝、无人机巡护应用等基础设施建设，积极争取将防火重大基础设施建设纳入国家重点项目。六是建立专家智库，为火灾预防、早期处理等提供决策支持。

在做好国内火灾防控同时，我们与俄罗斯、蒙古国、朝鲜、越南、缅甸等陆路接壤国家就边境地区火灾防控工作进行密切沟通，建立起良好的森林草原防火合作关系，主要围绕火情信息通报、火灾应对等工作进行协作，有效防范了跨境火灾的发生和蔓延。今后，我们愿意继续强化和接壤国家的合作，同时愿意和其他国家加强合作交流，不断提高自身和相关国家的火灾防控能力，共同推进全球森林火灾治理取得积极成效，为建设一个更为安全、美丽的地球家园做出应有贡献。

谢谢！

# Practice and Effectiveness of Fire Prevention in Forest and Grassland Sector in China

## —— Speech at the 8th International Wildland Fire Conference

By Wang Haizhong
National Forestry and Grassland Administration of China
(May, 2023)

Thanks for the opportunity to share with you!

Ladies and gentlemen, good afternoon!

China is a very extensive country where forest fire occurs with high frequency in the northern and southern areas alternately, presenting tough fire prevention pressure and workload through the year. In 1987, a huge forest fire broke out in the Greater Hinggan Mountains in northeast China that lasted for 28 days with more than 1 million hectares of forest burnt out and causing 439 casualties as well as direct economic losses of up to 500 million yuan. Since then, the Chinese government has been intensifying and scaling up forest fire prevention and control efforts. Since the Government Institutional Reform in 2018, the fire prevention and control for forest and grassland sector is now jointly carried out by the Ministry of Emergency Management (MEM) and National Forestry and Grassland Administration of China (NFGA). To be specific, NFGA is responsible for fire prevention by carrying out regular patrol, fire source (combustible) management, daily inspection, public education, construction of fire prevention facilities and early intervention, while MEM will give fire prevention and control instructions to all local and relevant departments by releasing fire alerts and information related to monitoring and fire occurrence as well as organizing, guiding and coordinating fire fighting and rescue work. Thanks to the close team work between relevant departments and local governments, fire prevention and control ability has been greatly enhanced with much better performance. In the meantime, fire frequency has been significantly reduced from annually more than 10,000 cases in the previous years to less than 1000 nowadays. This achievement is especially outstanding taking into account that fire cases as well as losses caused have both declined while the forest coverage and stock in China has been continuously increasing. Indeed, we have effectively safeguarded our people's life and their economic interests as well as the security of ecosystem with its resources.

The main measures for forest fire prevention and control in China are as follows. Firstly, guided by the principle of "Prevention comes first while taking active suppression measures to prioritize people's life and guarantee safety", we always put in first place the task to reduce the occurrence and losses while ensuring the safety of people's lives and property as well as the ecosystem. Secondly, it has been established an integrated operation mechanism of fire prevention and fire-fighting, featuring interdepartmental coordination, information sharing and joint prevention and control. Under this mechanism, division of labor is quite clear regarding prevention, rescue and posterior investigation, while coordination is smooth and close and implementation is always in order to give full play to concerted efforts. Thirdly, it's important to emphasize local responsibilities to make sure early intervention in the very beginning so that intensity will be reduced and fire can be suppressed promptly. To specify responsibility, we have established a grid system that will timely release fire alerts and reminder for potential danger. Fourthly, we have reinforced the capacity building of grass-roots fire prevention forces by accelerating the formation of local professional fire fighting teams and strengthening specific technical and techniques training, to make sure an official, standardized and specialized team. Fifthly is to consolidate fire isolation system in key areas by promoting the construction and application of infrastructure such as reservoirs, dams and drone patroller. We have also managed to include the construction of major fire prevention infrastructure into national key projects. The last point is the establishment of expertise think-tanks to provide decision support for fire prevention and early suppression.

While carrying out domestic fire prevention and control, we have also been actively engaged in cross border cooperation with our neighbour countries like Russia, Mongolia, north Korea, Vietnam and Myanmar. We have maintained close communication and collaboration with our partners to share fire information, inform fire occurrence and carry out joint actions in suppression. Up to date, we have effectively prevented cross-border fire and its spreading beyond borders. In the future, China is willing to further strengthen cooperation with neighboring countries, and also initiate cooperation and exchanges with other countries to continuously improve the fire prevention and control capabilities of ourselves and our partners. By working together, we will achieve positive results in global forest fire control, and make contribution to building a safer and more beautiful planet.

Thank you!

我国的内蒙古、吉林、黑龙江、云南、广西、西藏、新疆7省、区与俄罗斯、蒙古国、朝鲜、哈萨克斯坦、缅甸、越南、老挝等国家接壤，有近22897千米的边境线，其中森林接壤6610千米，约占边境总长的30%。由于边境地区特殊的地理环境、复杂的民族情况，特别是陆路接壤和狭窄河流为界的地段，双方森林彼此相连，境外火烧入我国的情况时有发生，对我国边境地区的森林资源和人民生命财产安全构成极大威胁。同时，随着全球气候异常加剧，世界范围内森林火灾频发，我国当然也不能独善其身，而且必须清醒地看到，我国森林草原防火预警体系建设明显不足，综合防控能力与发达国家还存在差距，无法应对趋势性提高的森林草原火险，缺乏应对重特大森林和草原火灾管控能力。因此，必须要加强与其他国家和国际组织之间的合作，共同应对森林草原火灾这一人类所面临的共同难题。

今后，一是要加强与邻国之间的联防协作，在巩固落实中俄、中蒙联防协定的基础上，积极与缅甸、朝鲜、哈萨克斯坦联系，争取早日签订边境森林防火联防协议，减少因森林火灾造成的损失，确保边境地区稳定。二是加强与火灾多发国家的合作交流，与美国、加拿大、希腊、法国等国家建立互访交流、出国培训、实地考察等协约机制，进一步拓宽国际视野，分享防治经验，实现互学互鉴。三是加强与相关国际组织的合作交流，通过参加世界林火大会、组织东北亚区域森林火灾研究论坛、与全球火灾监测中心等机构合作等方式，不断提升我国森林草原火灾防控水平，同时为区域乃至全球森林火灾防治贡献中国智慧和力量。

世界林火大会由联合国防灾减灾战略署主办，是全球火生态学领域最高级别的国际大会，旨在为全球防火管理者、官员、专业人士、研究人员和从业者展示新技术、新产品和新方法提供交流平台和沟通场所。林火大会每四年一届，自1989年在美国波士顿举办第一届世界林火大会以来，相继又在加拿大、澳大利亚、西班牙、南非、韩国举办了会议。2011年、2015年、2019年、2023年，国家林业局（国家林草局）分别派员参加了第五届、第六届、第七届、第八届世界林火大会。

不明察，不能烛私。

——《韩非子·孤愤》

# 第十章

# 调研报告摘编

1. 关于赴黑龙江、内蒙古大兴安岭林区督导调研森林草原防火（夏季雷击火处置）工作情况报告（2020年6月）

2. 关于赴河南、海南、贵州三省调研城市周边森林防火工作的调研报告（2020年12月）

3. 关于赴内蒙古自治区督导调研森林草原防火工作情况的报告（2021年5月）

4. 关于赴广西、云南、吉林、陕西调研森林草原防火道路、隔离带有关情况的报告（2021年7月）

5. 关于提升我国大兴安岭林区森林防灭火能力的建议（2022年7月）

# 关于赴黑龙江、内蒙古大兴安岭林区督导调研森林草原防火（夏季雷击火处置）工作情况报告

2020年6月

根据局党组安排和关志鸥局长的指示，2020年6月8—12日，由国家林草局森林草原防火督查专员王海忠带队，防火司、森林防火专业委员会相关负责同志参与的工作组，赴黑龙江、内蒙古大兴安岭林区督导夏季森林火灾防范处置工作，调研防火工作中存在的突出困难和问题。现将有关情况报告如下。

## 一、两地工作情况

通过实地督导检查，督导组认为：黑龙江、内蒙古大兴安岭对森林草原防火工作高度重视，认识到位，防控措施得力，工作成效突出。截至目前（6月15日），两地共发生雷击火13起，受害森林面积（过火面积）236公顷；以上火灾均在最短时间扑灭，无“过夜火”，人为火“零发生”，取得历史同期最好成绩。

### （一）政治站位高

大兴安岭林业集团公司、内蒙古大兴安岭森工集团认真学习贯彻习近平总书记关于防控重大风险的重要指示精神和李克强总理关于森林防灭火工作重要批示要求，严格落实国家林草局森林草原防灭火工作决策

部署，坚持做到“党政同责、一岗双责，齐抓共管、失职追责”，层层压实责任，逐项细化措施，确保了“人为火不发生、雷击火不过夜”防控目标的实现。

### （二）工作部署实

黑龙江大兴安岭于3月16日召开春季防火工作会议，全面安排部署春防工作；4月2日集团公司成立后，又重新调整指挥部成员及划分四大战区、12个责任区，明确包保责任，形成了“政企联防，防灭一体，协同作战”的森林防灭火体系。内蒙古大兴安岭将林区划分成6个联动战区，实行人员队伍、装备调用、物资保障全部联动、联用、联指。

### （三）责任落实严

内蒙古大兴安岭森工集团公司制定严格标准，突出制度建设，明确“三个不发生”目标，按照“五个管住”要求，压实主体责任，签订责任状2.1万份，排查2300多个野外风险点，整治隐患315处。大兴安岭林业集团公司春防期间派出8个督查组、6个预警巡护小分队，同各林业局派出的222个检查组，以野外作业点、重点风险隐患部位、隐患排查整改“三本台账”为抓手，不间断开展明察暗访，共排查出10大类42项623个风险隐患，全部进行整改落实。

### （四）扑救处置快

黑龙江大兴安岭按照兵力、装备、飞机“三靠前”原则，将106支3394人队伍、装备，6架航空飞机提前部署到重点部位，确保接到扑火指令后5分钟内出发。今年，该地发生的8起雷击火全部在3小时以内扑灭。内蒙古大兴安岭将9000余名专业、半专业扑火队和森林消防队根据不同火险时段，南、北互调互用，靠前驻防，确保在发生火情时投重兵、打小火，打早、打了。

### （五）基础保障强

内蒙古大兴安岭自2017年以来累计筹措资金7.81亿元投入森林防火工作，开展高危火险区综合治理，完善航空消防、防火通信、应急道路等建设，购置履带运兵车、消防装甲车、机具和个人防护装备，维修瞭望塔，提高异地驻防、半专业扑火队等人员补助标准。黑龙江大兴安岭利用三维雷电监测等技术手段，准确监测并推送落雷信息，应急响应措施精准到位，提升了预警响应工作整体水平。

## 二、存在的主要困难问题

调研中，两地反映的主要困难和问题集中在以下几个方面。

### （一）防火设施建设及养护欠账较多

一是在林区防火道路建设上，普遍存在道路等级低、损毁严重、建设及养护资金缺乏问题。内蒙古大兴安岭未纳入地方道路规划公路达1.1万千米，桥梁2587座（危桥1112座），涵洞16093座（危涵3101座）；黑龙江大兴安岭防火公路密度1.9米/公顷，远低于规划目标3.1米/公顷，且分布不均，偏远山区和雷击火高发区道路极少甚至没有道路。二是在瞭望塔建设维护上，普遍存在塔体陈旧、年久失修、塔路不通等情况。黑龙江大兴安岭331座瞭望塔中有110座使用超过30年、30座超过20年，塔基不稳、拉线锈蚀、避雷设施失效现象突出；内蒙古大兴安岭253座塔中97座不通塔路，山高坡陡、崎岖难行，瞭望人员工作生活条件异常艰苦。

### （二）扑火人员年龄老化严重

内蒙古大兴安岭林区已连续5年人员“只出不进”，专业队中50岁及以上人员占36.3%、半专业队中占54.9%，40岁以下扑火人员不足16%。黑龙江大兴安岭专业队中，41岁以上占56%、51岁以上占14%，有的队伍平均年龄在50岁以上。同时，由于防火经费未列入政府财政预算，经费保障不足现象普遍。

### （三）科技防火能力有待提升

一是林区通信能力较差，公网覆盖率低，应急通信保障无法满足实战需求。二是远红外视频监控、雷电监测预报、入山智能管理等科技手段应用普及率不高，科技化、智能化水平低，制约了火情早发现、早处置。三是航空消防覆盖率低，飞机数量配备不足。

## 三、工作建议

根据统计数据，每年的6—8月是黑龙江、内蒙古大兴安岭林区雷击火高发时段，且多呈集中爆发态势，易发、难防、难控。其中，2010—2019年同期，黑龙江大兴安岭地区共发生雷击火267起；内蒙古大兴安岭仅北部原始林区就发生128起。因此，做好这一时期雷击森林火灾防控工作，任务艰巨、责任重大。

督导调研期间，转达了局党组和关志鸥局长对两地森林草原防火战线同志们的亲切关心、慰问和鼓励，并围绕提高政治站位、适应改革要求，落实防控责任、强化督促检查，夯实基础建设、加强科技攻关，克服侥幸心理、争取春（夏）防全胜等工作提出了意见和要求。

针对黑龙江、内蒙古大兴安岭提出的困难和问题，建议今后着重加强以下工作。

### （一）防火设施建设方面

一是今年正值森林防火规划中期评估，请防火司指导当地将防火道路、瞭望塔维修及视频监控、以水灭火设施建设等纳入中期调整重点建设内容。二是指导当地将急需维修的高危瞭望塔，列为专门项目进行申报，通过条块结合的方式，统筹解决林区瞭望监测问题。三是建议规财司牵头，协调防火司、资源司、专员办等，加大统筹力度，协调落实养护经费和征占用林地等手续，解决“树封路”问题。

### （二）扑火人员年龄老化问题

一是组成专题调研组，核实掌握相关情况，并与内蒙古自治区政府、黑龙江省政府加强沟通协调，争取畅通人员进出渠道。二是协调有关地方政府部门加强政策扶持，争取将森林防火人员纳入特繁工种，享受提前退休等待遇。三是结合森林防灭火工作的生态公益属性，按照《森林防火条例》规定，科学测算相关费用，推动建立专项补助渠道，解决基层防火经费不足问题。

### （三）科技防火能力方面

一是加强顶层设计，协调中国移动、联通、电信三大运营商，推动解决林区公网覆盖问题。指导基层通过社会化购买服务卫星和5G应用等形式，提升火场应急通信保障能力。二是加大对基层申报项目和经费等方面的支持，推动视频监控、雷电监测预报、入山智能管理等科技手段在一线的应用普及。三是进一步明确基层单位项目申报渠道，支持内蒙古森工集团新建航空护林站和机源的引进，有效提升大兴安岭林区航空消防能力。

# 关于赴河南、海南、贵州三省调研城市周边森林防火工作的调研报告

2020年12月

为切实做好城市周边森林草原防火工作，防范家火上山、山火进城，着力化解城市风险隐患，2020年12月8—24日，由国家林草局森林草原防火督查专员王海忠带队，一行4人先后赴河南、海南、贵州三省，专题调研城市周边森林防火工作。其间，调研组通过现场查看城市周边森林分布情况、城林交接重点部位情况、城市周边防火设施装备情况、防火队伍及道路、交通、水源情况，风险隐患排查、火险化解情况等，全面了解掌握三省城市周边面临的森林火险形势；在河南济源、海南三亚、贵州贵阳组织召开3次座谈会，听取省、市及重点城市森林防火部门负责同志情况介绍，交流做好城市周边森林防火工作的意见和建议。同时，调研组还结合秋冬季及元旦期间森林防火工作要求，对正处于中高火险期的河南、海南、贵州三省防火工作进行了督导检查，确保秋冬季防火工作不出大的问题。

## 一、基本情况

近年来，随着我国城镇化速度加快，城市建设不断向林区、山区、乡村扩展，“森林城市”“森林小镇”“森林村寨”等不断涌现。森林在给城市、乡村带来美好环境的同时，也给森林防火工作带来重大挑战。2020年四川省西昌市“3·30”森林火灾曾直接威胁到西昌市马道街道办事处和西昌城区安全，其中包括一处存量约250吨的石油液化气储配

站、2处加油站、4所中小学校，以及西昌最大的百货仓库等重要生产、教育、商业设施，形势危急；2011年河北秦皇岛“4·12”森林火灾、2020年山东青岛小珠山“4·23”森林火灾等，也曾严重威胁到城镇居民及重要设施安全，引起中央领导高度关注，给城市周边森林防火工作敲响警钟。

## 二、主要做法

面对城市周边森林防火工作带来的安全威胁，三省各地对城市周边森林火灾防范工作采取了一系列有针对性的举措。主要有以下措施。

### （一）加强组织领导，压实城市周边森林防火工作的主体责任

三省在抓城市周边森林防火工作中，积极采取措施，层层强化责任落实：贵州省实行“网格化”管理，压实属地的主体责任，坚持将城市周边防火工作纳入整体联动范围，分片划区，县（区）包片、乡（镇）包户、责任到人，严防火灾发生。河南省出台《森林防火责任追究办法》，从制度上构建横向到底、纵向到边的责任网络，健全了追责依据。海南省政府层层签订责任状，形成权责明确、齐抓共管、协作有力、上下贯通的森林防火管理体系。

### （二）加强基础设施建设，筑牢城市周边森林防火的安全屏障

河南省是我国人口大省，该省持续加强重点山区县城、镇村防扑火专业队建设，近年在城市周边森林防火压力较大的市县，相继组建了60支专业队、430支半专业队。同时，做好森林防火储备物资增补检查与调配，高火险时段靠前布防，高度戒备。海南省加快推动森林防火通信系统和西南片区综合治理建设项目实施，充分发挥视频监控和火险监测预警监测作用，为海南自贸区建设保驾护航。贵州省要求城市周边和主要林区接合部建设20～30米生物防火林带，目前全省已完成城市周边森林

防火隔离带82.9千米，县、乡、村寨周边隔离带也在积极推进中。

### （三）加强隐患排查治理，消除城市周边森林防火的安全隐患

河南省在信阳、洛阳、南阳等地围绕重点林区、重点部位、敏感地段、森林步道开展风险隐患排查，严防“家火上山、山火进村”，严防重要设施受到火灾威胁，严防生产用火、生活用火、祭祀用火、旅游等引发森林火灾。2020年对排查发现需整改的551个风险点进行及时整改，95%以上的风险隐患得到消除。海南省2020年连续多月出现高温干旱天气，森林火险气象等级较高，三亚市等地及时排查出风景名胜区、坟墓集中区、军事设施、林区输配电、通信设施等重点区域火灾风险隐患81处，已全部落实整改到位。贵州省结合本省防火“三年行动计划”对城市周边森林防灭火工作进行专项整治，排查城市周边林区安全隐患2500余处，整改隐患1100余处。

## 三、存在的主要问题

河南、海南、贵州三省均存在人口密集城市周边森林火灾风险与隐患问题，主要体现在以下方面。

### （一）对新时代生态文明建设大背景下加强城市周边森林防火工作重要性认识不够

把城市周边森林火灾防范纳入生态文明建设的总体布局不够，融入“森林城市”“美丽乡村”建设同步规划实施不多。森林防火工作的关注点多集中在大林区和山区，对“城市周边森林防火”认识不深，对如何防范城市与森林紧密相连地区的火灾缺少体制、机制方面的布局，相关工作部署仍然延循或停留在传统防火手段上，缺乏针对性。

### （二）缺少城市森林防火风险等级划分

城市周边森林防火与城市所处地理环境、规划布局等客观因素密

切相关。从现实情况看，城市森林防火风险等级主要分为三类：一是城市与森林紧密相接，你中有我、我中有你，林在城中、城在林中，面临山火威胁等级“最高”，如贵阳市、遵义市；二是城市边缘地区与山林有接壤但交接区域面积较小或森林分布比较分散，发生火情时，由于林地距城市较近，交通便利、便于扑救，火情相对容易控制，山火威胁等级“中等”，如济源市；三是城市与周边山林相隔较远，存在天然或人工建筑物理阻隔，如农田荒地、河流、高速公路、铁路线路等，面临山火威胁等级“较低”，如三亚市、昌江县城等。调研中发现，河南省的许昌市延龄县、海南省的昌江黎族自治县国有林场、贵州省的多数城市等，为典型“城在山中、山在城中，林城交错，相互依存”的高风险等级城市，一旦发生火灾，如果防控不当，极易造成人民群众生命财产损失。这些地区均缺少对城市周边森林火险风险等级划分，缺少专门的应对火灾预案，提示我们需要从国家或省级层面考虑，提出等级划分标准，指导各地有针对性地做好防范。

### （三）防火经费不足，基础设施和保障水平有待提高

从了解情况看，各地均没有设立专门用于城市周边森林防火专项经费，且受当地财政能力限制，大部分地区的森林防火经费严重不足，防火装备和基础设施建设水平偏低，尤其是海南和贵州省财政投入不足，多地反映每年财政预算仅能勉强维持面上工作，没有专项用于开展城市周边森林防火工作的经费渠道。海南尖峰岭、贵阳云岩区鹿冲关森林公园等人流密集地段的步道两旁，大量枯树落叶随处可见，火灾隐患极大；河南省济源、焦作、三门峡市建议“十四五”期间，国家对城市周边森林防火应安排专门项目与资金，用以建设提高城市周边森林防火基础设施水平与保障能力，例如在城市、街区、镇安排引水上山，建连线水池项目、以水灭火设施等，这些都是保障城市周边森林火灾“少发生、快处置”的有效手段。

### （四）森林防火机构不健全、人员不足，扑火力量薄弱，影响城市周边森林防火工作开展

2018年机构改革后，三省大部分市级、县级林业部门森林防火机构不健全，没有上下对应成立独立的防火机构，编制、人员还未落实到位。以发生城市森林火灾风险较大的贵州省为例，大部分县区没有设林草部门，缺少专门的防火机构，工作力量薄弱，履行相关防火职责遇到很大困难。同时，地方专业防扑火队伍数量有限、装备落后，大部分地区处置火情主要依靠临时聘用的半专业队伍或护林员，普遍缺少专门力量应对城市周边森林防火工作。

## 四、下步工作建议

随着我国经济社会快速发展、小康社会全面实现和我国生态环境的持续改善，绿色、生态、宜居的“生态城市”“森林城市”“美丽乡村”“美丽村寨”等将更加普遍，城市周边山林多、山林周边城镇多将成为人民群众生活居住的新常态。搞好城市周边森林防火工作，应着力做好以下工作。

### （一）在加强城市周边森林防火工作宣传上再下功夫，努力形成社会共识

从总体来看，人民群众对森林防火工作的重要性认识越来越高，但对生态文明建设新形势、新背景下防范化解城市周边森林火灾风险隐患普遍认识不足，对一旦发生城市周边森林火灾如何避险、如何应对缺乏感知与了解。在“十四五”时期，应不断加大对森林防火、特别是城市周边森林防火工作的宣传力度，使民众对城市周边森林火灾防范形成共识。

### （二）做好城市周边森林火灾防治标准顶层设计

各级林草部门要把城市周边森林火灾防范当作新形势下防范化解安

全风险隐患的一项重点工作来抓，超前谋划，主动作为，积极向当地党委政府汇报，将这项工作作为城市安全工作的一项重要任务，纳入本地国民经济和社会发展规划。林草部门要在林业“十四五”规划，“森林城市”和“美丽乡村”建设中，同步规划和设计城市周边森林防火基础设施相关项目与技术标准。建议由国家林草局防火司牵头制定城市周边森林防火国家标准和行业标准，便于各地参照执行。

### （三）科学合理划分城市周边森林火灾风险等级

要结合全国森林火灾风险普查和《全国森林防火规划（2016—2025年）》中期评估，指导各地抓紧摸清城市尤其是人口密度较大城市周边森林火险火灾隐患情况，建立城市周边森林火灾风险隐患台账。参照县级行政单位火险等级区划，制定行业标准，对全国城市森林火灾风险进行区划，科学确定“低、中、高”火险城市（含重点县、乡、村）风险隐患指标，根据等级制定出相应火灾防控措施，做到“一城一账”“一地一策”，实现城市周边森林火灾的精准防控、精准施策。

### （四）防范城市周边森林火灾更要坚持“防扑一体化”

城市周边森林防火工作是一项系统工程，要在地方政府牵头统领下，林业、应急、市政、公安等部门，以及森林公园、景区等经营单位建立联防联动、快速反应机制。要建立健全部门分工协调机制和合作共享机制，切实解决好条块分割、部门单位之间各自为战问题。综合网络平台、舆情监测、火情预警、力量布控信息都要在防扑一体化大框架下，在处置城市森林周边居民点、重要目标、加油站、液化气站、燃料库等防火重点险情中发挥自身作用。

### （五）加强城市周边森林防火基础设施和装备建设

在城市周边建设更加密集的防火通道，开设一定距离的森林防火隔离带，预置消防栓、蓄水池、自动喷淋等基础设施，配备水罐车、高压水枪等以水灭火装备，增强防范森林火灾的能力。加强城市周边视频监控和智能卡口建设，配备直升机和无人机开展航空护林，按标准配备足够数量的专业防扑火队员和护林员，提高火情发现和处置能力。高火险地区可参照城市消防的模式，在城市、乡镇村庄建立微型森林防火站，把必要的防扑火机具预置到每一个重点目标、重点部位，确保一旦发生火情能够及时发挥作用，快速处置，做到“打早、打小、打了”。

### （六）继续深入开展城市周边森林防火工作的专题调查研究

考虑到城市周边森林防火工作属于新课题，建议继续针对重点城市开展深入调研，深入基层了解情况，准确、全面掌握数据，为领导科学决策提供参考和依据。

# 关于赴内蒙古自治区督导调研森林草原防火工作情况的报告

2021年5月

根据工作安排，2021年5月18—26日，国家林草局森林草原防火督查专员王海忠带领防火司及驻内蒙古专员办的相关同志，赴内蒙古自治区锡林郭勒盟、兴安盟、呼伦贝尔市、内蒙古森工集团及其所属市、县林草部门，防火机构、林业局（林场）等，就边境地区森林草原防火和春防后期森林防火工作等进行督导调研。

## 一、今年内蒙古自治区森林草原防火情况

从督导调研掌握情况看，今年以来，内蒙古自治区对春季防火工作高度重视，各盟（市）旗（县）和内蒙古森工集团能够从讲政治的高度，充分认识做好建党100周年森林草原防火工作的极端重要性，深入学习贯彻落实习近平总书记关于森林草原防火工作的系列重要指示批示精神，传达部署较为到位；能够扎实落实国家森林草原防灭火指挥部、国家林草局森林草原防火工作会议要求，强化责任制落实，细化网格化管理，突出队伍实战训练，夯实防火基础保障，广泛开展宣传动员，各项火灾防控措施抓得比较实，效果比较明显。截至2021年6月11日，全区共发生森林火灾12起（其中一般火灾6起，较大火灾6起），受害森林面积37.74公顷；发生草原火灾6起（5起发生在锡林郭勒盟），其中一般火灾4起，较大火灾2起，受害草原面积2488.01公顷，森林草原防火成效大大好于往年。

一是认识到位。按照习近平总书记提出的“把内蒙古建设成我国北方重要生态安全屏障”“在祖国北疆构筑万里绿色长城”系列重要指示要求，围绕总书记对森林防火“四问”做工作，增强工作主动性，全区动员、广泛宣传，不让林（牧）区发生影响全国稳定大局的森林草原火灾成为林（牧）区共识。呼伦贝尔市在高危火险时段，组织开展了“预防火灾、珍爱生命、守护北疆”大型防火宣传活动暨第9次“百车千人万里行”保护生态联合行动，引起社会广泛共鸣。

二是责任落实。积极适应森林草原防火管理体制新变化，始终把森林草原防火作为林草系统头等大事，作为主责主业来抓。通过层层签订责任状、承诺书，严格落实行业管理责任和经营主体责任。内蒙古森工集团健全完善网格化管理手段，提前谋划、提早动手，制定预案、演练队伍，加强教育、安全扑救。

三是强化防控。对野外农牧作业点、施工作业点、工矿区、自然村屯、偏远林场、管护外站和瞭望塔等“七类要点”，铁路、公路、供电等“三线重点”，采取特殊管控措施，严格落实火源管理、督导检查、隐患整改和问题清单制度，把“七点三线”管严管住，确保了重点区域和重点部位不出问题。

四是能力提升。各地利用春、夏季“北兵南调”“靠前驻防”等举措，将人员、飞机尽可能布防在最关键地点，缩短作战半径。加强“地空一体化”配合，建立多支航空特勤突击队、多点培训索降队员，开展载人巡护、地空配合、查打一体，航空消防发挥了极其重要的作用。由传统防火以人防为主向人防与技防相结合转变，通过争取“国家电信普遍服务项目”落地，解决林区通信盲区，更广泛应用视频巡护、卡口监控等现代管理手段，强化火源管控。

### （一）存在问题

通过督导调研发现，三盟市和内蒙古森工集团在森林草原防火工作中主要存在以下问题。

一是松懈麻痹思想。由于全区大部分地区连续多年没有出现较大森林草原火灾，部分地区甚至多年没有出现过烟点、火点，一些地方存在防扑火人员思想麻痹、松懈，队伍精气神不足、训练不够等问题。

二是防火基础薄弱。防火道路损毁严重、通行不畅，通信公网覆盖不足，无信号区域大范围存在，防火运行经费短缺，扑火人员年龄老化、待遇偏低，航空消防滞后，森林防火“防灭一体化”运作还有待完善。内蒙古森工集团仍有1.4万千米砂石路亟待升级改造，危桥1112座，占43%；危涵3101座，占19.3%。有相当数量的瞭望塔没有塔路，有的单程上塔或取水需要4～5个小时，塔房用彩钢板建造，保暖性差。林内各类输电线路老化严重，多数林场、工队防火运兵车为报废车辆改装，“带病上路”现象较为普遍。有些边境隔离带因地形艰险、机械设备陈旧而无法按要求开设。

三是队伍思想不稳。一线森林草原防火队员工资待遇普遍较低，锡林郭勒盟东乌旗扑火人员月工资仅1500元左右，且没有“三险”。内蒙古森工集团51周岁以上的专业防扑火队员占36%，队员老龄化问题突出。北部原始林区靠前驻防点无固定营房、无通信信号，几十名队员挤在树木搭成的“大通铺”睡觉，驻防条件特别艰苦。

四是机构编制落实缓慢。有的地方改革后，防火机构弱化严重，机构降格、人员减少。有的防火编制尚未分配到基层单位，已分配的人员未到位。呼伦贝尔市共分配64个防火专项行政编制，其中林草部门仅分配25名（应急分配23名），还有16个编制被市编办预留至今未分配。

### （二）下步工作要求

对于上述问题，工作组已通过座谈交流、下达问题清单等形式，责成相关地区、部门进行认真整改落实，并拟在今年秋季防火期前，对以上问题进行“回头看”。王海忠专员代表督导调研组在情况反馈会上提出工作要求。

一是认真学习领会习近平总书记在全国人大代表座谈会上的重要讲话精神，提高政治站位，对内蒙古森林草原防火工作的特殊性、极端重要性要头脑清楚、心中有数。要抓住国家重视内蒙古生态资源保护和全面推行林长制的大好时机，加强对森林草原防火工作的科学研究，加强“防扑一体化”建设，加大资金投入，加强防扑火队伍建设、基础设施建设，确保总书记对内蒙古自治区生态建设的关心、重视和要求，真正落到实处。

二是坚持不懈地抓好森林草原防火预防体系建设。要一手抓硬件建设，如道路、瞭望塔、检查站、靠前驻防点等基础设施；一手抓软件建设，如管理制度、运行机制、队伍训练、感知系统，以及互联网+督查系统、“防火码”等，上下共同努力，突破难点痛点，力争尽快解决制约发展的瓶颈问题，有效提升全区森林草原防火能力水平。

三是要克服侥幸和麻痹松懈思想、再鼓干劲，做好春防后期森林草原防火工作。当前，要特别关注夏季雷击火的防范处置工作，进一步落实工作责任，加大队伍训练力度，靠前布防机动力量，做到早发现、早处置，确保全年森林草原防火工作不出大的问题。

### （三）工作建议

按照2021年5月7日国家林草局第10次局党组会议听取重点国有林区防火基础设施建设调研情况时，关志鸥局长所提出的工作要求，建议：由局规财司、防火司牵头，及时向国家发展改革委、财政部汇报反映，从增加防火资金投入量和调整投资结构两个措施入手，把内蒙古森工集团、大兴安岭林业集团多次反映的突出问题（如道路网、通信公网、隔离带、航空护林、预警监测平台、可燃物清理、水毁路桥维护等），在2022年的年度资金安排上，优先兑现。这也是国家林草局落实习近平总书记对内蒙古等重点国有林区防火基础设施建设重要指示批示的重大举措。

## 二、关于内蒙古自治区边境火、草原火的有关情况

### （一）边境火的基本情况

内蒙古自治区北部与蒙古国、俄罗斯接壤，国境线长4200千米，有境外火烧入危险的边境线长达2900多千米。其中，锡林郭勒盟边境线长1103千米，均为中蒙边界；兴安盟边境线长126千米，均为中蒙边界；呼伦贝尔市边境线长1733.32千米，其中：中俄边界1051.08千米、中蒙边界682.24千米。

1．有较大影响的边境火烧入情况。从长期来看，内蒙古边境地区的森林草原火情总体呈现境外火的威胁长期存在、烧入境内较少的现象，主要得益于境内堵截措施及时有效，据统计，近5年全区共堵截境外火35起。兴安盟阿尔山市自有火灾记录（1962年）以来，平均每年4—5月、9—11月都要遭受蒙古国境外火的严重威胁，其中因蒙古国入境火引发的森林火灾5起，成功堵截境外火19起，累计出动扑火人员1.9万人次，造成直接经济损失1000多万元。2003年5月21日，蒙古国境外火在557界桩烧入，火借风力迅速突破兴安盟白狼林业局防线，阿尔山林业局出动5000余名扑火人员、214台次车辆，历经6天才将大火扑灭。2000年以来，内蒙古森工集团北部原始林区管理局乌玛林业局伊木河林场曾发生3起有较大影响的边境森林火烧入：一是2006年5月31日，俄罗斯森林火灾越界烧入伊木河林场，我方投入兵力1195人，动用飞机4架，于6月3日扑灭，过火面积6606公顷；二是2014年4月30日，国家林业局卫星林火监测中心首先发现热点，经飞机观察定位，确认热点地区位于伊木河林场境内，为俄罗斯过境火烧入，最终经1400余名林业专业扑火队员、武警森林部队官兵59个小时的奋力扑救，于5月2日23时实现火场合围明火全部被扑灭，过火面积2703公顷；三是2017年4月30日，北部原始林区管护局瞭望塔发现疑似火情，经飞机观察确定火场位于伊木河林场124林

班，经过1346余名林业专业扑火队员和武警森林部队官兵近18个小时的奋力扑救，火场合围扑灭，过火面积769.5公顷。此次火灾引起党中央、国务院领导的高度重视。5月3日，在明火全部扑灭转入清理火场的关键时刻，汪洋副总理对扑火工作给予了高度认可，认为此次扑救工作指挥调度得当，森警作战得力，经验值得总结。

2021年4月18日，蒙古国苏赫巴托省达里岗嘎县发生草原大火，大火肆虐该县多地后，经过蒙古国额尔登查干县，于18日17时30分左右蔓延至内蒙古自治区锡林郭勒盟中蒙边境线附近。锡林郭勒盟及时出动610名扑火人员，投入车辆100余台，经近30小时的奋力堵截，将长达80千米火线拦截在境外，有效阻止了一次境外火的烧入。

2．当前防控境外火的主要措施和手段。面对境外火的威胁，目前主要采取以下防范措施。

一是发挥森林草原防火隔离带重要阻隔作用。内蒙古自治区在有境外火烧入危险的2900多千米边境线，以行政区划为基础，结合火灾烧入火险情况，安排林草部门的边境防火站每年开设100～300米宽的生土隔离带，专门用以防范境外火烧入。当前，隔离带开设费用已列入中央财政预算。

二是开展卫星监控和人员瞭望。通过国家有关防火监测中心发布的热点信息、境外卫星云图和国外的卫星热点监测平台，及时发现和掌握境外热点情况；同时，在高危地区、重点时段采取靠前布控、无人机监视、界河巡护等手段，加强边境地区防火瞭望和巡护工作，提高火情监控水平，确保能够及时发现境外火。

三是靠前驻防扑火力量。根据蒙古、俄罗斯过境火发生规律，按照“及时发现、快速响应”的原则，适时派出队伍到边境线附近靠前驻防，分段防守在边境一线险段位置，做好境外火阻截准备。一旦发现火情，及时按上级指令调集足够力量进行堵截扑救，做到“早发现、早出动、早处置”，严防小火酿成大灾。

四是与边防驻军开展联防联动。加强与边防部队的沟通合作，建立和完善了定期会晤和紧急会晤机制，通过他们及时了解蒙方、俄方一侧的火情动态。发生火情后，积极协调边防部队人员、装备开展灭火增援，共同做好火情早期处置工作。

3. 境外火防控工作，突出存在以下困难和问题。

一是缺乏早期火情预警监测平台。当前，卫星热点监测平台主要针对国内火情开展工作，对边境地区特别是境外地区热点监控手段有限，无法做到及时发现、及时预警和及时应对。

二是边境交界区域防灭火基础设施薄弱。受客观条件限制，各地边境地区的防火基础设施普遍比较薄弱，缺少必要的防火瞭望塔，以及靠前驻防营房、蓄水池、防火道路、通信设施等。阿尔山边境地区只有3座瞭望塔，瞭望人员仅依靠望远镜、罗盘仪等简单设备来判断火场方向，存在火情准确定位困难、无法开展夜间监测，存在监测的实时性与准确性等问题。

三是防火隔离带开设及维护资金紧缺。开设防火隔离带是目前有效阻截蒙古、俄罗斯火灾入境的重要手段之一。由于国家投入的防火隔离带开设资金较少，特别是处于陡坡、乱石及沼泽地段的机耕防火线，多年来一直缺乏有效维护，导致杂草丛生，点烧又存在安全隐患，影响林火阻隔作用发挥。另外，一些地区普遍反映开设机耕防火隔离带大型设备（链轨拖拉机、挖掘机、重耙、大犁等）和辅助设备（宿行车、餐车、发电车、运输车等）短缺，制约了隔离带的顺利开设。

四是边境地区沟通协调有待加强。受境外国家有关边境地区管理规定的限制，靠前瞭望观测和堵截等工作受限，加之边境一线地区缺少必要无通信信号和基站，无法实现火情信息的及时发现和通报。同时，边境地区飞行计划审批难度大，很难在第一时间派出飞机参与运兵和火灾扑救，极易贻误战机。

## （二）草原火的基本情况

1．内蒙古自治区的草原情况。内蒙古自治区草原是欧亚大陆草原的重要组成部分，天然草原面积13.2亿亩，草原面积占全国草原总面积的22%，占全区国土面积的74%。草原是我国面积最大的绿色生态屏障，同时也是我国畜牧业发展的重要物质基础和基本生产资料。

2．我国草原防火工作发展历程。草原防火工作对我局是一个新的课题和挑战。2018年机构改革前，草原防火工作一直由原农业部负责。从历史上看，相对于森林火灾的防治，草原火灾防控较为滞后，20世纪50～80年代，火灾防控基本上由当地群众自发救援，呈现出缺乏组织机构性、被动性局面；1989年国务院142号文件提出“草原防火同森林防火一样认真对待”，并在原农业部成立草原防火指挥部后，我国草原防火体制日益健全，发布并修订《草原防火条例》等，将草原火灾纳入自然灾害突发事件应急管理框架之下。近年来，随着退牧还草、京津风沙源治理等一系列草原生态保护建设工程的开展，草原生态明显恢复。但与此同时，草原可燃物，草原火险等级的逐步攀升，草原防火面临的形势日趋严峻。做好草原防火工作，责任仍十分重大。

3．草原火灾发生规律。据专家分析，草原火灾发生具有年份、季节、地区变化等规律：一是从年份上看，由于火灾的发生需要一定的可燃物积累，所以草原火灾的发生并不是每年都大量发生，而是存在一定的周期性。草原火灾频繁发生的周期大致在6～8年，存在波峰、波谷时期（如1995年、2000年、2005年是我国发生草原火灾较多的三个年份，是草原火灾发生的波峰年；而1991年、1996年和2003年则是草原火灾发生相对较少的三个年份，是草原火灾发生的波谷年），据此推算，当前应属波峰（2020年）转波谷（2021年）时期；二是从月份上看，草原火灾的多发期在3—5月、9—11月，其余月份很少有草原火灾；三是从地区上看，我国草原火灾年受灾率较高的省份主要集中在黑龙江、内蒙古，而青海、辽宁和宁夏则受灾率较低。

4．草原火灾发生原因分析。据统计，内蒙古自治区近10年（2011—2020年）共发生草原火灾315起，其中：一般274起，较大29起，重大4起，特大8起，受害草原面积319226.7公顷。其中，人为火209起，占比66.4%；雷击火4起，占比1.3%；境外火19起，占比6%；未查明83起，占比26.3%。在人为火中，生产性用火47起（烧荒烧炭10起，机车喷火18起，机械喷火13起，其他27起），非生产性用火141起（野外吸烟19起，取暖做饭6起，祭祀用火66起，小孩玩火1起，智障人员弄火1起，电线引起20起，鸣枪引起1起，其他27起）。

## 三、关于做好边境火、草原火防控工作的几点建议

一是高度关注境外火烧入防控工作。由于内蒙古地区正处于蒙古、俄罗斯的下风口，每年春秋季节，境外国家发生的森林草原火灾极易烧入我国。应始终保持对境外火烧入防控工作的重视，严格落实边境火防控责任，研究探索边境地区防火新措施，将“早发现、早报告、早处置”和“打早、打小、打了”等科学防控手段落实到位。

二是加强边境地区防火基础设施建设。长远考虑，应建立国家层面的林火卫星预警监测体系和平台，在重点时段及时提供热点数据，为边境地区防火部门研判境外火发展态势提供决策依据。根据边境易发火灾的分布特点、发生规律，针对不同地形地貌、植被类型、水陆边境、界河走向和春秋季风向等实际情况，进行必要的防火设施、防火隔离带和防火公路建设，发挥阻火作用。加大对防火隔离带建设的资金、装备支持。

三是加强与边境国家联防协定落实。继续发挥好中蒙、中俄间森

林草原防火联防协定，加强国际间防火部门交流合作，定期召开联防会议，进一步完善定期会晤和紧急会晤机制，进一步建立和完善联防制度、应急预案和信息通报机制，建立完善联防联控长效机制。

四是加大对边境火灾、草原火灾研究力度。边境火灾、草原火灾是森林草原防火工作的重要组成部分，也是我国现代防火能力和水平的充分体现。应继续加强对相关课题的研究力度，如边境火灾提前预警机制、草原火灾逃生避险手段等，不断提升我国科技防扑火能力与水平。

# 关于赴广西、云南、吉林、陕西调研森林草原防火道路、隔离带有关情况的报告

2021年7月

2020年4月8日，习近平总书记在中央政治局常委会会议上，针对2019年“3·30”和2020年“3·30”凉山彝族自治州的两场火灾提出“四问”（到底有没有预案？专业灭火力量够不够？有没有灭火的大飞机？有没有防火道、隔离带？）。总书记连发“四问”，直指森林草原火灾防控工作的关键环节，振聋发聩，意义深远。2021年全国“两会”期间，习近平总书记在参加内蒙古代表团审议时专门强调：“林区防火道路非常重要，应引起高度重视，哪怕不能一次性修好，也要逐步推进建设。”

国家林草局党组对习近平总书记系列重要指示精神高度重视，站在保护国家森林草原生态资源安全和人民群众生命财产安全的高度，深刻汲取四川“3·30”森林火灾事故的惨痛教训，深入研究、举一反三，着力补齐林草行业在森林草原防火工作中的短板弱项。为贯彻落实总书记对森林草原防灭火工作重要指示批示精神，解决好总书记关心的防火道、隔离带建设问题，2021年7月2—24日，国家林草局森林草原防火督查专员王海忠带领防火司相关同志，先后赴广西、云南、吉林、陕西等4省区，就城市周边、边境地区、国有和集体林区防火道路、隔离带建设等情况实地踏查，广泛调研防火道路和防火隔离带建设现状、存在困难问题，与基层政府领导、林草系统负责人及一线防火人员座谈交流，研

究探讨加快推进防火道路和防火隔离带建设的办法、措施。现将有关情况报告如下。

## 一、基本情况

防火道路是森林草原火灾早期预防、及时扑救、防范风险、化解和降低火灾危害的重要支撑，主要用于火灾发生前的日常巡护、火灾发生后及时向火场运送扑火兵力、灭火机具装备，是确保火情“少发生”和实现火灾“早扑灭”的重要保障。隔离带是为防止火灾无序蔓延扩散，防范和控制重、特大森林火灾发生而在林内（或林缘）营造的防火阻隔系统，主要分为生物阻隔（耐火植物）、工程阻隔（道路、生土带等）和自然阻隔（河流、荒漠等）三种类型。

从总体上看，广西、云南、吉林、陕西等4省区能够深入学习贯彻落实习近平总书记防灭火“四问”和关于加强森林草原防火基础设施建设的重要指示批示精神，高度重视防火道路、隔离带建设等森林草原防火基础工作，坚定履行守护生态资源安全职责，积极推动森林草原防灭火工作高质量发展，防火道路、隔离带建设不断取得新成效，森林草原防火基础条件不断得到改善，确保了森林草原火灾次数和受灾程度连年下降目标的实现。据统计，当前全国共建设各类防火道路60万千米、防火隔离带75万千米。“十三五”（2015—2020年）期间，中央在东北、内蒙古重点国有林区安排基础设施建设投资11.42亿元、新建和升级改造防火应急道路约3800千米（完成规划37%）；在安徽、江西、湖北、广东、云南等5省区安排基建投资8341万元、建设生物防火隔离带约1300千米（完成规划3%）；在内蒙古、吉林、黑龙江、云南、广西、新疆等省区安排财政补助资金2.78亿元，专项用于建设和改造边境地区防火隔离带。吉林省作为国有重点林区，舍得花大力气改善防火条件，仅去年以来筹集数千万元用于改造、升级防火道路和防火隔离带，使全省国有林区防火通道密度提升至4.6米/公顷，走在全国前列。

## 二、存在的主要问题

通过调研掌握的情况看，当前在防火道路、阻隔带建设工作中主要存在以下问题和困难。

### （一）完成规划目标差距较大

2015年底，全国国有林区路网密度仅为1.8米/公顷、不足世界林业发达国家1/10；林火阻隔网密度仅3.7米/公顷，有效阻隔能力较差。经过近五年的不断建设，国有林区防火路网密度约2.3米/公顷、防火隔离带（生物林带）密度约4米/公顷。按照《全国森林防火规划（2016—2025年）》要求，到2025年，国有林区路网密度应达到3.1米/公顷、防火隔离带密度应达到4.7米/公顷，如期完成规划建设目标面临较大挑战。实地调研发现，广西、云南国有林区路网密度仅为2.98米/公顷、1.85米/公顷，远低于规划建设目标；陕西等西部地区，更是不同程度存在路网密度低、隔离带建设严重滞后情况。同时，各地还普遍存在大量断头路，彼此互不连通，扑火时需绕行，导致延误灭火时机，增加扑火成本。

### （二）建设标准偏低，水毁难予修复

由于林区地形结构复杂，加之资金短缺、历史欠账多，道路工程建设始终未被列入地方交通规划，林区公路等级不高、通行不畅等现象十分突出。广西、云南林区道路多按地方公路4级标准修建，路肩不整、路况差、无路拱、无行车标志的砂石路难以满足防火车辆通行要求。延安市桥山国有林管理局520余千米防火道路中，200多千米因长期水毁失修通行不畅；黑龙江、内蒙古等重点国有林区停伐后，专用道路得不到及时更新改造，桥涵等处水毁严重，多处道路只能采取随用随修随通的应急措施。

### （三）缺少资金保障，管护抚育滞后

全面停止天然林采伐后，各地用于林区道路养护的资金极为有限，无法满足道路养护要求。陕西省榆林市榆阳区由于道路建设资金短缺，只能从天保资金、退耕费挤出少量资金用于维护防火道路；榆阳区麻黄坡万亩油松林属于集体林，因缺少资金来源，既无防火通道，也无阻隔系统保障，一旦发生森林火灾，后果不堪设想。吉林省重点国有林区一些桥涵被河水冲毁，巡护人员需蹚水过河。云南省红河哈尼族彝族自治州边境工程隔离带每年雨季过后，杂草疯长，必须投入大量人力物力进行清理；文山壮族苗族自治州麻栗坡县原建有80千米工程阻隔带，因无后续资金维护已近报废；富宁县2018年建设生物隔离带后无资金抚育管护，阻隔带内的荒草比树苗高，隐患严重。陕西秦岭以及陕北地区森林覆盖率连年增长，但防火通道、隔离带建设欠账多，防火条件落后的情况尚未有较大扭转。

### （四）建设环节掣肘多，基层积极性不高

由于生物阻隔带、工程阻隔带建设周期长、投入大、见效慢，各地对此建设热情不高。同时，在集体林改后，林地使用权多分到林农个人名下，防火林带建设涉及林地权属复杂，争取防火隔离带建设用地难度大。云南富宁县边境地区林地归属个人，因协调难度大，只能将隔离带建在荒山牧场和丢荒地；广西边境生物隔离带多建在高山陡脊，立地条件差，苗木成活率不高，补植补造投入大；云南沿边境线海拔最高处4969米、最低处74米，海拔高差变化大，作业困难成本高。此外，广西、云南、吉林等省区毗邻国家（越南、缅甸、朝鲜等）与我国防火理念差异较大，尤其是云南中缅边境受军事冲突、政局不稳影响，在边境施工作业时双方沟通协调困难。

## 三、工作建议

一是按照交通运输部、国家发展改革委、财政部、国家林草局4

部门联合下发的《关于促进国有林场林区道路持续健康发展的实施意见》，由防火司配合规财司协调国家发展改革委，继续争取将社会公共服务属性道路全面纳入"十四五"国家相关公路网建设规划，采用交通行业公路标准推进建设；对于林业专用属性道路（森林防火应急道路），由国家发展改革委继续支持，在"十四五"时期加大对重点国有林区防火应急道路的资金投入力度，逐步提升防火道路应急通行能力，力争"十三五"期间由11.4亿元增加到40亿元。此项工作，我局规财司先期已与发展改革、财政等部门汇报沟通，取得一定进展，应继续加大跟踪力度，争取资金能够早日落实。

二是以《全国森林防火规划（2016—2025年）》中期评估为契机，积极向国家发展改革委、财政部沟通汇报，争取加大中央基建投资和财政补助资金，扩大实施范围，优先支持防火道路、隔离带建设项目，将高森林火险区城镇周边防火通道、隔离带建设等内容调整纳入各地重点建设项目申报范围。对于重点国有林区道路养护有关政策支持和资金保障，规财司年初已协调相关部委支持，应继续加大工作力度，将各项支持政策落实到位。

三是研究修订2014年国家林业局印发的《林火阻隔系统建设标准》，修订林区防火道路建设标准和阻隔系统建设标准；严格落实《森林防火条例》要求，指导各地在林区工程造林时，必须同时规划配套建设防火道、隔离带。同时，在防火物资采购中增加轮式挖掘机、推土机等装备项目，满足基层实际需求。

四是鼓励地方探索利用生态补助资金用于防火道路养护和生物隔离带抚育，提升工程造价标准，提高群众配合支持、广泛支持建设防火通道和生物隔离带的积极性。

五是建议就防火道路、隔离带建设等情况，专题向局党组汇报，研究推动下步工作落实的具体举措。

# 关于提升我国大兴安岭林区森林防灭火能力的建议

2022年7月

大兴安岭地处我国黑龙江省西北部、内蒙古自治区东北部，东北-西南走向，全长1200多千米，宽200～300千米，海拔1100～1400米，重点国有林区总面积约1900万公顷（内蒙古大兴安岭1067.75万公顷、黑龙江大兴安岭835万公顷），相当于2个韩国或4个荷兰或6个比利时王国的国土面积。森林蓄积量达15.88亿立方米（内蒙古大兴安岭总蓄积9.75亿立方米、黑龙江大兴安岭总蓄积6.13亿立方米）；森林覆盖率78%以上（内蒙古大兴安岭森林覆盖率78.4%、黑龙江大兴安岭森林覆盖率86.2%）。大兴安岭是全国面积最大的集中连片林区，全域为国家森林防火一类火险区，更是全国三大“雷击火”高发区之一，森林防火任务极其艰巨，须臾不可松懈。目前，大兴安岭区域主要由直属国家林草局管理的大兴安岭林业集团和直属内蒙古自治区管理的内蒙古森工集团负责资源管护等工作。为切实做好大兴安岭林区森林防火工作，现提出建议如下。

## 一、要深刻认识保护大兴安岭森林生态资源安全的重要意义

作为我国重要的木材生产基地，两个大兴安岭自开发建设以来，已累计为国家提供3.08亿立方米优质木材和大量林副产品，上缴各项税费284.2亿元。大兴安岭不仅有丰富的森林和野生动物资源，也蕴含着大量的生物、淡水、矿产等资源，是我国生态安全重要保障区、生态功能区

和木材资源战略储备基地，是东北乃至华北平原的重要生态安全屏障。党中央、国务院对大兴安岭林区开发建设、经济社会发展和生态资源保护等工作高度重视。党的十八大以来，习近平总书记亲赴内蒙古大兴安岭林区考察，并在连续五年参加全国人大会议内蒙古代表团审议时，对内蒙古自治区的生态建设作出重要指示，要求“把祖国北疆这道万里绿色长城构筑得更加牢固”“把祖国北部边疆风景线打造得更加亮丽”。各级林草部门特别是国家林草局、内蒙古森工集团、大兴安岭林业集团深入学习贯彻习近平总书记生态文明思想和关于森林草原防灭火工作的重要指示精神，切实增强“四个意识”、坚定“四个自信”、做到“两个维护”，牢牢把握“绿水青山就是金山银山”理念，将大兴安岭生态资源保护工作放在我国林业发展建设保护的首要位置，坚持“五位一体”推进生态文明建设，从政策、管理、资金、项目、人才等方面持续加大支持力度，为构筑祖国北疆生态安全屏障奠定坚实基础。特别是在国家决定停止天然林商业性采伐后，大兴安岭林区的生态资源保护工作更是提上重要日程，其中，“严防重特大森林火灾的发生”成为重中之重、头等大事。

## 二、要清醒认识大兴安岭林区防火工作面临的巨大威胁和挑战

据统计，内蒙古大兴安岭近五十年间（1972—2021年）共发生森林火灾2550起（其中重大森林火灾720起，特大森林火灾223起），过火总面积162.4万公顷，受害森林面积82.6万公顷；黑龙江大兴安岭有记录以来（1965—2022年）共发生森林火灾1988起（其中重大森林火灾219起，特大森林火灾60起），过火总面积662.4万公顷，受害森林面积336.9万公顷，林地受害面积平均每起达到1700公顷。特别是1987年5月6日，黑龙江省大兴安岭地区发生新中国成立以来最严重的一次特大森林火灾，森

林受害面积达101万公顷，烧毁房舍63.65万平方米，粮食650万斤。受灾群众5万多人，死亡213人，受伤226人。这一场特大森林火灾留下的深刻教训令一代代林区人时刻警醒。2017年5月2日，内蒙古大兴安岭毕拉河林业局突发森林火灾，经9430人和14架各类飞机全力扑救，至5月5日10时明火被全部扑灭，过火面积1.15万公顷，受害森林面积8281.58公顷；同年7月6日11时，内蒙古大兴安岭满归林业局高地林场80林班雷击引发森林火灾，因火场干旱多日，气温较高，且山高坡陡，人力扑救困难，7日凌晨火灾蔓延至黑龙江大兴安岭呼中林业局飞虎山管护区，后经4000多名扑火人员的全力扑救，8日20时火场明火才被全部扑灭，受害森林面积1395.2公顷；2018年6月1日17时，内蒙古大兴安岭汗马国家级自然保护区因雷击引发森林火灾，后蔓延至黑龙江大兴安岭呼中林业局，至6月6日明火被全部扑灭，总过火面积达6630公顷（其中内蒙古大兴安岭4500公顷、黑龙江大兴安岭2130公顷）。

经专家研判分析，大兴安岭林区今后防火工作面临的形势和挑战十分严峻：一是从气象上看，大兴安岭地区属东北亚寒温带大陆性季风气候，年平均气温－2.8℃，年平均降水量仅400～500毫米，且降水时空分布不均衡。受贝加尔湖和蒙古气旋暖区影响，每年春季高温、干燥，地面迅速升温，蒸发量为降水量的6倍，林内可燃物载量严重超过发生重特大火灾的警戒线，植被干燥易燃，高火险时段持续时间长。同时，大兴安岭林区常处在强暖脊控制下，大风天气日数较多，全年5级以上大风天达30天左右，综合气象条件对森林火灾防控工作极为不利。二是从地形上看，大兴安岭林区面积广阔，山体连绵密布，地势高低起伏不平，部分山岭高大陡峭，东南部草塘宽阔、植被茂密，对于防火巡护和扑救处置十分不便。同时，大兴安岭地区所辖边境线绵长，北部与俄罗斯接壤，西接蒙古国，极易受到俄罗斯过境火和蒙古国过界火的侵袭。2006年以来，在内蒙古大兴安岭北部原始林区管理局乌玛林业局伊木河林场曾发生3起有较大影响的边境森林火烧入。2006年5月31日，俄罗斯森林火灾越界烧入伊木河林场，我方投入兵力1195人，动用飞机4架，于6月3日扑灭，过火面积6606公顷；2014年4月30日，俄罗斯过境火烧入伊木河林场，最终经1400余名林业专业扑火队员、武警森林部队官兵59个小时的奋力扑救，于5月2日23时实现火场合围，过火面积2703公顷；2017年4月30日，俄罗斯过境火烧入伊木河林场124林班，经过1346名林业专业扑火队员和武警森林部队官兵近18个小时奋力扑救实现火场合围，过火面积769.5公顷。三是从极端气候上看，近年来，全球多地接连遭遇罕见热浪，今年入夏以来，欧美、印度等多地遭遇了酷暑天气，最高气温一度接近50℃。截至7月23日，美国约塞米蒂国家公园附近火灾的过火面积已扩大至2650公顷，火灾已经摧毁10座建筑，另有5座建筑受损，2000余座建筑受到威胁，当地政府已对6000余人下达疏散命令，并停止了2000余个家庭和企业的电力供应，多条高速公路被迫关闭，该起火灾已成为加州今年最大的山火之一。在地狱级高温的“炙烤”下，欧洲多地近来山火频发，法国、西班牙和葡萄牙部分地区的山火已经烧毁51.8万公顷土地，相当于7个新加坡。这个数字已高于2021年的47万公顷。科学家警告，欧洲各地今年以来发生的山火极有可能让2022年成为欧洲失去最多森林的一年，气候变化的负面趋势未来可能引发持续时间更长、火势更猛的山火。欧洲这股骇人的热浪正稳步朝欧洲东部移动，意大利、波兰和斯洛文尼亚等国相继发布最高温警报。世界气象组织秘书长塔拉斯7月19日警告，令人窒息的热浪将成为欧洲夏季的常态，气候变化的负面影响或至少持续到2060年。近期，我国北方的多个省份都出现了40℃以上的高温，甚至有的地区地表温度高达70℃。极端气温易引起严重的气候灾难，同时也将造成多地大规模森林火灾爆发。联合国环境规划署2022年最新报告预测“全球气候依然持续变暖”。专家分析认为，我国地表年平均气温目前正呈显著上升趋势，升温速率为0.26℃/10年。因此，未来大兴安岭林区遭遇极端天气、进而引发重特大森林火灾风险在逐年增加。

## 三、要正视大兴安岭森林防灭火工作存在的问题和短板

近年来，国家不断加大对大兴安岭地区森林防火工作的支持力度，年投入防火资金达2.58亿元（内蒙古大兴安岭1.58亿元、黑龙江大兴安岭1亿元）。国家林草局也把大兴安岭作为全国森林防火的重要区域，持续不断加大投入和保障，极大地改善了这一区域的防火条件，提升了灭火能力，火灾发生数量和灾害损失呈连续下降趋势。但从我国森林防火所面临的巨大威胁和挑战来看，防控重特大森林火灾的能力和水平仍存在较大问题和短板。主要表现在以下方面。

### （一）林区防火基础设施和保障依然十分薄弱

1．林区路网密度低，影响灭火作战开展。大兴安岭两地共有防火道路（含简易防火通道）3.2万千米（内蒙古大兴安岭1.8万千米、黑龙江大兴安岭1.4万千米），密度仅为1.7米/公顷，远低于全国平均水平，且分布不均，网格化密度低，多个国家级自然保护区路网密度低于1米/公顷，偏远地区和雷击火高发区道路极少甚至没有道路。在2014年、2015年相继停止天然林商业性采伐后，林区道路养护资金缩减，原有的运材道路失去养护，大多数现已灌木丛生，出现“树封路”“断头路”的现象，难以满足防灭火通行需求和通行安全。从现实看，由于林区历史欠账多、道路基础差、自然地质条件复杂，目前仍有许多砂石路和危桥、危涵亟待升级改造。2019年6月19日，内蒙古大兴安岭根河林业局上央格气林场施业区发生雷击火，扑火车辆在通过桥涵时被困，扑火队员只能肩挑背扛扑火机具艰难跋涉6个多小时赶到10千米外的火场。

2．防火瞭望塔老旧失修，存在安全隐患。瞭望塔在林区火灾预防工作中，具有极其重要、不可替代的作用，但由于建设使用年代久远，很多瞭望塔出现塔基不稳、拉线锈蚀、避雷设施失效等不同程度的安全

隐患，还曾发生上塔人员伤亡事故。内蒙古大兴安岭有258座瞭望塔，需重建94座，109座没有完全通塔路；黑龙江大兴安岭有351座瞭望塔，110座使用超过30年，30座使用超过20年，需选址新建19座、原址重建35座、维修186座。2021年以来，两个大兴安岭都加大了瞭望塔改造更新力度，但因资金紧缺，无法在较短时间完成。在内蒙古大兴安岭满归林业局的15个瞭望塔中，有13个瞭望塔的避雷设施不同程度损坏，存在一定程度的安全隐患。另外，从整个大兴安岭来看，一些重点区域的瞭望塔数量不多、密度不够，还存在瞭望的盲区和空白点。

3．机具装备较差，无法满足扑救大火需要。基层一线林业局许多防火车辆、灭火设备机具使用超过15年，早已达到报废年限，苦于没有政策和资金支持，仍在对付使用中。受现有扑火装备落后、大型灭火设备短缺（每15万公顷不到2台）等影响，各地对高强度大火的处置能力普遍不足。内蒙古大兴安岭林区航空消防覆盖率仅70%，飞机数量不足，大中型直升机短缺，难以形成机群灭火优势。直升机停机坪、取水池数量不足（平均每11万公顷1个停机坪、每7.3万公顷1个取水池），且缺少维护资金，部分破损严重，难以正常使用。受续航时间短等影响，普通小型无人机在大面积林区的应用受限，无法满足巡护需求。部分检查站、管护站和消防队伍靠前驻防点简陋破旧，工作和驻防条件相当艰苦。

4．公网覆盖率低，影响防灭火通信。大兴安岭地广人稀，通信公网覆盖率极低，内蒙古、黑龙江两个大兴安岭当前的公网综合覆盖率仅达10%左右，且信号较弱。除交通干线、林业局局址和部分林场等少数区域外，大部分区域没有公网信号，极大影响高科技防火手段的推广应用。现有森林防火无线通信主要依靠模拟技术组网，存在组网困难、容量小易拥堵、不能实现数据传输等弊端，无法更好地满足林火预防和重特大森林火灾指挥决策需要；加之原有通信设施设备老化、报废，通信技术和通信系统亟待更新升级。2021年，在工信部、内蒙古自治区、国家林草局及电信运营商的高度重视和积极推动下，内蒙古大兴安岭林区公网覆盖被纳入国家电信普遍服务试点建设范围，获批1.1亿元新建121座4G通信基站。待项目建成后，内蒙古大兴安岭林区生态功能区内公网覆盖率可达50%以上，高山瞭望塔可实现接近70%的覆盖率。目前，内蒙古森工集团为该工程配套的主干光缆已调通，运营商已经开通基站10座，并完成68个站点主设备安装，建设引接光缆1005.15千米。预计今年7月底70%站点完成点亮开通测试、9月底建设完毕并开通使用。但黑龙江大兴安岭林区没有被纳入该建设范围，相关建设工作任重道远。

5．队伍待遇差，影响防灭火作战开展。林区防火专业队伍待遇低且老龄化严重，大量50多岁的队员仍坚守在一线，身体素质无法满足扑救大火及转场作战等需要。目前，两个大兴安岭共有专业扑火队员10340人（内蒙古大兴安岭3935人，黑龙江大兴安岭6405人）。内蒙古大兴安岭专业队50岁以上人员占42.1%、40岁以下不足22.9%；黑龙江大兴安岭专业队44岁以上人员占43%，年龄最大的59岁。而且有一大部分扑火队员为社会招录人员，没有企业正式职工身份，没有专项资金保障，工资只能从天然林保护经费中列支。由于资金有限导致工资待遇低，从事高空作业的直升机索（滑）降队员，月工资收入仅4000元左右，一些林场专业队员月工资仅2000余元，队员情绪不稳定，影响战斗力的发挥；加之驻防时间长、条件艰苦，高温环境和复杂地形扑火作业危险性高，年轻队员招录十分困难，一些科技手段、新型防灭火装备设备使用难以适应。

### （二）防灭火经费保障不足制约工作开展

林区森林防灭火资金支出主要包括人员经费、火灾扑救、集中食宿、靠前驻防、基建维护和物资装备等费用。由于大兴安岭林业集团主要资金来源为财政专项补助，且该资金中没有包含防扑火专项经费，集团只能在符合相关资金管理要求的同时，每年在天保资金森林管护费补助中安排防灭火事项支出，资金压力巨大、不可持续。

### （三）航空消防能力不足制约大兴安岭森林大火扑救能力提升

统计数据显示，截至2020年底，我国能够用于森林防灭火的各型直升机约400架，目前能够长期租用于森林防灭火的大型直升机不足100架，多数直升机老化，备件保障不畅，定检维修周期长且电动绞车、光电卫通图像传输等任务设备配备不足。虽然航空护林主要机源目前都在向大兴安岭林区倾斜，但今年仅租有防灭火直升机18架、固定翼飞机15架，机型单一，机源短缺，空中载人巡查、物资装备投送、空中通信中继、火场医疗救护等工作开展受限。

### （四）森林防灭火生态感知系统建设滞后

在国家林草局生态感知系统建设的带动下，黑龙江大兴安岭信息化建设正在铺开，但应用范围还很有限，除加格达奇、韩家园林业局以外，大多数林业局都处在起步阶段。内蒙古大兴安岭林区受制于林区公网信号覆盖、信号传输和供电等因素影响，视频监控、智能巡护等前端感知信息源少，现代科技手段应用滞后，防火信息化建设任重道远。

### （五）春夏季面临雷击火多点爆发考验

内蒙古大兴安岭和黑龙江大兴安岭是我国雷击森林火灾高发地区，占全国雷击火总数的70%以上，且落雷点多在人迹罕至的原始林区和道路不通地区，初发阶段不易被发现，处置难度极大。2002年内蒙古原始林区“7·28”、2010年黑龙江和内蒙古大兴安岭“6·26”等雷击引发的特大森林火灾，均造成生态资源重大损失。经分析10年来大兴安岭雷击火数据，发现今年雷击火存在时间明显提前、数量明显偏多特点。中国林科院森保所雷击项目组专家指出，内蒙古、黑龙江大兴安岭雷电活动频发，今夏还有可能出现雷电集中爆发态势，火灾防控形势较为严峻。

## 四、做好大兴安岭森林防灭火工作的对策建议

2020年4月8日，针对2019年“3·30”和2020年“3·30”凉山州的两场火灾，习近平总书记提出“四问”（到底有没有预案？专业灭火力量够不够？有没有灭火的大飞机？有没有防火道、隔离带？）。总书记连发“四问”，直指森林草原火灾防控工作的关键环节，振聋发聩，意义深远。2021年全国“两会”期间，习近平总书记参加内蒙古代表团审议，在听取了周义哲代表等关于林区防火道路相关情况的汇报后强调：林区防火道路非常重要，应引起高度重视，哪怕不能一次性修好，也要逐步推进建设。从现实看，当前林区的一些主要干道也亟待进行维修。例如，内蒙古森工集团总部所在地牙克石市到伊图里河林业局局址243千米主要干线，2003年建成通车，由于缺少养护资金，完好路面不足1/4，许多路段凹凸不平，只能靠当地林业局用煤碴碎石自填自修，通行不了多久又坎坷难行，群众称该路为“炮弹路”“养鱼池”“万蹲路（在车里蹲一万下才能蹲到目的地）”。这样的主干道对林区经济社会发展、森林资源管护，特别是森林防火巡护、扑救等工作都造成极大不便，严重影响到林区群众的民生和幸福感。

习近平总书记关于生态文明建设、特别是森林草原防灭火工作的重要指示，为做好大兴安岭林区森林防灭火工作指明了方向，提供了根本遵循。

### （一）要深入学习领会总书记重要指示精神，扎实推进依法治火

牢记习总书记重托，践行习近平生态文明思想，按照中央“四个全面”战略布局，依法推进森林防灭火治理体系和治理能力现代化。要心怀国之大者，深入贯彻落实《森林防火条例》、深刻汲取四川凉山“3·30”森林火灾惨痛教训，认真按照总书记防火“四问”要求，深入分析大兴安岭林区森林防火面临的新任务、新挑战、新考验，加强顶层

谋划、理顺工作体制、创新工作方法、加大资金保障、压实防火责任，不断提升大兴安岭森林火灾综合防治能力，为筑牢祖国北方绿色安全屏障奠定坚实基础。

### （二）要放宽眼界、放大格局，牢固树立“一个大兴安岭理念”

整个大兴安岭林区山连山、岭连岭，连绵不断的茫茫林海是镶嵌在祖国北疆的一块“绿宝石”。从森林防火工作角度讲，应打破地区行政区划限制，牢固树立“森林防火一体化保护”理念。从森林防火政策、项目、资金等多角度、多渠道，对内蒙古、黑龙江两个大兴安岭林区“同部署、同要求，同支持、同落实”，将两个大兴安岭林区的森林防火基础设施建设纳入国家扩大内需的专项建设规划、乡村振兴计划和国家经济社会发展计划等普惠性政策之中，统筹协调两个大兴安岭的森林防火基本建设项目，搞好防火项目建设的大互联、大互通，以防火项目为引领，推进各项业务工作的融合发展与提升，推动两个大兴安岭防火工作实现“两翼齐飞”和“一体化”提升。

### （三）要突出重点、解决难点，持续加大防火基础设施投入和防火经费保障

加强防火道、隔离带和瞭望塔等建设项目投入。防火道路是森林草原火灾早期预防、及时扑救、防范风险、化解和降低火灾危害的重要支撑。隔离带是为防止火灾无序蔓延扩散，防范和控制重、特大森林火灾发生而在林内（或林缘）营造的防火阻隔系统。2015年底，全国国有林区路网密度仅为1.8米/公顷、不足世界林业发达国家1/10；林火阻隔网密度仅3.7米/公顷，有效阻隔能力较差。经过近五年的不断建设，国有林区防火路网密度约2.3米/公顷、防火隔离带（生物林带）密度约4米/公顷。按照《全国森林防火规划（2016—2025年）》要求，到2025年，国有林区路网密度应达到3.1米/公顷、防火隔离带密度应达到4.7米/公顷，如期

完成规划建设目标面临较大挑战。内蒙古大兴安岭林区在停止商业性采伐后，没有了专项资金用于防火道路正常维修，整个集团每年仅能拿出1000万元用于极为重要的防火路段养护工作，但分配给19个森工公司和北部原始林区管护局、3个自然保护区管理局，就属于杯水车薪（每千米支线路、桥涵等至少需30万元才能保障，而每个林业局每年需养护、维修的道路就超过500千米）。另外，公路维修投资最好能够一次性下达、一次性建好，否则今年修这段、明年修那段，造成道路不连贯且容易出现“后修的好了，先修的又坏了”的现象。

当前，应重点做好大兴安岭林区各支线、叉线内“断头路”的维修，通过下拨专项资金予以解决，提升林内终端路网的通行能力，抓紧形成“环形公路网”，从而缓解防灭火队伍通行压力。一是将林区林场址之间、主要道路与景区景点、通用机场、林下资源富集区等地点或区域具有农村公路属性连接线，纳入国家“十四五”规划、“十五五”规划，争取国家项目支持；二是对大兴安岭林区新建“断头路”之间的连接道路，考虑大兴安岭林区多年冻土的实际情况，适当提高建设补贴标准，确保道路建设标准和质量；三是明确防火应急道路养护和桥涵更新建设资金渠道，建立长期稳定的资金保障机制，保证国有林区防火应急道路、桥涵质量持续改善，支持林区逐步将现有木质桥涵升级为永久性桥梁，坚决避免发生火灾时人员、车辆无法通行、影响扑火效率问题；四是进一步加大瞭望塔建设与改造力度，提高瞭望塔的建改标准，彻底消除各类安全隐患；五是加强道路旁林下可燃物清理。近年来，林下可燃物骤增，火灾隐患急剧增大，应认真研究、科学施策，加大道路两旁可燃物清理的资金投入力度，支持开展林下可燃物清理和高危火险区、特别是边境地区的生土隔离带开设工作，做到应烧尽烧、应开尽开，缓解来年防火压力，严防境外火侵袭。

提升林区通信公网、专网覆盖率。一是积极协调相关部门，争取尽快将黑龙江大兴安岭林区也纳入国家电信普遍服务试点建设范围，实现两个大兴安岭通信项目同安排、同建设、同提升。二是由于电信运营商只对人员密集区域主动建设基站，在人烟稀少但属于林业生态管护工作区域的建设积极性不高，需将林区专网通信建设纳入长期专项投资，持续改善各类指挥专网通信手段，不断提升保障能力，保证后期运维费用投入。三是由于公网4G基站多处于1800兆以上频段，覆盖距离近（7千米左右），建议采用700兆频段5G基站继续补充建设（覆盖距离12千米左右）。四是强化林区防火靠前驻防基地日常通信系统建设，提升林区防火靠前驻防点防火指挥调度和应急指挥保障能力。

改善机具装备配备。在大型防扑火设备和以水灭火装备配备上给予项目支持，增加脉冲式灭火水枪、履带式消防灭火水车等配备数量，加快更新老旧的运兵车、装备运输车、通信设备、风力灭火机具等常规装备，并在增配高科技终端设备等方面给予资金支持。

落实防火专项经费。一是重点国有林区是维护国家生态安全最重要的基础，应从国家层面建立长期稳定的森林防火资金渠道，保障森林防灭火工作有序开展。二是考虑森林防灭火的生态公益属性，按照《森林防火条例》中“县级以上人民政府应当将森林防火基础设施建设纳入国民经济和社会发展规划，将森林防火经费纳入本级财政预算”要求，落实地方政府经费保障责任，并按要求完成资金投入。

**（四）要立足当前、着眼长远，努力提升大兴安岭航空消防力量。航空护林、航空消防在大兴安岭地区具有极其重要作用**

应借鉴美国、加拿大、澳大利亚、俄罗斯等国先进的航空消防经验，逐步提升大兴安岭航空消防能力。当前，要尽快弥补机源不足、机型单一、航空消防经费投入偏低的短板。一是研究出台航空器租用及临时征用补偿标准，制定政府、企业经营主体购买服务机制措施，充分激发市场活力，解决飞机不足、飞行员短缺、机场偏少、保障不足等问题；二是国家在大兴安岭航空护林资金上给予重点专项支持，在林区增建通用航空机场，提高航空护林和应急救援能力；三是增加先进适用大中型直升机特别是吊桶和载水飞机的数量，以利机群编队，提升空中吊桶洒水递进灭火能力；四是加大中、大型无人机配置力度，以提高火险监测、火情侦查和火灾扑救能力水平。

### （五）要以人为本、专精结合，加快建设高标准森林防灭火专业队伍

防灭火专业队伍是预防、扑救森林火灾的核心力量，在火情早期处置中具有决定性作用。要进一步建强防灭火专业队，提高队伍保障标准，落实个人防护装备配备等要求，将大兴安岭林区专业森林消防队伍参照国家森林消防队伍标准予以保障，完善奖惩机制和工资级别晋升机制，提高专业森林消防队员工资待遇，解决“同工不同酬”问题，打通转岗安置通道，确保人员流转畅通，提升专业队伍稳定性和战斗力。要重点做好靠前驻防分队、索降分队、机械化快反分队、以水灭火分队、无人机分队等建设和管理，充分发挥其专业、高效灭火作战作用。同时，在招录专业扑火队员、防火瞭望员、森林防火机械设备驾驶员等基层专业人员时，以林区职工子女为主体进行招收，并适当放宽学历、年龄等条件，以解决“后继有林、后继无人”问题。依托大兴安岭林业集团建立东北重点国有林区森林防火国家级实训基地，为一线指挥员、专业扑火队员提供专业化、系统化培训学习和实训服务。

### （六）要科技先行、强化处置，严密防范和及时高效处置雷击火

据统计，2010—2021年大兴安岭林区共发生雷击火726起，占森林火灾总数的92.14%，受害森林面积达2万多公顷。今年5月以来，大兴安岭地区发生雷击火28起，因预防工作准备充分、扑救高效及时，28起雷击火均在当日扑灭，未造成重大损失。应进一步提高雷击火防控意识，

加大对雷击火研究、防范力度，依托国家林草局开展的森林雷击火防控应急科技项目，深入研究雷击火发生规律和机理，构建“全波三维雷电探测网、雷击气象监测网、瞭望塔和地面监测网、遥感卫星监测网”四网融合雷击火监测体系，提升探测效率，切实做到早发现、早处置，有火不成灾。

### （七）继续扎实推进防灭火一体化建设

近年来，在国家森防指正确领导下，大兴安岭地区防灭火一体化建设成效显著：政企共抓、防扑同体，牢牢树立起森林防灭火一盘棋思想，实现了齐心协力、早打早灭，取得了“人为火不发生、雷击火不过夜”的喜人局面。应继续坚持防灭火一体化改革正确方向，坚持做好统一性和分工性（独立性）有机结合，推进联防、联动、联控，充分整合资源、发挥优势、形成合力。

做好大兴安岭森林防灭火工作意义重大。我们要在以习近平同志为核心的党中央坚强领导下，扎实推进依法治火，推进防灭火治理体系和治理能力现代化，积极通过国家支持、林区努力，各方协作、众志成城，努力筑牢绿色安全防线，确保祖国北疆生态屏障安全。

---

注：文中相关资料、数据引自《全国森林防火规划（2016－2025年）》（林规发〔2016〕178号），《全国森林防火规划（2016－2025年）》中期评估报告（2021年6月），国家林业局《林火阻隔系统建设标准》（2014年颁发），国家林业局《森林火险区综合治理工程项目建设标准》（2014年颁发），《森林防火知识读本》（王海忠主编，中国林业出版社），内蒙古大兴安岭森工集团、大兴安岭林业集团相关资料等。

# 附录

## 中共中央办公厅　国务院办公厅印发《关于全面加强新形势下森林草原防灭火工作的意见》

新华社北京4月20日电 中共中央办公厅、国务院办公厅印发了《关于全面加强新形势下森林草原防灭火工作的意见》，并发出通知，要求各地区各部门结合实际认真贯彻落实。

《关于全面加强新形势下森林草原防灭火工作的意见》主要内容如下。

森林草原防灭火工作是事关人民群众生命财产安全和国家生态安全的大事。党的十八大以来，以习近平同志为核心的党中央高度重视森林草原防灭火工作，将其作为防灾减灾的重要任务，作出一系列重要决策部署，森林草原防灭火工作取得长足发展，火灾综合防控能力显著提升。同时，森林草原防灭火工作在思想认识、体制机制、基础设施、力量建设、科技支撑等方面，与新形势新任务新要求还不完全适应，全球气候变暖也带来新的挑战。为全面加强新形势下森林草原防灭火工作，现提出如下意见。

## 一、总体要求

### （一）指导思想

以习近平新时代中国特色社会主义思想为指导，坚持“预防为主、积极消灭、生命至上、安全第一”工作方针，全面推进防灭火一体化，持续优化体制机制，压紧压实防控责任，深化源头治理，加强基础建设，推动科技创新，提升队伍能力，有效防范化解重特大火灾风险，全力维护人民群众生命财产安全和国家生态安全。

### （二）工作要求

坚持党的领导、属地负责，把党的领导贯彻到森林草原防灭火工作的全过程各方面，严格落实属地责任。坚持预防为主、防救结合，把预防工作放在首位，全力防未防危防违，处置火情打早打小打了。坚持建强基础、补齐短板，把基础设施作为有力支撑，系统谋划、扬长补短、整体推进。坚持依法治理、从严管控，把法治建设作为重要保障，健全相关法律法规制度，加大执法力度。坚持科技引领、创新驱动，着眼破解现实难题，开展基础理论和关键技术攻关，加快先进装备和信息技术深度应用。

### （三）主要目标

到2025年，实现森林草原防灭火工作重心向深化源头管控、全力防范风险纵深拓展，治理方式向实化群防群治、依法严格管理纵深拓展，基础建设向科学统筹规划、不断提质增效纵深拓展，火灾扑救向推广以水灭火、强化空地一体纵深拓展，安全建设向注重抓在平时、关键严在战时纵深拓展。森林火灾受害率控制在0.9‰以内，草原火灾受害率控制在2‰以内。到2030年，森林草原防灭火能力显著增强，全民防火意识和法治观念持续提高，综合防控水平全面提升。

## 二、明确工作职责，压实火灾防控责任

### （四）严格落实地方党委和政府领导责任

按照党政同责、一岗双责、齐抓共管、失职追责的要求，强化属地责任。地方各级党委加强对森林草原防灭火工作的领导，实行地方政府行政首长负责制，结合落实林长制压实第一责任人森林草原火灾防控责任，建立健全乡镇防灭火责任落实机制，构建完善纵向到底、横向到边的责任体系。

### （五）严格落实部门监管责任

各级森林草原防灭火指挥机构成员单位和相关部门根据职责分工承担各自责任。应急管理部门负责综合指导各地和相关部门森林草原火灾防控工作，牵头开展火灾预警监测和信息发布，组织指导协调火灾扑救工作。林业草原主管部门具体负责火灾预防，开展防火巡护、火源管理、日常检查、宣传教育、防火设施建设和火情早期处理等工作。公安部门负责火场警戒、交通疏导、治安维护、火案侦破，协同林业草原主管部门开展防火宣传、火灾隐患排查、重点区域巡护、违规用火处罚等工作。

### （六）严格落实经营单位和个人责任

在林牧区从事各类活动的单位和个人要严格履行责任，划定责任区，确定责任人，签订责任书，认真落实各项火灾防控措施。

## 三、优化体制机制，建强组织指挥体系

### （七）健全指挥体系

完善各级森林草原防灭火指挥机构，实现上下基本对应。加强各级

指挥机构办公室和主管部门业务能力建设，在主管部门领导班子中配备防灭火实战经验丰富的领导干部。加强指挥员队伍建设，研究建立持证上岗制度，完善考核评估制度，实行国家负责省市两级、省级负责县级和基层的指挥员培训机制。

### （八）强化职能作用

充分发挥国家森林草原防灭火指挥部及其办公室的牵头抓总作用，强化组织、协调、指导、督促职能。各有关部门及地方政府在国家森林草原防灭火指挥部统一指挥下，细化任务分工，明确衔接关系，形成工作合力。

### （九）健全运行机制

完善会商研判、预警响应、信息共享、督查检查等机制。建立规范的工作运行秩序。探索处置重特大火灾期间森林草原防灭火指挥机构成员单位和相关部门实战化运行模式。

## 四、深化源头治理，防范化解火灾风险

### （十）提高全民防火意识

坚持不懈培养群众防火意识，推进宣传教育常态化、全覆盖，突出对重点时段、重点地区、重点人群的宣传教育。丰富宣教手段，倡导移风易俗，推广将森林草原防灭火纳入村规民约等有效做法。

### （十一）严格火源管控

严格落实用火审批、防火检查、日常巡护等常态化管控手段，重点加强祭扫用火、农事用火、林牧区施工生产用火和景区野外用火管理。多措并举提升林草生态系统耐火阻燃能力，科学组织计划烧除和清理重点林缘部位可燃物。加强火情早期处理，做到早发现、早报告、早出动

和安全高效处理。加强与有关邻国合作，及时妥善处置边境火情。

### （十二）加强火灾风险隐患排查整治

推进火灾风险普查、评估、区划等工作。深入开展重大火险隐患排查整治，突出国家公园、城市面山、森林公园等重要区域和重要目标，建立隐患台账及责任清单，实行销号整治。工业和信息化、民政、交通运输、农业农村、文化和旅游等部门及石油化工、电力等企业要在各级森林草原防灭火指挥机构的组织下，协同开展本行业领域森林草原火灾隐患的排查整治。

## 五、加强力量建设，稳步提升实战能力

### （十三）抓好国家综合性消防救援力量建设

提升国家综合性消防救援队伍森林草原防灭火核心能力，加快形成“固守重点、因险前置、区域联动、全域救援”的布防格局。落实国家有关航空消防建设方案，坚持存量与增量相结合，合理确定航空器部署规模。

### （十四）加强地方防灭火专业力量建设

落实国家应急体系规划，地方各级政府和国有林草经营单位以建设标准化、管理规范化、装备机械化为重点，加强防灭火专业力量建设。2025年年底前，全面加强防火重点区域县级防灭火专业力量。防灭火任务较重的省、市两级政府要同步加强机动专业力量建设。探索将地方防灭火专业队伍纳入国家消防救援力量，按规定给予一定荣誉和保障。规范地方防灭火专业、半专业力量的训练内容、组训方式、考核标准，完善管理和保障机制。

### （十五）发挥社会扑救力量作用

加强民兵等力量及地方干部群众的防灭火技能训练和装备配备。探索建立森林草原志愿消防员制度。

### （十六）加强专业人才队伍建设

建立森林草原防灭火专业人才目录清单，拓展急需紧缺人才培育供给渠道，完善人才评价标准。加强森林草原防灭火智库建设，建立防灭火专家咨询制度。加强森林草原防灭火学科专业建设，鼓励高等学校、职业学校、科研院所开设相关学科专业。加强灭火指挥、航空消防等紧缺人才培养。注重在实战中发现、培养和使用人才。

## 六、注重夯实根基，加强基础设施建设

### （十七）做好统筹规划

完善各级森林草原防灭火专项规划并推动实施，优化建设任务，提升工程建设质量。林牧区各类工程建设要同步规划、同步设计、同步施工、同步验收防灭火设施。

### （十八）建强重要基础设施

坚持新建与改造相结合，着眼网格化治理，探索实施生态防火工程建设，开展耐火树种选育推广，因地制宜加强森林草原防火阻隔系统和防火道路建设，加快完善重点火险区火灾防控基础设施。加强森林草原防火应急路网建设，力争到2025年国有林区路网密度达到3.1米/公顷。加强森林草原防火阻隔系统建设，力争到2025年重点林区林火阻隔网密度达到4.7米/公顷，边境草原防火隔离带开设基本实现机械化。在森林城市周边构建自然阻隔、工程阻隔、生物阻隔相结合的保护防线。重点加强环区域、环目标核心圈的防火道、隔离带、视频监控及应急消防站、蓄

水池等防灭火设施建设。加快建设场站、起降点、取水点、实训基地等航空消防基础设施。加强重点林牧区通信基础设施建设，保障断路、断网、断电等极端条件下通信畅通。

## 七、突出科技赋能，加大创新技术应用力度

### （十九）强化科技支撑

发挥高等学校和科研院所优势，深化林火行为、大火巨灾成灾机理等方面基础理论和重大课题研究。搭建科技创新平台，引导高新技术企业加强智慧防火、智能灭火技术的研发应用，提升科技赋能的质量效益。

### （二十）提升信息化水平

强化综合集成，建设国家级火灾预防管理系统和灭火指挥通信系统。加快大数据、物联网、区块链、人工智能等信息技术深度应用，普及应用防火码、“互联网+防火”等防控手段，实现信息共享、互联互通。

### （二十一）加快装备转型升级

国家层面建立森林草原防灭火装备型谱和认证制度，重点加强新特、轻便、大型、智能装备和航空消防装备的研发配备与引进推广。地方层面突出以水灭火、航空灭火、个人防护等装备建设，推广应用高科技防灭火装备。建立相关部门与科研院所、企业间的装备发展协作机制，构建森林草原防灭火装备创新研发平台。

## 八、树牢底线思维，提高应急处置能力

### （二十二）大力提升预警监测能力

以国家森林草原防灭火信息共享平台为依托，以重点地区预警监测机构为骨干，以各级预警监测系统为补充，建立上下贯通、左右衔接、

融合集成的预警监测体系。深化部门协作，强化多级联动，完善风险研判、滚动会商、预警发布等机制。优化系统布局，加强监测技术融合应用，采取卫星监测、航空巡护、视频监控、塔台瞭望、地面巡查、舆情监测等多种手段，提升火情监测覆盖率、识别准确率、核查反馈率。开展雷击火监测应对科技攻关，抓紧建立重点林区雷击火预警系统。

**（二十三）强化应急准备**

健全各级各类森林草原火灾应急预案，强化针对性演练。建立国家和地方各类救援力量联防联训联战机制。动态优化部署，在重点时段、重点地区实施指挥、力量、装备靠前驻防。深化对不同区域环境、多方力量协同、多种作战样式综合运用的战法研究。建立防灭火物资全链条保障机制。

**（二十四）有效应对极端情况**

在常态化防控的基础上，综合运用现代火险感知手段和多渠道信息，提升大火巨灾早期预判能力，加强预警响应，全力阻断致灾因子耦合导致大火巨灾。把林牧区重要目标、村屯、林（农、牧）场、森林城市等列入重大风险清单，科学谋划应对措施、前置安排以及保底手段，强化组织指挥、力量编成、扑火资源调配，完善配套保障，确保防范化解重大风险。

**（二十五）抓实安全建设**

强化经常性教育培训，突出紧急避险训练，提高扑火人员自救互救能力。落实专业指挥的刚性要求，规范现场指挥，加强火场管控，探索建立安全员制度。抓好航空消防飞行安全工作。按照有关标准严格配备防灭火人员防护装备。

## 九、完善法律法规体系，提升依法治火水平

### （二十六）建立健全法律法规制度

完善防灭火法律法规，加快推进森林草原防灭火条例等法规制定修订工作。健全优化森林草原防灭火标准体系，组建技术组织，坚持急用先行制定相关标准。完善防灭火工作监督、检查、考评和火灾调查评估等制度。

### （二十七）加大执法和追责问责力度

提高执法队伍素质能力，依法查处违法违规行为，提高火案侦破效率。健全火灾责任追究制度，培育森林草原火灾调查评估司法鉴定机构，严肃追究火灾肇事者法律责任，对防灭火工作中失职失责，造成严重后果或者恶劣影响的，依规依纪依法追究地方党委和政府、有关部门、经营单位及有关人员的责任。

## 十、强化组织实施

### （二十八）加强组织领导

各级党委和政府及有关部门要提高思想认识，坚持人民至上、生命至上，主动担起责任，把森林草原防灭火工作纳入经济社会发展全局积极谋划推动，确保各项措施落地见效。

### （二十九）强化资金保障

按照中央与地方财政事权和支出责任划分原则，在充分利用现有资源的基础上，合理安排相关经费，优先保障重点事项。拓宽长期资金筹措渠道，探索建立多层次、多渠道、多主体的防灭火投入长效机制。

### （三十）加大政策支持力度

针对防灭火高危行业特点，国家有关部门按职责完善相关政策，合理保障防灭火从业人员待遇，落实防灭火人员人身保险，按规定开展表彰奖励。地方各级政府根据防灭火实际配备专用车辆，落实车辆编制并纳入特种专业技术用车管理。制定地方森林草原消防车辆使用管理规定和配备标准，规范车辆管理，统一标识涂装。地方森林草原消防车辆依法依规享受应急救援车辆相关政策，确保扑救火灾时快速通行。

### （三十一）加强宣传引导

畅通信息发布渠道，采取多种形式加强政策解读，积极回应社会关切，及时总结推广先进经验与做法，营造关心和支持森林草原防灭火工作的良好氛围。

# 主编介绍

王海忠，陕西人，大学学历，硕士学位。历任陕西省宜君县县长、县委书记，汉中市副市长，汉中市委常委、政法委书记、市公安局党委书记，南京森林警察学院党委书记，国家森林防火指挥部办公室主任、国家林业局森林公安局（公安部第十六局）局长，公安部七局（食品药品犯罪侦查局）政委等职务。曾任第二届全国森林消防标准化技术委员会（SAC/TC523）主任委员，中国消防协会第六届理事会常务理事，担任国家森林草原防灭火指挥部专家组成员、国家林草局森林草原防火高级专家组副组长、东北林业大学客座教授、南京警察学院特聘教授等。

担任国家森林防火指挥部办公室主任、国家林业局森林公安局局长、国家林草局森林公安局局长（公安部十六局局长）期间，全国年均发生森林火灾由此前的1.5万多起下降到2500余起，森林、草原火灾受害率稳定控制在0.9‰、3‰以内，火灾防控成效处于世界领先水平。曾主编《森林防火知识读本》，并先后在《求是内参》《中国应急管理》《中国测绘》《人民公安报》《森林防火》《森林公安》等期刊发表《我国森林防火面临的严峻形势和治理对策》《夯实基础做好森林防火这篇大文章》《提升科技防火能力抓好森林防火工作》《用两个“法宝”提升依法治火能力》《加拿大艾尔伯塔省森林大火对我国加强森林防火工作的启示》《欧洲森林防火工作的经验和启示》等50余篇研究文章。

# 后记

习近平总书记多次强调指出，“在祖国北疆构筑起万里绿色长城”“把祖国北疆这道万里绿色长城构筑得更加牢固”。大兴安岭林区的森林资源独一无二，是国家木材资源战略储备基地、重要生态功能区、动植物王国，生态区位十分重要，对我国华北、京津冀生态保护及东北农业生产具有巨大屏障价值。大兴安岭森林防火独具显著的“国之大者”地位。《大兴安岭森林防火工作实践研究与借鉴》是国家林草局防火司组织编写的首本关于大兴安岭林区森林防火的专业书籍。该书系统分析研究了大兴安岭林区森林火灾多发之原因，主要有以下几个方面：气象、地形、资源条件不利，全域属于一类火险区；历史原因造成森林火灾隐患多、灾害损失大，地处边陲、直接面临境外火的威胁，全国“雷击火”高发区，等等。特别是1987年黑龙江大兴安岭地区发生的震惊世界“5·6”大火，彻底改变了大兴安岭林区防火工作的发展轨迹，使森林防火工作第一次站到林业保护前台，走到让人瞩目的位置。可以说，“5·6”森林大火是中国森林防火工作的分水岭，通过国家几十年的坚定支持，几代林业人的不懈奋斗，全国森林防火工作现已取得巨大成就。

通过总结，大兴安岭林区森林防火工作措施比较突出的是建立健全防火机构，完善各项防火规章制度，同时执行最严格的督查制度、最严厉的追责问责惩罚措施，从而真正落实了防火责任、坚决管住了野外火源。例如，制定出台森林火灾应急预案、防火督查工作管理办法、禁止野外用火的规定、森林火情早期处理办法、森林火情通报制度，把防火纳入一票否决考核，组织纪检发挥跟踪考察作用，以防火政绩实效选拔任用干部；高火险期对林区实行封闭式管理，自下而上层层签订防火责任状，严管野外吸烟、野外违规用火；积极推广应用大数据、物联网和云计算等手段，综合运用卫星、雷达等先进技术，推进“天空地”一体化监测，科学掌握火险火情动态；出台“三清单一承诺”等工作制度，排查整改火灾隐患，人为火灾数量逐年呈下降趋势，火灾损失也降到历史最低水平；找准火灾发生原因，因地制宜、因险施策、对症下药，以科学的方法、过硬的手段推动防火工作高质量发展。从以上的措施总结中，我们可以归纳出大兴安岭作好森林防火工作的宝贵经验：一是要始终坚持以习近平新时代中国特色社会主义思想为指引，深入学习贯彻习近平总书记关于森林草原防火工作重要指示批示精神，用习近平生态文明思想统领森林草原防火工作，牢固树立以人民为中心，“人民至上、生命至上”和“绿水青山就是金山银山”理念，牢记初心使命，担当起森林资源保护重任。二是要坚持依法治火，推动建立科学的治理体系，依照《森林法》和《森林防火条例》，牢固树立起大兴安岭防灭火根基。三是要完善防火组织机构，划分固定责任区，实行网格化管理，层层落实防范和处理措施。四是坚持“森林草原防灭火一体化”，在森防指的统一指挥下，应急、林草、公安等部门拧成一股绳，建立部门协同、信息共享、联防联控的管理体制，形成协调顺畅、配合紧密、调度有序的工作机制，完善尊重规律、专业指挥、统筹调度的现场指挥机制，以科学的运行机制激发强大的战斗力量等。

我国国土面积大，森林资源丰富，森林防灭火任务重，压力大，东西南北中情况各异，森林防火的措施也不可“一刀切”。希望通过此书，能让更多地区了解大兴安岭林区森林防火工作发展历程、开展情况，能够学习借鉴大兴安岭林区森林防灭火工作一些成熟的做法与经验，进一步夯实我国森林防火工作基础，为保护我国森林资源，保护我国生态文明建设成果，建设美丽中国做出林草防火部门应有的贡献。

本书在写作过程中，得到了大兴安岭林业集团公司、内蒙古大兴安岭森工集团公司，特别是防火部门的大力支持，得到国家林草局森林防火领域领导、专家的密切配合。在编写审校、过程中，又得到了北京林业大学、东北林业大学相关专家、教授的精心指导和全面斧正，从而确保了成稿内容的规范与准确。在此，谨对在此书编写、印制和出版发行过程中所有参与者、支持者和关注者，以及文中所引内容的原著作者们，表示由衷的感谢！

本书编写组

2023年12月